Der Kapitelaufbau in delta 10

Doppelseiten-Prinzip: klar und übersichtlich

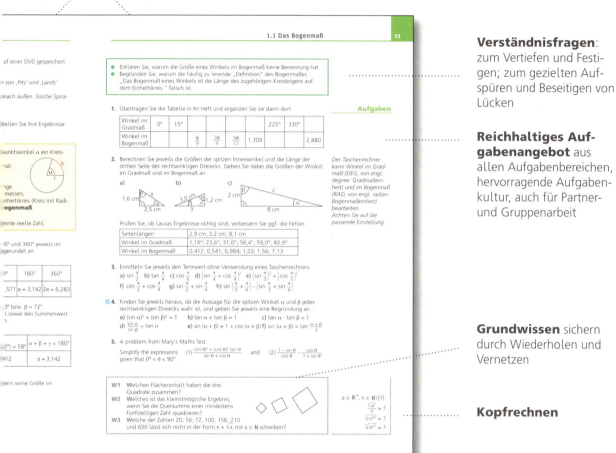

Verständnisfragen: zum Vertiefen und Festigen; zum gezielten Aufspüren und Beseitigen von Lücken

Reichhaltiges Aufgabenangebot aus allen Aufgabenbereichen, hervorragende Aufgabenkultur, auch für Partner- und Gruppenarbeit

Grundwissen sichern durch Wiederholen und Vernetzen

Kopfrechnen

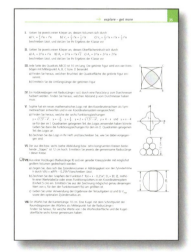

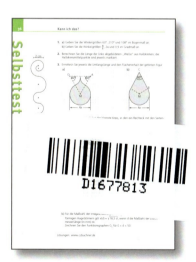

Besonders anspruchsvolle Aufgaben, auch für Freiarbeit und Gruppenarbeit

Selbsttest: in eigener Verantwortung – zusammenfassende Aufgaben (Lösungen unter www.ccbuchner.de, Eingabe „8260" im Suchfeld)

Das **Grundwissen** aller Kapitel dieses Bands und der vorangehenden delta-Bände ist im Anhang zusammengestellt.

Mathematik für Gymnasien

Schätz
Eisentraut

C.C. BUCHNER

delta

Mathematik für Gymnasien
Herausgegeben von Ulrike Schätz und Franz Eisentraut

delta 10
Bearbeitet von Franz Eisentraut, Stefan Ernst, Katarina Keck, Petra Leeb, Ulrike Schätz, Heinz Steuer, Hilmar Vogel und Burkhard Zühlke unter besonderer Mitwirkung von Rudolf Schätz.

Bildnachweis:

Ägyptisches Museum, Kairo – S. 77; Alimdi.net / Thomas Müller, Deisenhofen – S. 82; Archiv für Kunst und Geschichte, Berlin – S. 23, 29, 154; Archiv White Star, Guilio Veggi – S. 29; Astrophoto, Sörth – S. 72; BilderBox, Thening – S. 83; Brockhaus, Kunst und Kultur, S. 652 – S. 12; Caro Fotoagentur, Berlin – S. 96; Gabrielle Crozzoli, The floors of Venice, Edizioni Grafiche Vinello srl/Vianello Libri, 1999, S. 97 – S. 155; Jean-Paul Delahaye, Le fascinant nombre π, Pour la Science, Paris, S. 69 – S. 13; Der Zauberspiegel des M.C. Escher, TACO Verlagsgesellschaft 1978, S. 103, 107 – S. 72, 155 (2); Deutsches Museum, München – S. 33, 116 (2), 133; dpa Picture-Alliance, Frankfurt – S. 20, 29, 34, 41, 47, 83, 111 (2), 139, 148; F1-online, digitale Bildagentur, Frankfurt – S. 47; Dr. Volker Fischer, München – S. 28; fotolia – S. 23, 72 (5); Foto Medien Service/Ulrich Zimmermann, Düsseldorf – S. 79; Haag & Kropp GbR, Heidelberg – S. 26; Hauptstaatsarchiv, Schwerin – S. 9; M. Hattstein/P. Delius, Islam. Kunst und Architektur, Könemann Verlag, Köln 2000, S. 283, 481, 173 – S. 154 (3); F. X. Lutz, Ein mathematisches Kunstbuch/ Ein künstlerisches Mathematikbuch, Edition Braus, 2004, S. 15, 37 – S. 155 (2); S. James Press, Bayesian Statistics: Principles, Models and Applications. John Wiley & Sons, New York – S. 91; Dr. Rudolf Schätz, München – S. 72; Ulrike Schätz, München – S. 9; Seifenblasen – Kugeln der Götter, DuMont Verlag, Köln – S. 26; Staatliche Museen zu Berlin, Das vorderasiatische Museum, Berlin – S. 154; Thuillier, Les Mathématiciens – S. 133 (2); Ullstein-Bild, Berlin – S. 22; C. Vorderman, How Mathematics works, S. 141 – S. 127; Ingrid Voth-Amslinger, München – S. 72; Irene Weber, München – S. 29; Wildner + Designer, Fürth – S. 10, 28, 51, 72, 88; www.pixelio.de – S. 29; www.wikimedia.de – S. 14, 15, 69.

Bitte beachten: An keiner Stelle im Schülerbuch dürfen Eintragungen vorgenommen werden! Das gilt besonders für Lösungswörter und für die Leerstellen in Aufgaben und Tabellen.

Die Mediencodes enthalten ausschließlich optionale Unterrichtsmaterialien; sie unterliegen nicht dem staatlichen Zulassungsverfahren.

Gestaltung und Herstellung:
Wildner+Designer GmbH, Fürth · www.wildner-designer.de

Dieses Werk folgt der reformierten Rechtschreibung und Zeichensetzung. Ausnahmen bilden Texte, bei denen künstlerische, philologische oder lizenzrechtliche Gründe einer Änderung entgegenstehen.

1. Auflage, 3. Druck 2015

Alle Drucke dieser Auflage sind, weil untereinander unverändert, nebeneinander benutzbar.

© 2008 C.C.BUCHNER VERLAG, Bamberg
Das Werk und seine Teile sind urheberrechtlich geschützt. Jede Verwertung in anderen als den gesetzlich zugelassenen Fällen bedarf der vorherigen schriftlichen Einwilligung des Verlags. Dies gilt insbesondere auch für Vervielfältigungen, Übersetzungen und Mikroverfilmungen.
Hinweis zu §52 a UrhG: Weder das Werk noch seine Teile dürfen ohne eine solche Einwilligung eingescannt und in ein Netzwerk eingestellt werden. Dies gilt auch für Intranets von Schulen und sonstigen Bildungseinrichtungen.
www.ccbuchner.de

ISBN 978-3-7661-**8260**-9

Inhaltsverzeichnis

		Seite
	Hinweise zur Konzeption des Buches	5
	Kann ich das noch?	6

Kapitel 1
Kreis und Kugel — 9

1.1	Das Bogenmaß	10
	Themenseite – Die Kreiszahl π	12
	Themenseite – Monte-Carlo-Verfahren	14
1.2	Kreisteile	16
	Themenseite – Methodentraining – Mind-Map und Visualisierung	20
	Themenseite – Gotisches Maßwerk	22
1.3	Die Kugel und ihr Volumen	24
1.4	Oberfläche und Oberflächeninhalt der Kugel	26
	Themenseite – Kugeln in der Architektur	29
1.5	Üben – Festigen – Vertiefen	30
	explore – get more	35
	Kann ich das?	36

Kapitel 2
Geometrische und funktionale Aspekte der Trigonometrie — 37

2.1	Sinus und Kosinus am Einheitskreis	38
	Themenseite – Berechnungen in beliebigen Dreiecken: der Sinussatz	42
	Themenseite – Berechnungen in beliebigen Dreiecken: der Kosinussatz	43
2.2	Die Sinusfunktion und die Kosinusfunktion	44
	Themenseite – Weitenmessung im Sport	47
2.3	Die allgemeine Sinusfunktion und die allgemeine Kosinusfunktion	48
	Themenseite – Sphärische Trigonometrie	52
2.4	Üben – Festigen – Vertiefen	54
	explore – get more	57
	Kann ich das?	58

Kapitel 3
Exponentielles Wachstum und Logarithmen — 59

3.1	Lineares und exponentielles Wachstum	60
3.2	Exponentielle Zunahme und exponentielle Abnahme	62
3.3	Die allgemeine Exponentialfunktion	66
3.4	Der Logarithmus	70
	Themenseite – Spiralen	72
3.5	Rechenregeln für Logarithmen	74
	Themenseite – Skalen	78
3.6	Exponentialgleichungen	80
	Themenseite – Lautstärkevergleich	83
3.7	Üben – Festigen – Vertiefen	84
	explore – get more	89
	Kann ich das?	90

Inhaltsverzeichnis

Seite

Kapitel 4
Zusammengesetzte Zufallsexperimente — 91

4.1	Mehrstufige Zufallsexperimente	92
	Themenseite – Alte und moderne Zufallsgeräte	96
	Themenseite – Ehrliche Antworten auf „indiskrete" Fragen	98
4.2	Bedingte Wahrscheinlichkeit	100
	Themenseite – Das Ziegenproblem	104
4.3	Üben – Festigen – Vertiefen	106
	explore – get more	109
	Kann ich das?	110

Kapitel 5
Ganzrationale Funktionen — 111

5.1	Potenzfunktionen mit natürlichen Exponenten	112
5.2	Lösungsmethoden für algebraische Gleichungen	114
	Themenseite – Gleichungen dritten Grads	116
5.3	Ganzrationale Funktionen und ihre Nullstellen	118
5.4	Weitere Eigenschaften ganzrationaler Funktionen	122
	Themenseite – Kreis und Ellipse	127
5.5	Üben – Festigen – Vertiefen	128
	explore – get more	131
	Kann ich das?	132

Kapitel 6
Vertiefen der Funktionenlehre — 133

6.1	Überblick über bekannte Funktionen	134
	Themenseite – Zahlenfolgen	143
6.2	Verhalten von Funktionen im Unendlichen	144
6.3	Einfluss von Parametern im Funktionsterm auf den Graphen	148
	Themenseite – Mathematik und Kunst	154
6.4	Üben – Festigen – Vertiefen	156
	explore – get more	159
	Kann ich das?	160

Grundwissen — **161**

Stichwortverzeichnis — **196**

Mathematische Zeichen und Abkürzungen — **198**

Hinweise zur Konzeption des Buches

Das Buch ist nach dem Doppelseitenprinzip aufgebaut. Die dadurch gegebene Übersichtlichkeit unterstützt die Lehrkraft strukturierend bei der Planung des Unterrichts. Die Schülerinnen und Schüler können sich im Buch gut zurechtfinden und auch selbst damit arbeiten.

Jedes Kapitel beginnt mit einer **Auftaktseite**, die historische Informationen zu Mathematikerinnen oder Mathematikern und ihren Arbeiten mit Bezug zum Kapitel bietet.

Jedes Unterkapitel beginnt mit einer an die Lebenswelt der Jugendlichen angelehnten **Einstiegsszene**, an die sich **Arbeitsaufträge** anschließen, die zur Beschäftigung mit den relevanten Fragestellungen hinführen.

Der **Informationsteil** jedes Unterkapitels enthält den Pflichtstoff; er ist textlich prägnant gehalten und in einem gelb gerahmten Kasten übersichtlich dargestellt.

Die **Beispiele** werden ausführlich behandelt und vermitteln zusammen mit dem Informationsteil ein gründliches Verständnis des Lehrstoffs. Da erfahrungsgemäß bei Schülerinnen und Schülern häufig dennoch Verständnislücken auftreten, schließen sich an die Beispiele einige kurze **Verständnisfragen** an, die solche Lücken gezielt aufspüren sollen. Damit können die Schülerinnen und Schüler ihr Verständnis auch selbst testen und vor der Bearbeitung der Aufgaben die Inhalte noch einmal genauer durchgehen.

Das **Aufgaben**angebot ist besonders reichhaltig bemessen, um der Lehrkraft eine gezielte Auswahl zu ermöglichen. Die Aufgaben sind sowohl inhaltlich als auch methodisch vielfältig gestaltet. Am Anfang stehen die unerlässlichen „Fingerübungen". Bei einigen dieser Übungen sind zur Selbstkontrolle auch Lösungshinweise angegeben. Daran schließen sich Aufgaben mit steigendem Schwierigkeitsgrad an, die sowohl innermathematische wie auch anwendungsbezogene Fragestellungen enthalten. Bei der Zusammenstellung der Aufgaben wurde auf die permanente (implizite) Vernetzung mit bereits erarbeiteten Inhalten geachtet, um das mathematische Grundwissen zu sichern und es in wechselnden Zusammenhängen immer wieder zum Einsatz zu bringen. So wird die Effizienz der Übungsphasen gesteigert und die Erfahrung eines kumulativen Lernens bei den Schülerinnen und Schülern motivierend unterstützt. Offene Aufgabenstellungen regen die Jugendlichen zum Nachdenken und Ausprobieren an. Die Einforderung verbalisierter Lösungen fördert die mathematisch-sachlogische Ausdrucksweise und das vertiefte Verständnis der gelernten Zusammenhänge. Aufgaben, die sich besonders gut für eine Partner- oder Gruppenarbeit eignen, sind durch das Symbol **G** gekennzeichnet.

Das Symbol 🖥 kennzeichnet Aufgaben, die für die Bearbeitung mit Dynamischer Geometrie-Software (DGS) bzw. mit einem Funktionsplotter oder einem Tabellenkalkulationsprogramm vorgesehen sind.

Der Aufgabenteil jedes Unterkapitels wird durch drei **Wiederholungsfragen** und drei **Kopfrechenaufgaben** abgeschlossen. Diese sind unabhängig vom Inhalt des jeweiligen Unterkapitels.

Jedes Kapitel enthält als Zusatzangebot **Themenseiten**, die zur Beschäftigung mit interessanten und anwendungsbezogenen Fragestellungen anregen und die Inhalte des Kapitels ergänzen bzw. vertiefen. Ihre Bearbeitung ist fakultativ.

Am Ende jedes Kapitels werden in dem Unterkapitel **Üben – Festigen – Vertiefen** noch einmal zahlreiche und vielfältige Aufgaben – unter besonderer Berücksichtigung der Inhalte des entsprechenden Kapitels – angeboten. Die ***explore-get-more***-Seiten sind für Freiarbeit, Partner- oder Gruppenarbeit gedacht. Sie unterstützen das selbsttätige Arbeiten in verschiedenen Arbeitsformen und mit unterschiedlichen Strategien. Die Aufgaben auf diesen Seiten sind im Allgemeinen anspruchsvoll. Danach kann jede Schülerin und jeder Schüler anhand eines Selbsttests (**Kann ich das?**) und der zugehörigen Lösungen (unter www.ccbuchner.de, Eingabe „8260" im Suchfeld) den eigenen Kenntnisstand überprüfen. Diese Tests streben nicht das Niveau von Schulaufgaben an.

Kann ich das noch?

Zur Kontrolle:
Bei Aufgabe 1. hat die Summe aller Lösungen den Wert −15.

1. Ermitteln Sie jeweils die Lösungsmenge durch Rechnung.
   a) $4(x + 5)^2 − (2x − 9)^2 = 171$; $G = \mathbb{Z}$
   b) $(5a − 10)^2 + (8 + 3a)^2 = 200 − (6 − 4a)^2$; $G = \mathbb{R}$
   c) $(\sqrt{2}x + 1)^2 − (\sqrt{8}x − 3)^2 = 8(\sqrt{2}x + 28)$; $G = \mathbb{Q}$
   d) $y^2 + 15y − 16 = 0$; $G = \mathbb{R}$
   e) $2x^2 + 45x − 47 = 0$; $G = \mathbb{R}$
   f) $4(5 + z) − 3(9 + 3z) − 3 = 0$; $G = \mathbb{R}$
   g) $\frac{x − 1}{x^2} = \frac{2}{9}$; $G = \mathbb{R}\setminus\{0\}$
   h) $\frac{18}{x + 2} − \frac{3}{x − 4} = 1$; $G = \mathbb{R}\setminus\{−2; 4\}$
   i) $\frac{(x + 2)^2}{x^2} = 1$; $G = \mathbb{R}\setminus\{0\}$

2. Bestimmen Sie jeweils die Lösungsmenge mithilfe einer Zeichnung und machen Sie die Probe.
   a) $\frac{1}{x} + 4 = 8x − 3$; $G = \mathbb{R}^+$
   b) $x^2 + 1 = −0{,}5x^2 + 2{,}5$; $G = [−3; 2[$

3. Stellen Sie jeweils die Lösungsmenge der Ungleichung auf einer Zahlengeraden dar.
   a) $\sqrt{\frac{5}{a}} < 2{,}5$; $a \in \mathbb{R}^+$
   b) $−\frac{2x + 1}{(x + 4)^4} \geq 0$; $x \in \mathbb{R}\setminus\{−4\}$
   c) $1 − \frac{4x + 6}{(x + 2)^2} > 0$; $x \in \mathbb{R}\setminus\{−2\}$
   d) $y − 1 > −0{,}5y + 5$; $y \in \mathbb{R}$

4. Ermitteln Sie jeweils die Lösungsmenge des Gleichungssystems.
   a) I $3a + b = 0{,}25$ II $6a + b = 0$
   b) I $8x + 5y = 6$ II $−4x + y = 18$
   c) I $x + y + z = 6$ II $x − 2y = z + 1$ III $2x − 3y − 3z = −8$

5. Finden Sie heraus, für welchen reellen Wert bzw. für welche reellen Werte des Parameters a die Funktion f: $f(x) = x + \frac{x + a}{x}$; $D_f = \mathbb{R}\setminus\{0\}$, genau eine Nullstelle, keine Nullstelle bzw. zwei Nullstellen besitzt.

6. Finden Sie jeweils möglichst durch Überlegen heraus, für welche Werte von $p \in \mathbb{Q}$
   a) $|\frac{1}{3}(p − 6)| = p$ ist.
   b) $|0{,}1(p + 1)| < 1$ ist.

7. Vereinfachen Sie jeweils den Term möglichst weitgehend ($a, b, x \in \mathbb{R}^+$).
   a) $\frac{\frac{1}{x} − \frac{1}{x + a}}{a}$
   b) $\frac{(x + b)^2 − x^2}{b}$
   c) $\frac{\sqrt[4]{a^3} \cdot \sqrt[3]{ab^5}}{\sqrt{a}} : \frac{a^{-\frac{5}{4}}}{ab^{-\frac{1}{3}}}$

8. Der Graph jeder der zehn Funktionen $f_1, f_2, \ldots$ und f_{10} mit $D_{f_1} = D_{f_2} = \ldots = D_{f_{10}} = \mathbb{R}$ ist eine Parabel.

Funktionsterm	$f_1(x) = x^2 − 2$	$f_2(x) = 4x^2 − 1$	$f_3(x) = −0{,}5x^2 + 1$	$f_4(x) = x^2 + 2x + 1$	$f_5(x) = x(x − 2)$
Funktionsterm	$f_6(x) = −2(x + 1)(x + 3)$	$f_7(x) = −x^2 − 1$	$f_8(x) = −0{,}1x^2 + x$	$f_9(x) = (x − 3)^2 − 4$	$f_{10}(x) = −(x − 4)^2$

Finden Sie heraus, wie viel Prozent dieser zehn Parabeln
   a) kongruent zur Normalparabel sind.
   b) nach oben geöffnet sind.
   c) durch den Ursprung verlaufen.
   d) weiter als die Normalparabel sind.
   e) keinen Punkt mit der x-Achse gemeinsam haben.
   f) durch alle vier Quadranten verlaufen.
   g) zwei Schnittpunkte mit der x-Achse besitzen, die beide links vom Ursprung liegen.

Kann ich das noch?

9. Zeigen Sie zunächst, dass die Punkte A (3 | 0), B (1 | –2) und C (0 | –1,5) nicht auf einer Geraden liegen, und ermitteln Sie dann eine Gleichung der Parabel P, die durch diese drei Punkte verläuft. Geben Sie die Koordinaten des Parabelscheitels S an und zeichnen Sie P in ein Koordinatensystem (Einheit 1 cm) ein.

10. Finden Sie bei jedem der Dreiecke ABC heraus, ob es rechtwinklig, spitzwinklig oder stumpfwinklig ist.

   a) A (–2 | 0), B (3 | 0), C (0 | 4)   b) A (–2 | 3), B (7 | 3), C (–1 | 7)
   c) A (–9 | –2), B (11 | –2), C (–2 | 3)   d) A (–3 | –4), B (3 | 4), C (0 | 5)

Ist das Dreieck rechtwinklig, so berechnen Sie die Größe seiner Innenwinkel; ist es stumpfwinklig, so berechnen Sie seine Umfangslänge, und ist es spitzwinklig, so berechnen Sie seinen Flächeninhalt.

11. Der Halbkreis k_1 mit Mittelpunkt M_1 (siehe nebenstehende Abbildung) berührt die Seiten [RE] und [ET] des gleichseitigen Dreiecks TRE ($\overline{TR}$ = 8 cm). Der Kreis k_2 berührt ebenfalls [RE] und [ET] und außerdem den Halbkreis k_1. Ermitteln Sie die Längen der beiden Kreisradien r_1 und r_2 sowie den Flächeninhalt des getönten Bereichs.

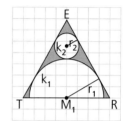

12. Tragen Sie die Punkte V (1 | 1), I (5 | 1), E (5 | 4) und R (1 | 4) in ein Koordinatensystem (Einheit 1 cm) ein. Berechnen Sie die Größen der Winkel, die die Diagonalen des Rechtecks VIER miteinander bilden.

   a) Eine 10 cm hohe gerade Pyramide P hat das Rechteck VIER als Grundfläche; ihre Spitze ist S. Ermitteln Sie das Volumen und den Oberflächeninhalt dieser Pyramide P sowie die Größe des Winkels ⊰ SIR.

   b) Der Grundkreis eines 10 cm hohen geraden Kreiskegels K ist der Umkreis des Rechtecks VIER. Berechnen Sie das Volumen und den Oberflächeninhalt dieses Kegels K. Ermitteln Sie, um wie viel Prozent das Volumen des Kegels K größer als das der Pyramide P (vgl. Teilaufgabe a)) ist.

13. Jeder der sechs Buchstaben des Worts MONTAG wird auf genau einen von sechs gleichartigen Tischtennisbällen geschrieben, die in einer Lostrommel liegen. Bei einem Spiel wird zunächst ein Ball „blind" gezogen, der Buchstabe notiert, der Ball wieder in die Trommel zurückgelegt und deren Inhalt erneut gemischt. Insgesamt wird auf diese Weise viermal je ein Ball gezogen. Finden Sie heraus, mit welcher Wahrscheinlichkeit bei diesem Spiel

   a) vier gleiche Buchstaben gezogen werden.
   b) vier verschiedene Buchstaben gezogen werden.
   c) die Buchstaben M, O, N und A in dieser Reihenfolge gezogen werden.
   d) die Buchstaben M, O, N und A gezogen werden.
   e) höchstens ein Konsonant gezogen wird.
   f) abwechselnd Konsonant, Vokal, Konsonant, Vokal gezogen wird.

14. Unter den 25 Schülern/Schülerinnen der Klasse 10 A werden drei Karten für die Premiere von Shakespeares *Romeo und Julia* verlost. Dabei wird aus einer Lostrommel mit drei Trefferlosen und 22 Nietenlosen dreimal nacheinander je ein Los „blind" (ohne Zurücklegen) gezogen. Finden Sie mithilfe eines Baumdiagramms heraus, mit welcher Wahrscheinlichkeit dabei

   a) alle drei Trefferlose gezogen werden.
   b) mindestens ein Trefferlos gezogen wird.
   c) höchstens ein Trefferlos gezogen wird.

Lösungen unter www.ccbuchner.de (Eingabe „8260" im Suchfeld)

KAPITEL 1
Kreis und Kugel

Ferdinand von Lindemann
geb. 1852 in Hannover
gest. 1939 in München

Ferdinand Lindemann war das dritte Kind des Lehrers für Neuere Sprachen Ferdinand Lindemann und dessen Ehefrau Emilie, geb. Crusius. Er besuchte das Gymnasium Fridericianum in Schwerin und studierte von 1870 an Mathematik in Göttingen, promovierte dort 1873 bei Felix Klein und übernahm 1877 nach Studienaufenthalten in England und Frankreich an der Albert-Ludwigs-Universität in Freiburg i. Br. eine Professur.

In Lindemanns Freiburger Zeit fällt seine berühmte Arbeit über die Transzendenz der Zahl π. Mit dieser Arbeit bewies Lindemann, dass die „Quadratur des Kreises" nicht möglich ist, dass es also nicht möglich ist, mit Zirkel und Lineal (in endlich vielen Schritten) ein Quadrat zu konstruieren, das den gleichen Flächeninhalt besitzt wie ein gegebener Kreis. Durch diese Arbeit wurde eines der berühmten Probleme, mit denen sich Mathematiker seit der Antike beschäftigt hatten, gelöst. Lindemann war später Rektor der Albertinus-Universität in Königsberg und Rektor der Ludwig-Maximilians-Universität in München, Lehrer und Förderer bedeutender Mathematiker und Mitglied der Bayerischen Akademie der Wissenschaften.

Seit seiner Jugend war Lindemann sehr an historischen und prähistorischen Forschungen interessiert. Sein besonderes Interesse galt der Geschichte der Gewichtsmaße, der Zahlzeichen und der Polyederforschung. Neben einer Reihe von Ehrendoktortiteln verschiedener Universitäten wurden Lindemann auch durch den König von Bayern Auszeichnungen und Preise verliehen; 1918 wurde er in den persönlichen Adelsstand erhoben.

Lindemanns Abiturzeugnis

1.1 Das Bogenmaß

Gregor und Sophie sprechen darüber, wie Informationen auf einer DVD gespeichert werden.

Gregor: „Die Daten werden mit einem Laserstrahl in Form von ‚Pits' und ‚Lands' eingebrannt."

Sophie: „Diese Datenspur verläuft spiralförmig von innen nach außen. Solche Spiralen heißen archimedische Spiralen."

Arbeitsauftrag

- Informieren Sie sich über archimedische Spiralen und stellen Sie Ihre Ergebnisse der Klasse vor. Zeichnen Sie eine archimedische Spirale.

Auf einer Kreislinie (Radiuslänge r) wird durch den Mittelpunktswinkel α ein Kreissektor mit der **Bogenlänge** b festgelegt.
Die Länge b des Bogens ist zum Winkel α direkt proportional:

$$\frac{b}{2r\pi} = \frac{\alpha}{360°}; \quad |\cdot 2r\pi \qquad b = 2r\pi \cdot \frac{\alpha}{360°}; \qquad \mathbf{b = \frac{r\pi\alpha}{180°}}$$

Der Wert des Quotienten $\frac{b}{r}$ aus Bogenlänge und Radiuslänge eignet sich als Winkelmaß: Statt den Winkel α in Grad zu messen, kann man die Maßzahl der zugehörigen Bogenlänge im Einheitskreis (Kreis mit Radiuslänge 1 LE) verwenden; man nennt dieses Winkelmaß **Bogenmaß**.
Größe des Winkels α im Bogenmaß: $\frac{\pi\alpha}{180°}$

Das Bogenmaß ist als Wert des Quotienten $\frac{b}{r}$ eine unbenannte reelle Zahl.

Für das Bogenmaß eines Winkels α wird auch die Abkürzung arc α (von lat. arcus: Bogen) verwendet. Beispiel: arc 180° = π

Beispiele

- Geben Sie die Winkelgrößen 0°, 30°, 45°, 60°, 90°, 180° und 360° jeweils im Bogenmaß als Vielfache von π sowie auf 3 Dezimalen gerundet an.
  Lösung:

Winkel im Gradmaß	0°	30°	45°	60°	90°	180°	360°
Winkel im Bogenmaß	0	$\frac{\pi}{6} \approx 0{,}524$	$\frac{\pi}{4} \approx 0{,}785$	$\frac{\pi}{3} \approx 1{,}047$	$\frac{\pi}{2} \approx 1{,}571$	$\pi \approx 3{,}142$	$2\pi \approx 6{,}283$

- Zwei der drei Innenwinkel eines Dreiecks messen α = 50° bzw. β = 72°.
  Geben Sie die Größe jedes der drei Dreiecksinnenwinkel sowie den Summenwert der drei Innenwinkel im Gradmaß und im Bogenmaß an.
  Lösung:

Gradmaß	α = 50°	β = 72°	γ = 180° − (50° + 72°) = 58°	α + β + γ = 180°
Bogenmaß	$\frac{5}{18}\pi \approx 0{,}873$	$\frac{2}{5}\pi \approx 1{,}257$	$\frac{29}{90}\pi \approx 1{,}012$	$\pi \approx 3{,}142$

- Geben Sie die Größe des Winkels α im Gradmaß an, wenn seine Größe im Bogenmaß 5,000 ist.
  Lösung: $\frac{\pi\alpha}{180°} = 5{,}000; \ | : \frac{\pi}{180°} \qquad \alpha \approx 286{,}5°$

1.1 Das Bogenmaß

- Erklären Sie, warum die Größe eines Winkels im Bogenmaß keine Benennung hat.
- Begründen Sie, warum die häufig zu lesende „Definition" des Bogenmaßes „Das Bogenmaß eines Winkels ist die Länge des zugehörigen Kreisbogens auf dem Einheitskreis." falsch ist.

Aufgaben

1. Übertragen Sie die Tabelle in Ihr Heft und ergänzen Sie sie dann dort.

Winkel im Gradmaß	0°	15°					225°	330°	
Winkel im Bogenmaß			$\frac{\pi}{9}$	$\frac{3\pi}{4}$	$\frac{5\pi}{12}$	1,309			2,880

2. Berechnen Sie jeweils die Größen der spitzen Innenwinkel und die Länge der dritten Seite des rechtwinkligen Dreiecks. Geben Sie dabei die Größen der Winkel im Gradmaß und im Bogenmaß an.

Der Taschenrechner kann Winkel im Gradmaß (DEG, von engl. degree: Gradmaßeinheit) und im Bogenmaß (RAD, von engl. radian: Bogenmaßeinheit) bearbeiten. Achten Sie auf die passende Einstellung.

a) 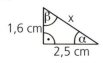   b)    c)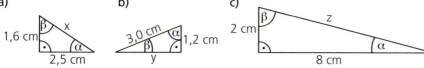

Prüfen Sie, ob Lauras Ergebnisse richtig sind; verbessern Sie ggf. die Fehler.

Seitenlängen	2,9 cm; 3,2 cm; 8,1 cm
Winkel im Gradmaß	1,16°; 23,6°; 31,0°; 56,4°; 59,0°; 82,9°
Winkel im Bogenmaß	0,412; 0,541; 0,984; 1,03; 1,56; 7,13

3. Ermitteln Sie jeweils den Termwert ohne Verwendung eines Taschenrechners.
   a) $\sin \frac{\pi}{2}$ b) $\tan \frac{\pi}{4}$ c) $\cos \frac{\pi}{6}$ d) $\left(\sin \frac{\pi}{4} + \cos \frac{\pi}{4}\right)^2$ e) $\left(\sin \frac{\pi}{3}\right)^2 + \left(\cos \frac{\pi}{3}\right)^2$
   f) $\cos \frac{\pi}{2} + \cos \frac{\pi}{4}$ g) $\sin \frac{\pi}{2} + \sin \frac{\pi}{4}$ h) $\sin \left(\frac{\pi}{3} + \frac{\pi}{6}\right) - \left(\sin \frac{\pi}{3} + \sin \frac{\pi}{6}\right)$

G 4. Finden Sie jeweils heraus, ob die Aussage für die spitzen Winkel α und β jedes rechtwinkligen Dreiecks wahr ist, und geben Sie jeweils eine Begründung an.
   a) $(\sin \alpha)^2 + (\sin \beta)^2 = 1$ b) $\tan \alpha + \tan \beta = 1$ c) $\tan \alpha \cdot \tan \beta = 1$
   d) $\frac{\sin \alpha}{\sin \beta} = \tan \alpha$ e) $\sin (\alpha + \beta) = 1 + \cos (\alpha + \beta)$ f) $\sin (\alpha + \beta) = \tan \frac{\alpha + \beta}{2}$

5. A problem from Mary's Maths Test

   Simplify the expressions given that 0° < θ < 90°.   (1) $\frac{(\sin \theta)^2 + (\cos \theta)^2 \tan \theta}{\sin \theta + \cos \theta}$ and   (2) $\frac{1 - \sin \theta}{\cos \theta} - \frac{\cos \theta}{1 + \sin \theta}$

W1 Welchen Flächeninhalt haben die drei Quadrate zusammen?

W2 Welches ist das kleinstmögliche Ergebnis, wenn Sie die Quersumme einer mindestens fünfstelligen Zahl quadrieren?

W3 Welche der Zahlen 20; 56; 72; 100; 156; 210 und 650 lässt sich nicht in der Form $x + \sqrt{x}$ mit $x \in \mathbb{N}$ schreiben?

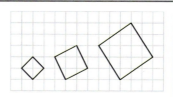

$a \in \mathbb{R}^+; n \in \mathbb{N}\setminus\{1\}$:

$\frac{\sqrt[3]{a^6}}{a} = ?$

$\sqrt[n]{n^{2n}} = ?$

$\sqrt[n]{n^{n^2}} = ?$

Die Kreiszahl π

Archimedes (etwa 287 bis 212 v. Chr.)

Die Vermessung von Kreisen hat die Menschen schon in frühen Kulturen im Altertum beschäftigt. Im Lauf von Jahrhunderten haben sich Mathematiker bemüht, für die Berechnung von Näherungswerten für die **Kreiszahl π** immer leistungsstärkere Verfahren zu finden.

Das von **Archimedes** verwendete Verfahren ist geeignet, die Kreiszahl π auf beliebig viele Stellen genau zu berechnen. Archimedes betrachtete einen Einheitskreis, also einen Kreis mit Radiuslänge 1 LE. Diesem Kreis beschrieb er eine Folge regelmäßiger n-Ecke (Seitenlänge s_n) ein und eine Folge regelmäßiger n-Ecke (Seitenlänge S_n) um: zuerst jeweils ein Sechseck, dann jeweils ein 12-Eck, jeweils ein 24-Eck, jeweils ein 48-Eck usw. Die Umfangslängen u_n bzw. U_n dieser Vielecke liefern mit zunehmender Eckenanzahl n immer bessere Näherungswerte für die Kreisumfangslänge U und damit für die Kreiszahl $\pi = \frac{U}{2r}$.

n	$ns_n = u_n$	$\frac{u_n}{2} \approx \pi \cdot r$	$nS_n = U_n$	$\frac{U_n}{2} \approx \pi \cdot r$
6	6,0000 r	3,0000 r	6,9282 r	3,4641 r
12	6,2117 r	3,1058 r	6,4308 r	3,2154 r
24	6,2653 r	3,1326 r	6,3193 r	3,1597 r
48	6,2787 r	3,1394 r	6,2922 r	3,1461 r
96	6,2821 r	3,1410 r	6,2854 r	3,1427 r
192	6,2829 r	3,1415 r	6,2837 r	3,1419 r
384	6,2831 r	3,1416 r	6,2833 r	3,1417 r
…	…	…	…	…

Eine transzendente Zahl ist eine reelle Zahl, die nicht Lösung einer algebraischen Gleichung ist (Gleichungen der Form $ax + b = 0$, $ax^2 + bx + c = 0$, $ax^3 + bx^2 + cx + d = 0$… mit a (≠ 0), b, c, d… $\in \mathbb{Z}$ heißen algebraische Gleichungen).

Inzwischen sind über eine Billion Nachkommastellen von π bekannt.

Der Mathematiker Johann Heinrich **Lambert** hat bereits 1767 gezeigt, dass die Zahl π eine **irrationale** Zahl ist; Ferdinand von **Lindemann** hat dann 1882 bewiesen, dass die Zahl π sogar eine **transzendente** Zahl ist und somit die „Quadratur des Kreises" nicht möglich ist.

1. Eine historische Quelle zur Geschichte der Kreiszahl π ist die Bibel:

   „Dann machte er das ‚Meer'. Es wurde aus Bronze gegossen und maß zehn Ellen von einem Rand zum anderen; es war völlig rund und fünf Ellen hoch. Eine Schnur von dreißig Ellen konnte es rings umspannen."
   (1. Buch der Könige 7,23)

   Begründen Sie, welchen Näherungswert für π man diesem Text entnehmen kann.

2. Im Papyrus Rhind, einem ägyptischen Lehrbuch, das etwa um 1800 v. Chr. entstand, gibt der Schreiber Ahmes eine Anweisung zur Berechnung des Flächeninhalts eines kreisrunden Ackers: „Nimm ein Neuntel vom Durchmesser weg und zeichne ein Quadrat über dem Rest. Es hat den gleichen Flächeninhalt wie der Kreis."

   a) Ermitteln Sie, welchen Näherungswert für π der Schreiber Ahmes verwendet hat.
   b) Finden Sie heraus, wie sich der Näherungswert ändert, wenn vom Durchmesser nicht ein Neuntel, sondern ein Zehntel bzw. ein Achtel weggenommen wird.

Ausschnitt aus dem Papyrus Rhind

3. Einem Kreis (Radiuslänge 1 LE) wird ein regelmäßiges n-Eck einbeschrieben; dann wird die Eckenanzahl verdoppelt (vgl. nebenstehende Abbildung). Zeigen Sie, dass die Umfangslänge des einbeschriebenen 2n-Ecks durch

   $$u_{2n} = 2n \sqrt{2 - \sqrt{4 - s_n^2}}$$ gegeben ist.

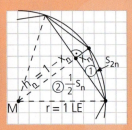

Die Kreiszahl π

4. Finden Sie mithilfe eines Tabellenkalkulationsprogramms ausgehend von der Seitenlänge $s_6 = r$ des einbeschriebenen regelmäßigen Sechsecks zunehmend bessere Näherungswerte für die Kreiszahl π.

Lösung:
Für $r = 1$ gilt für die Umfangslänge des Kreises $U_{Kreis} = 2\pi$, also $\pi = \frac{U_{Kreis}}{2}$;
U_{Kreis} wird durch die Umfangslänge von dem Kreis einbeschriebenen regelmäßigen n-Ecken (hier beginnend mit n = 6), deren Eckenanzahl laufend verdoppelt wird, angenähert. Da im rechtwinkligen Dreieck ABC

$s_{2n}^2 = \left(\frac{s_n}{2}\right)^2 + \left(1 - \sqrt{1 - \left(\frac{s_n}{2}\right)^2}\right)^2$ gilt, folgt $s_{2n}^2 = \frac{s_n^2}{4} + 1 - \sqrt{4 - s_n^2} + 1 - \frac{s_n^2}{4}$ und somit

$s_{2n} = \sqrt{2 - \sqrt{4 - s_n^2}}$. Mit dem Tabellenkalkulationsprogramm kann man nun zunehmend bessere Näherungswerte für π erhalten:

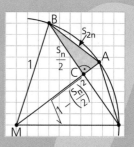

π =
3,14159265358979323
84626433832795028
84197169399375105
8209749445923.......

	A	B	C	D
1	Eckenanzahl des einbeschriebenen n-Ecks	Seitenlänge s_n des einbeschriebenen n-Ecks	Umfangslänge $u_n = n \cdot s_n$ des einbeschriebenen n-Ecks	$\frac{u_n}{2}$
2	6	1	6	3
3	12	0,51763809	6,211657082	3,105828541
4	24	0,261052384	6,265257227	3,132628613
5	48	0,130806258	6,278700406	3,139350203
6	96	0,065438166	6,282063902	3,141031951
7	192	0,032723463	6,282904945	3,141452472
8	384	0,016362279	6,283115216	3,141557608
3	= 2*A2	= Wurzel(2−Wurzel(4−B2*B2))	=A3*B3	=C3/2

5. Begründen Sie, dass für jedes (auch nicht regelmäßige) Vieleck, das einem Kreis mit Radiuslänge r umbeschrieben wird, $A_{Vieleck} = 0{,}5 \cdot r \cdot U_{Vieleck}$ gilt.

6. Einem Kreis (Radiuslänge 1 LE) wird ein regelmäßiges n-Eck umbeschrieben Zeigen Sie, dass die Seitenlänge dieses umbeschriebenen n-Ecks durch

$S_n = \frac{2s_n}{\sqrt{4 - s_n^2}}$ gegeben ist.

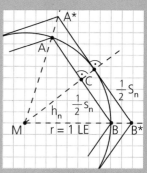

7. Auf den schottischen Mathematiker James Gregory geht folgendes Verfahren zur Ermittlung eines Näherungswerts für die Kreiszahl π zurück:
Einem Kreis (Radiuslänge 1 LE) ist ein regelmäßiges n-Eck einbeschrieben und ein regelmäßiges n-Eck umbeschrieben. Zeigen Sie, dass

(1) $a_{2n} = \sqrt{a_n \cdot A_n}$ a_n: Flächeninhalt des einbeschriebenen regulären n-Ecks
A_n: Flächeninhalt des umbeschriebenen regulären n-Ecks

(2) $A_{2n} = \frac{2 \cdot a_{2n} \cdot A_n}{a_{2n} + A_n}$ a_{2n}: Flächeninhalt des einbeschriebenen regulären 2n-Ecks
A_{2n}: Flächeninhalt des umbeschriebenen regulären 2n-Ecks

a) Beginnen Sie mit n = 4, also mit einem Quadrat, das einem Kreis (Radiuslänge 1 LE) einbeschrieben ist, sowie einem Quadrat, das diesem Kreis umbeschrieben ist. Ermitteln Sie dann daraus a_8, a_{16} und a_{32} sowie A_8, A_{16} und A_{32}.
Finden Sie damit einen Näherungswert für π heraus und beurteilen Sie dessen Genauigkeit.

b) Bearbeiten Sie die Teilaufgabe a) für $n \in \{8; 16; 32; 64 \ldots\}$ mithilfe eines Tabellenkalkulationsprogramms.

Monte-Carlo-Verfahren

Monte Carlo ist eine Stadt im Fürstentum Monaco, bekannt u. a. durch das (vom Architekten der Pariser Oper 1878 erbaute) Spielkasino.

In der Mathematik versteht man unter **Monte-Carlo-Verfahren** das Simulieren von Zufallsexperimenten mithilfe von Zufallszahlen.
Die Begründer dieser Methode sind der ungarisch-amerikanische Mathematiker John von Neumann (Budapest 1903 bis 1957 Washington) und der polnisch-amerikanische Mathematiker Stanislaw Ulam (Lemberg 1909 bis 1984 Santa Fé).

Monte-Carlo-Verfahren zur Ermittlung eines Näherungswerts für die Kreiszahl π

Man beschreibt zunächst einem Quadrat (Seitenlänge 1 LE) einen Viertelkreis (Radiuslänge 1 LE) ein und wählt innerhalb dieses „Einheitsquadrats" mithilfe eines Zufallszahlengenerators oder einer Zufallszahlentabelle n Punkte aus. Dann untersucht man bei jedem dieser n Punkte, ob er innerhalb des Viertelkreises (einschließlich dessen Rand) oder außerhalb des Viertelkreises liegt. Die relative Häufigkeit der Punkte im Innern (und auf dem Rand) des Viertelkreises ist ein Schätzwert für den Flächeninhalt des Viertelkreises und liefert somit einen Näherungswert für $\frac{\pi}{4}$.

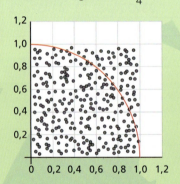
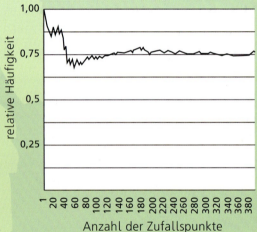

Anzahl der Zufallspunkte

1. Erläutern Sie das Liniendiagramm.

2. Laura und Lucas führen ein Zufallsexperiment durch. Dazu zeichnet Laura auf ein quadratisches 40 cm x 40 cm-Kartonblatt einen Viertelkreis mit Radiuslänge 40 cm. Dann wirft Lucas 50 Reißnägel „zufällig" auf den Karton. Sie zählen, dass 39 Reißnägel innerhalb des Viertelkreises (bzw. auf dessen Rand) zu liegen kommen. Ermitteln Sie den Näherungswert für π, der sich hieraus ergibt.

3. Laura und Lucas wandeln das Zufallsexperiment von Aufgabe 2. etwas ab. Dazu zeichnet Laura auf ein quadratisches 40 cm x 40 cm-Kartonblatt vier getönte Kreise jeweils mit Radiuslänge 10 cm. Dann wirft Lucas Reißnägel „zufällig" auf den Karton. Sie zählen, dass 49 Reißnägel innerhalb des getönten Bereichs (einschließlich der Ränder) und 12 innerhalb des Quadrats, aber außerhalb des getönten Bereichs zu liegen kommen. Ermitteln Sie den Näherungswert für π, der sich hieraus ergibt.

4. Überlegen Sie sich gemeinsam mit Ihrem Nachbarn/Ihrer Nachbarin Variationen des in Aufgabe 2. vorgestellten Zufallsexperiments. Beurteilen Sie jeweils die Durchführung und das Ergebnis Ihres Zufallsexperiments.

Monte-Carlo-Verfahren

5. Gregor und Lucas führen mit dem Zufallszahlengenerator ihres Taschenrechners ein Monte-Carlo-Zufallsexperiment durch: Sie zeichnen zunächst in ein Koordinatensystem (Einheit 10 cm) das Quadrat OVAL mit O (0 | 0), V (1 | 0), A (1 | 1) und L (0 | 1) sowie im I. Quadranten einen Viertelkreis mit Mittelpunkt O und Radiuslänge 10 cm.
Dann legen sie mit dem Zufallszahlengenerator die Koordinaten von 20 Punkten fest und tragen diese Punkte in das Koordinatensystem ein.

Tastenkombination z. B. SHIFT RAN

x	0,56	0,50	0,39	0,75	0,60	0,83	0,98	0,44	0,33	0,71	0,24	0,33	0,89	0,83	0,19	0,08	0,69	0,26	0,92	0,73
y	0,25	0,74	0,94	0,09	0,32	0,36	0,90	0,99	0,60	0,27	0,43	0,09	0,94	0,14	0,02	0,25	0,78	0,03	0,28	0,71

a) Erklären Sie zunächst, wie man mithilfe der Koordinaten eines Zufallspunkts P entscheiden kann, ob P auf der Viertelkreislinie, innerhalb des Viertelkreises oder außerhalb des Viertelkreises liegt, und werten Sie dann mit Ihrem Nachbarn/Ihrer Nachbarin das obige Zufallsexperiment aus: Ermitteln Sie einen Schätzwert für π sowie die prozentuale Abweichung dieses Werts von dem in Ihrem Taschenrechner gespeicherten Näherungswert für π.

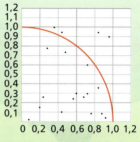

*Lucas: „Die Abweichung beträgt rund 2%."
Hat Lucas Recht?*

b) Führen Sie mit Ihrem Nachbarn/Ihrer Nachbarin ein entsprechendes Monte-Carlo-Zufallsexperiment durch, um einen Schätzwert für π zu ermitteln. Vergleichen Sie Ihr Ergebnis mit dem Ergebnis von Teilaufgabe a).

Das Buffon'sche Nadelexperiment

Auf einem Blatt Papier ist eine Schar von Parallelen im Abstand d gezeichnet. Auf dieses Blatt werden Nadeln der Länge a (a < d) geworfen. Der französische Naturforscher Buffon hat gezeigt, dass die Wahrscheinlichkeit, dass eine Nadel, die zufällig auf das Papierblatt geworfen wird, eine der Parallelen schneidet, durch $p = \frac{2a}{\pi d}$ gegeben ist.

6. a) Führen Sie ein entsprechendes Zufallsexperiment durch und ermitteln Sie aus der relativen Trefferhäufigkeit einen Schätzwert für π. Beurteilen Sie Ihr Ergebnis.

b) Simulieren Sie das Buffon'sche Nadelexperiment mithilfe eines Applets im Internet.

Denkmal von Buffon (1707–1788) in Paris

Monte-Carlo-Verfahren zur Ermittlung eines Näherungswerts für den Flächeninhalt eines krummlinig berandeten Bereichs

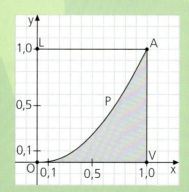

7. Ermitteln Sie einen Näherungswert für den Inhalt A des getönten Flächenstücks. Zeichnen Sie dazu zunächst in ein Koordinatensystem (Einheit 10 cm) das Quadrat OVAL mit O (0 | 0), V (1 | 0), A (1 | 1) und L (0 | 1) sowie den Parabelbogen P mit der Gleichung $y = x^2$ und mit $0 \leq x \leq 1$. Legen Sie dann mit dem Zufallszahlengenerator Ihres Taschenrechners die Koordinaten von n Punkten fest (vgl. Aufgabe 5.) und ermitteln Sie die Anzahl k derjenigen dieser n Punkte, die im getönten Bereich (oder auf dessen Rand) liegen. Die relative Häufigkeit $\frac{k}{n}$ liefert dann einen Schätzwert für den Flächeninhalt A des getönten Bereichs. Verbessern Sie den Näherungswert für A, indem Sie auch die Ergebnisse Ihrer Mitschüler und Mitschülerinnen verwenden.

1.2 Kreisteile

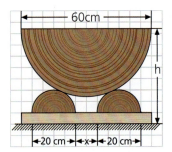

Gregor, Laura, Lucas und Sophie wollen im Werkunterricht eine Sitzbank aus halbierten Baumstämmen gestalten. Die beiden Fußstützen sollen dazu auf ein 5 cm starkes Brett geschraubt werden.

Arbeitsaufträge

- Finden Sie heraus, wie weit die beiden Fußstützen voneinander entfernt sein müssen, wenn die Sitzhöhe 37 cm betragen soll.
- Beschreiben Sie durch einen Term, wie die Sitzhöhe h von der Streckenlänge x abhängt, und geben Sie an, wie groß x höchstens sein darf.

> Der Flächeninhalt A eines **Kreissektors** ist zum zugehörigen Mittelpunktswinkel α (0° < α < 360°) direkt proportional.
> Es ist $\frac{A}{r^2\pi} = \frac{\alpha}{360°}$; $\vert \cdot r^2\pi$
> also $\mathbf{A = r^2\pi \cdot \frac{\alpha}{360°}}$.
> Aus $b = \frac{r\pi\alpha}{180°}$ und $A = \frac{r}{2} \cdot \frac{r\pi\alpha}{180°}$ folgt $\mathbf{A = \frac{1}{2}rb}$.

Beispiele

- Berechnen Sie
  a) die Länge b des Kreisbogens.
  b) die Länge s der Kreissehne.
  c) auf zwei verschiedene Arten den Flächeninhalt A des Kreissektors.

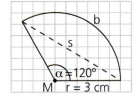

Lösung:

a) $b = \frac{r\pi\alpha}{180°} = \frac{3\,\text{cm} \cdot \pi \cdot 120°}{180°} = 2\pi$ cm ≈ 6,28 cm

b) $\frac{\frac{s}{2}}{r} = \sin\frac{\alpha}{2}$; $\vert \cdot 2r$ $s = 2r\sin\frac{\alpha}{2} = 2 \cdot 3$ cm $\cdot \sin 60° =$
   $= 6$ cm $\cdot \frac{1}{2}\sqrt{3} = 3\sqrt{3}$ cm ≈ 5,20 cm

c) (1) $A = \frac{r^2\pi \cdot \alpha}{360°} = (3\,\text{cm})^2 \cdot \frac{120° \cdot \pi}{360°} = 9$ cm² $\cdot \frac{\pi}{3} = 3\pi$ cm² ≈ 9,42 cm²
   (2) $A = \frac{1}{2}rb = \frac{1}{2} \cdot 3$ cm $\cdot 2$ cm $\cdot \pi = 3\pi$ cm² ≈ 9,42 cm²   [vgl. a)]

- Berechnen Sie den Flächeninhalt des getönten **Kreissegments**.

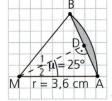

Lösung: $A_{\text{Segment}} = A_{\text{Sektor}} - A_{\text{Dreieck}}$

$A_{\text{Sektor}} = r^2\pi \cdot \frac{\mu}{360°} = (3,6\,\text{cm})^2 \cdot \pi \cdot \frac{50°}{360°} = 1,8\pi$ cm² ≈ 5,65 cm²

$A_{\text{Dreieck}} = \frac{1}{2} \cdot \overline{AB} \cdot \overline{DM}$

$\frac{\frac{\overline{AB}}{2}}{\overline{MA}} = \sin\frac{\mu}{2}$; $\vert \cdot 2\,\overline{MA}$ $\overline{AB} = 2 \cdot \overline{MA} \cdot \sin\frac{\mu}{2}$

$\frac{\overline{DM}}{\overline{MA}} = \cos\frac{\mu}{2}$; $\vert \cdot \overline{MA}$ $\overline{DM} = \overline{MA} \cdot \cos\frac{\mu}{2}$

$A_{\text{Dreieck}} = \frac{1}{2} \cdot 2 \cdot \overline{MA} \cdot \sin\frac{\mu}{2} \cdot \overline{MA} \cdot \cos\frac{\mu}{2} = \overline{MA}^2 \cdot \sin\frac{\mu}{2} \cdot \cos\frac{\mu}{2}$
  $= (3,6\,\text{cm})^2 \cdot \sin 25° \cdot \cos 25°$ ≈ 4,96 cm²

A_{Segment} ≈ 5,65 cm² − 4,96 cm² = 0,69 cm²

1.2 Kreisteile

● Berechnen Sie die Umfangslänge U und den Flächeninhalt A der von drei Kreisbögen der Radiuslänge a berandeten getönten Figur. Finden Sie heraus, wie viel Prozent der Fläche des gleichseitigen Dreiecks BCD diese Figur einnimmt.

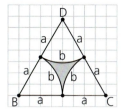

Lösung:
Umfangslänge:
$U = 3 \cdot b = 3 \cdot \frac{a \cdot \pi \cdot 60°}{180°} = 3 \cdot \frac{a \cdot \pi}{3} = a\pi \approx 3{,}14a$

Flächeninhalt: $A = A_{\text{Dreieck BCD}} - 3 \cdot A_{\text{Sektor}} =$
$= \frac{1}{2} \cdot 2a \cdot a\sqrt{3} - 3 \cdot a^2 \cdot \pi \cdot \frac{60°}{360°} = a^2\sqrt{3} - 3a^2 \cdot \pi \cdot \frac{1}{6} = a^2\sqrt{3} - 0{,}5a^2\pi =$
$= a^2(\sqrt{3} - 0{,}5\pi) \approx 0{,}16\, a^2$

Anteil: $\frac{a^2(\sqrt{3} - 0{,}5\pi)}{a^2\sqrt{3}} = 1 - \frac{\sqrt{3} \cdot \pi}{6} \approx 9{,}3\%$

● Welche Entfernung voneinander müssen die Mittelpunkte zweier Kreise (Radiuslänge R bzw. r; R > r) besitzen, wenn die Kreise einander berühren sollen?
● Welche Entfernung voneinander müssen die Mittelpunkte zweier Kreise (Radiuslänge R bzw. r; R > r) besitzen, wenn die Kreise einander schneiden bzw. wenn sie keine gemeinsamen Punkte besitzen sollen?

Aufgaben

1. Übertragen Sie die Tabelle in Ihr Heft und ergänzen Sie sie dann dort.

	a)	b)	c)	d)	e)	f)	g)	h)
Radiuslänge	3,0 cm	25 mm				3,75 m	$1{,}0 \cdot 10^{-2}$ m	
Mittelpunktswinkel α	20°	$\frac{\pi}{10}$	5,0		60°	$\frac{\pi}{5}$	1,0	1,0°
Bogenlänge b			8,0 m	5,0 m				
Sektorflächeninhalt				25,0 m²	2π cm²			1,0 cm²

2. Die Ergebnisse der beiden Teilaufgaben a) und b) sind zum Teil fehlerhaft. Finden Sie jeweils zunächst die Fehler, die zu den falschen Ergebnissen geführt haben, und lösen Sie dann die beiden Teilaufgaben fehlerfrei.

a) Ein Kreissektor hat die Radiuslänge 4,0 cm und den Mittelpunktswinkel 72°. Berechnen Sie die Bogenlänge b und den Flächeninhalt A dieses Kreissektors.
Ergebnisse: $b \approx 288$ cm; $A = 3{,}2\pi$ cm²

b) Die Durchmesserlänge eines Kreises beträgt 10,0 cm. Berechnen Sie die Größe φ des Mittelpunktswinkels zu einem 12,0 cm langen Bogen dieses Kreises sowie den Flächeninhalt des zugehörigen Kreissektors.
Ergebnisse: $\varphi = 2{,}4°$; $A = 30$ cm²

3. Der getönte Kreissektor hat jeweils den gleichen Flächeninhalt wie das Quadrat. Ermitteln Sie die Größe φ seines Mittelpunktswinkels auf Grad gerundet.

a)
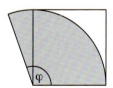

b)
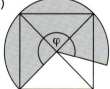

1.2 Kreisteile

4. a) Das Dreieck ABC ist rechtwinklig mit den Seitenlängen a, b und c. Über jeder seiner drei Seiten ist ein Thaleshalbkreis gezeichnet.
Ermitteln Sie den gesamten Flächeninhalt der beiden getönten „Möndchen". Was fällt Ihnen auf?

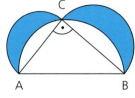

b) Das Viereck ABCD ist ein Quadrat der Seitenlänge a. Ermitteln Sie den gesamten Flächeninhalt der vier getönten „Möndchen" (die Kreismittelpunkte sind markiert).
Was fällt Ihnen auf? Formulieren Sie dieses Ergebnis allgemein für Rechtecke.

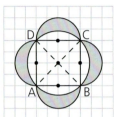

5. In der nebenstehenden Figur sind drei der vier Kreisbögen 3 cm bzw. 4 cm bzw. 5 cm lang.
 a) Berechnen Sie die drei Winkelgrößen α, β und γ.
 b) Ermitteln Sie die Flächeninhalte der vier Kreissektoren.

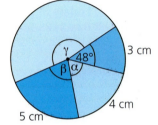

G 6. Jede der vier getönten Figuren ist einem Quadrat der Seitenlänge a einbeschrieben und wird von Kreisbögen berandet, deren Mittelpunkte markiert sind. Berechnen Sie jeweils ihren Flächeninhalt A und ihre Umfangslänge U.

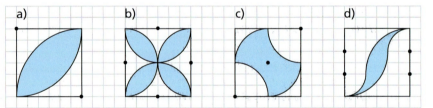

7. Ermitteln Sie den Wert des Quotienten $\frac{A_1}{A_2}$ der Flächeninhalte A_1 und A_2 in Abhängigkeit von den Radienlängen r_1 und r_2 und finden Sie heraus, für welches Verhältnis der Radienlängen $A_1 = A_2$ ist.

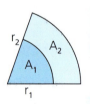

G 8. Jede der drei Figuren ist nach Archimedes benannt:

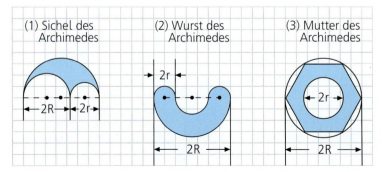

a) Zeichnen Sie die drei nur von Halbkreisen [(1) und (2)] bzw. von einem Kreis und sechs gleich langen Strecken [(3)] berandeten getönten Figuren in Ihr Heft; wählen Sie dabei passende Werte von R und von r.
b) Berechnen Sie die Flächeninhalte A(R; r) der drei getönten Figuren.
c) Lassen Sie jede der drei getönten Figuren von einer DGS zeichnen.

9. From Mary's Maths Textbook:
(1) The radius of the outer circle of the darts target is four times the radius of the bull's eye. If a dart lands randomly within the outer circle, find the probability that it will land
   a) in the bull's eye.
   b) in the region shaded yellow.

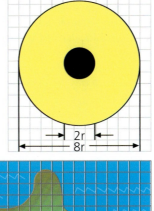

(2) Describe how you would go about finding the area of an irregulary shaped region.
Using your method, approximate the surface area of the island given that each small square is 30 metres on a side.

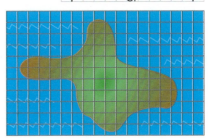

10. Dem Quadrat VIER ist ein Kreissektor mit dem Mittelpunktswinkel µ einbeschrieben. Übertragen Sie die Tabelle in Ihr Heft und ergänzen Sie sie dann dort.

µ	15°	30°	45°	60°	75°	90°
r (in cm)						
b (in cm)						
A_{Sektor} (in cm²)						
$p = \frac{A_{Sektor}}{A_{Quadrat}}$ (in %)						

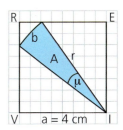

11. Ein Kreissektor (Radiuslänge 10 cm; Mittelpunktswinkel 120°) aus Papier wird zum Mantel eines geraden Kreiskegels zusammengerollt.
    a) Stellen Sie ein Modell im Maßstab 1 : 1 her und zeichnen Sie einen beschrifteten Achsenschnitt des Kegels.
    b) Berechnen Sie die Größe des Neigungswinkels der Mantellinien gegen die Grundfläche sowie das Volumen dieses Kegels.

W1 Wie berechnet man das Volumen eines geraden Kreiszylinders der Höhe h, dessen Grundkreis die Radiuslänge r besitzt?
W2 Wie berechnet man das Volumen eines geraden Kreiskegels der Höhe h, dessen Grundkreis die Radiuslänge r besitzt?
W3 Was besagt das Cavalieri'sche Prinzip?

$$\frac{\sin 15°}{\cos 75°} = ?$$
$$\sqrt{(\sin 11°)^2 + (\cos 11°)^2} = ?$$
$$\tan \frac{\pi}{4} = ?$$

Methodentraining – Mind-Map

Der Begriff *Mind-Map* geht auf den Engländer Tony Buzan zurück und heißt übersetzt *Gedanken-Landkarte*.

Gregor hat zusammengestellt, wie man bei der Erstellung eines Mind-Maps vorgehen sollte:
- Thema in die Mitte des Blatts schreiben und hervorheben
- Schlüsselwörter an die **Hauptäste** schreiben
- Wichtige Ideen in die Nähe des Zentrums, weniger wichtige weiter außen an die Zweige schreiben
- nach Möglichkeit Verknüpfungen zwischen den Zweigen herstellen

Um für das neue Schuljahr gut vorbereitet zu sein, wiederholen Gregor, Laura, Lucas und Sophie das Grundwissen in Mathematik. Lucas hat dazu ein Mind-Map begonnen:

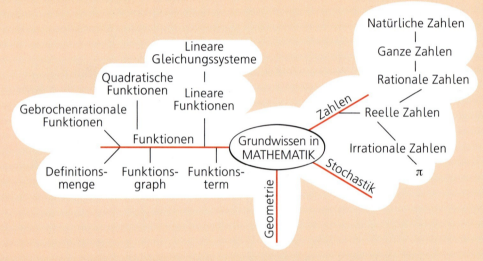

1. Ergänzen Sie Lucas' Mind-Map in Ihrem Heft und überlegen Sie dann, in welchem der Gebiete Sie noch Wissenslücken haben.

2. Sophie hat ein Mind-Map zum Thema *Ferien in Wien* begonnen. Übertragen Sie ihren Entwurf in Ihr Heft und ergänzen Sie ihn dann dort durch weitere Zweige.

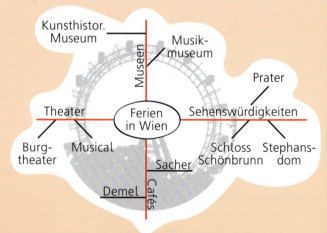

3. Erstellen Sie ein Mind-Map zum Thema *Vorbereitung auf die nächste Mathematik-Schulaufgabe* und stellen Sie es der Klasse vor.

4. Erstellen Sie ein Mind-Map zum Thema *Die Kreiszahl π* und stellen Sie es der Klasse vor.

Methodentraining – Visualisierung

Gregor: „Egal, für welches Thema wir uns entscheiden: Wir sollten auf jeden Fall auf eine gute Visualisierung achten."

Themenvorschläge für Referate:
- Die Kreiszahl π
- Bekannte Funktionen
- Besondere Zahlen
- Mathematik in der Zeitung
- Mathematik und Kunst
- Mathematik und Sport

1. Zur Vorbereitung auf ein Referat haben Gregor, Laura, Lucas und Sophie ein Mind-Map zum Thema *Visualisierung* entworfen. Übertragen Sie das Mind-Map in Ihr Heft und ergänzen Sie dann dort jeden der Hauptäste durch weitere Zweige.

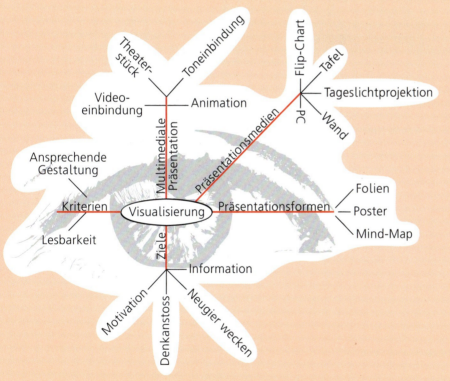

2. Erstellen Sie ein Poster zum Thema *Besondere Zahlen*.
Lucas' Tipp: „Man könnte mit dem Zitat von Pythagoras ‚Alles ist Zahl' beginnen."

3. Erstellen Sie eine Power-Point-Präsentation zum Thema *Mathematik in der Zeitung*.
Lauras Tipp: „Pro ‚Folie' nur ein Beispiel zeigen; dabei auf gute Lesbarkeit achten."

4. Stellen Sie die Ihnen bekannten *Funktionstypen* mithilfe einer Overheadfolien-Präsentation dar.
Sophies Tipps:
- *Folien durchnummerieren*
- *Erste Folie soll Neugier wecken*
- *Abbildungen sehr sorgfältig zeichnen oder einscannen*
- *Mit der letzten Folie Zusammenfassung bringen*

Gotisches Maßwerk

Mit **Maßwerk** bezeichnet man in der Architektur Bauornamente, die aus rein geometrischen Formen, die konstruiert werden können, bestehen. Das Maßwerk hatte seine Blütezeit in der **Gotik**, in der es ein unabdingbarer Bestandteil z. B. der Kirchenfenster war. Man findet diese Stilelemente vor allem in der Zeit vom 12. Jahrhundert bis zum Ende des 16. Jahrhunderts hauptsächlich an Fensteröffnungen, aber auch an Wandflächen, Turmhelmen und Giebeln.

Rosenfenster von Saint Denis in Paris

Konstruktion der Rosette des Rosenfensters von Saint Denis

Grundelemente des gotischen Maßwerks

Passmaßwerk

Der einfachste Weg zur Konstruktion der verschiedenen Passe verwendet regelmäßige Vielecke; deren Eckpunkte bilden die Mittelpunkte der inneren Kreise:

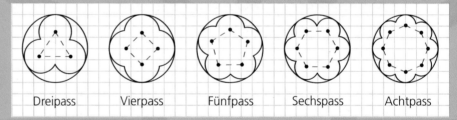

Dreipass — Vierpass — Fünfpass — Sechspass — Achtpass

Blattmaßwerk

Auch beim Blattmaßwerk ist die Ausgangsfigur ein regelmäßiges Vieleck: beim Dreiblatt ein gleichseitiges Dreieck, beim Vierblatt ein Quadrat.

1. Konstruieren Sie je einen der fünf Passe sowie ein regelmäßiges Dreiblatt und ein regelmäßiges Vierblatt. Entwerfen Sie dazu jeweils einen Konstruktionsplan und stellen Sie ihn der Klasse vor.

2. Finden Sie heraus, wie man ein regelmäßiges Sechsblatt konstruiert, und beschreiben Sie Ihr Vorgehen.

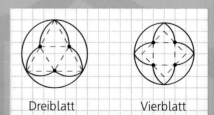

Dreiblatt — Vierblatt

Gotisches Maßwerk

Spitzbogen

Bei der gotischen Fenstergestaltung werden außer Rosettenformen vor allem Spitzbogen verwendet.

Neben dem gleichseitigen („vollkommenen") Spitzbogen, bei dem die Kreismittelpunkte mit den oberen Endpunkten der senkrechten Fensterränder zusammenfallen, finden sich als Abwandlungen überhöhte Spitzbogen, flache (gedrückte) Spitzbogen, Kleeblattspitzbogen und Kielbogen:

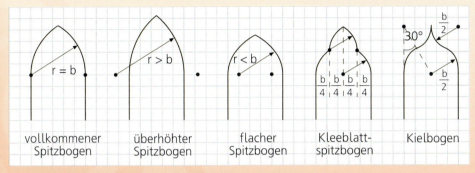

Fischblasen

In der Spätgotik treten vor allem bei runden Fenstern als Ornamente Fischblasen auf:

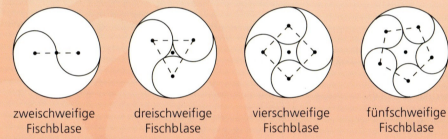

Die Rosette der Kathedrale von Bordeaux und die Fassade des venezianischen Palasts Ca' d'Oro zeigen Elemente des gotischen Maßwerks:

3. Gestalten Sie mit Ihrer Klasse eine Ausstellung zum Thema *Gotisches Maßwerk*.

1.3 Die Kugel und ihr Volumen

Gregor und Sophie haben ein Mind-Map zum Thema *Kugel* begonnen:

Arbeitsaufträge

- Informieren Sie sich über *Mind-Maps* und stellen Sie Ihre Ergebnisse der Klasse vor.
- Erstellen Sie ein Mind-Map zum Thema *Kugel* und stellen Sie es Ihrer Klasse vor.

Alle Punkte (des dreidimensionalen Raums), die von einem Punkt M die gleiche Entfernung r besitzen, liegen auf einer **Kugel** mit **Mittelpunkt M** und **Radiuslänge r**.

Volumen der Kugel

Die beiden rechts abgebildeten Körper (ein gerader Kreiszylinder mit kegelförmiger Bohrung sowie eine Halbkugel) liegen zwischen den zueinander parallelen Ebenen E_1 und E_2; sie besitzen zueinander kongruente Grundflächen (Kreise mit Radiuslänge r) und gleiche Höhe h = r.

Lucas: Zur Berechnung von r_1 wendet man den Satz von Pythagoras an.

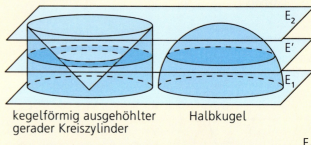

kegelförmig ausgehöhlter gerader Kreiszylinder   Halbkugel

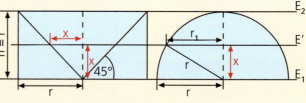

Die Schnittfläche der Ebene E' ∥ E_1 mit
- der Halbkugel ist ein Kreis mit dem Flächeninhalt
$A_1 = r_1^2\pi = (r^2 - x^2)\pi = r^2\pi - x^2\pi$.
- dem kegelförmig ausgehöhlten geraden Kreiszylinder ist ein Kreisring mit dem Flächeninhalt $A_2 = r^2\pi - x^2\pi = A_1$.

$V_{Zylinder} = r^2 \cdot \pi \cdot r = r^3\pi$
$V_{Kegel} = \frac{1}{3}r^2 \cdot \pi \cdot r = \frac{1}{3}r^3\pi$
$V_{Zylinder} - V_{Kegel} = r^3\pi - \frac{1}{3}r^3\pi = \frac{2}{3}r^3\pi$

Da die Schnittflächeninhalte der beiden Körper für jeden Wert von x (0 ≦ x ≦ r) gleich groß sind, haben nach dem Prinzip von Cavalieri die Halbkugel und der kegelförmig ausgehöhlte gerade Kreiszylinder gleich großes Volumen; also ist

$V_{Halbkugel} = \frac{2}{3}r^3\pi$ und deshalb das **Kugelvolumen** $V_{Kugel} = \frac{4}{3}r^3\pi$.

Beispiele

- Berechnen Sie das Volumen einer Kugel
  a) mit Durchmesserlänge d = 6,0 cm.
  b) („Umkugel"), die durch alle acht Ecken eines Würfels der Kantenlänge 10 cm verläuft. Welchen Bruchteil p ihres Volumens nimmt der Würfel ein?

Lucas erinnert sich: Für die Länge d der Raumdiagonalen eines Würfels mit der Kantenlänge a gilt $d = a\sqrt{3}$.

Lösung:

a) $V = \frac{4}{3}r^3\pi = \frac{4}{3}(6\ cm : 2)^3\pi = 36\pi\ cm^3 \approx 113\ cm^3$

1.3 Die Kugel und ihr Volumen

b) $V = \frac{4}{3}r^3\pi = \frac{4}{3}(10\sqrt{3}\text{ cm} : 2)^3\pi = 500\sqrt{3}\ \pi\text{ cm}^3 \approx 2\ 721\text{ cm}^3 \approx 2{,}7\text{ dm}^3$

Anteil: $p = \frac{V_{\text{Würfel}}}{V} \approx \frac{(10\text{ cm})^3}{2\ 721\text{ cm}^3} = \frac{1\ 000}{2\ 721} \approx 37\%$

● Lösen Sie die Formel $V = \frac{4}{3}r^3\pi$ nach r auf und geben Sie dann die Radiuslänge einer Kugel mit $V = 1\ 000\text{ cm}^3$ auf mm gerundet an.

Lösung:

$\frac{4}{3}r^3\pi = V;\ |:\left(\frac{4}{3}\pi\right) \qquad r^3 = \frac{3V}{4\pi};\qquad r = \sqrt[3]{\frac{3V}{4\pi}}$

Für $V = 1\ 000\text{ cm}^3$ ergibt sich $r = \sqrt[3]{\frac{3 \cdot 1\ 000\text{ cm}^3}{4\pi}} \approx 6{,}2\text{ cm}$.

● Wie verändert sich das Volumen einer Kugel, wenn man ihre Radiuslänge verdoppelt (halbiert, verdreifacht)?
● Wie muss man die Radiuslänge einer Kugel verändern, wenn sich das Volumen verdoppeln soll?
● Wie lautet die Formel für das Volumen einer Kugel mit der Durchmesserlänge d?

Aufgaben

1. Übertragen Sie die Tabelle in Ihr Heft und ergänzen Sie sie dann dort.

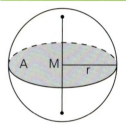

Kugel	a)	b)	c)	d)	e)	f)	g)
Radiuslänge r	4,0 cm						
Durchmesserlänge d							18 mm
Kreisflächeninhalt A		36π cm²			125 cm²		
Kreisumfangslänge U				20π cm			
Volumen V			972π cm³			288 dm³	

2. Berechnen Sie die Masse
   a) einer Steinkugel ($\rho_{\text{Stein}} = 2{,}9\ \frac{g}{cm^3}$) mit Durchmesserlänge 20 cm.
   b) einer Holzkugel ($\rho_{\text{Holz}} = 0{,}85\ \frac{g}{cm^3}$) mit Durchmesserlänge 12 cm.
   c) einer Styroporkugel ($\rho_{\text{Styropor}} = 0{,}040\ \frac{g}{cm^3}$) mit Durchmesserlänge 40 cm.

3. Eine Stahlhohlkugel hat eine Innendurchmesserlänge von 16 cm und eine Wandstärke von 1,5 cm. Berechnen Sie die Masse der Hohlkugel ($\rho_{\text{Stahl}} = 7{,}8\ \frac{g}{cm^3}$) auf kg gerundet.

4. Einem Würfel der Kantenlänge a wird eine möglichst große Kugel einbeschrieben. Berechnen Sie, wie viel Prozent des Würfelvolumens diese Kugel einnimmt. Dem Würfel werden acht (siebenundzwanzig) möglichst große, aber gleich große Kugeln einbeschrieben. Finden Sie durch Überlegen heraus, wie viel Prozent des Würfelvolumens diese acht (siebenundzwanzig) Kugeln einnehmen. Erklären Sie Ihr Vorgehen.

 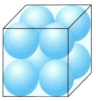 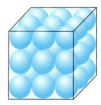

W1 Wie lautet die Diskriminante der Gleichung $4x^2 + 7x = 11$?
W2 Wie könnte eine Strahlensatzfigur zur Gleichung $x : (x + 3) = 4 : 9$ aussehen?
W3 Wie berechnet man das Volumen einer Pyramide (Grundflächeninhalt G; Höhe h)?

$x \in \mathbb{N}$:
$\sqrt[3]{x + 60} = 4;\ x = \blacksquare$
$\sqrt[4]{50 - x} = 2;\ x = \blacksquare$
$\sqrt[5]{x^2 + 16} = 2;\ x = \blacksquare$

1.4 Oberfläche und Oberflächeninhalt der Kugel

Gregor: „Seifenblasen sind eigentlich Hohlkugeln mit sehr kleiner Wandstärke. Also ist
$V = \frac{4}{3}r^3\pi - \frac{4}{3}(r-d)^3\pi.$"

Sophie: „Jede Seifenblase entsteht aus einer dünnen Schicht Seifenlösung. Also gilt näherungsweise
$V \approx A \cdot d.$"

Arbeitsaufträge

- Finden Sie gemeinsam mit Ihrem Nachbarn/Ihrer Nachbarin Erklärungen für die Überlegungen und Ansätze von Gregor und Sophie.
- Zeigen Sie durch eine algebraische Umformung, dass aus diesen Ansätzen
  $A \approx 4r^2\pi - 4rd\pi + \frac{4}{3}d^2\pi$ folgt. Welchen Einfluss haben „sehr kleine" Werte von d auf den Wert von A?

> Die Kugeloberfläche ist eine gekrümmte Fläche, die man – im Gegensatz z. B. zur Mantelfläche eines geraden Kreiskegels – *nicht* in eine Ebene abwickeln kann.
> Um den Oberflächeninhalt einer Kugel herauszufinden, zerlegt man die Kugeloberfläche in n kleine Teilflächen. Verbindet man nun die Randpunkte dieser Teilflächen geradlinig mit dem Kugelmittelpunkt, so wird die Kugel in n Teilkörper, die angenähert Pyramiden der Höhe r sind, zerlegt. Für das Gesamtvolumen V des aus diesen n schmalen Pyramiden zusammengesetzten Körpers gilt aber
> $V = \frac{1}{3} \cdot G_1 \cdot r + \frac{1}{3} \cdot G_2 \cdot r + \frac{1}{3} \cdot G_3 \cdot r + \dots + \frac{1}{3} \cdot G_n \cdot r$
> $= \frac{1}{3}(G_1 + G_2 + G_3 + \dots + G_n) \cdot r$
> Je kleiner die Teilflächen gewählt werden, desto mehr nähert sich das Gesamtvolumen aller Pyramiden dem Kugelvolumen V_{Kugel} und die Summe aller Pyramidengrundflächeninhalte dem Oberflächeninhalt A_{Kugel} der Kugel.
> Da $V_{Kugel} = \frac{4}{3}r^3 \cdot \pi$ ist, ergibt sich $\frac{1}{3} A_{Kugel} \cdot r = \frac{4}{3}r^3 \cdot \pi;\ |:\left(\frac{1}{3}r\right)$
> und somit als **Oberflächeninhalt der Kugel $A_{Kugel} = 4r^2\pi$**.

Beispiele

- Berechnen Sie den Oberflächeninhalt einer Kugel

  a) mit einer Radiuslänge von 4 cm.

  b) mit einer Durchmesserlänge von 10 cm.

  c) mit einem Volumen von 956 cm³.

  Lösung:

  a) $A = 4r^2\pi = 4 \cdot (4\ cm)^2 \cdot \pi = 64\pi\ cm^2 \approx 201\ cm^2$

  b) $A = 4r^2\pi = 4 \cdot (10\ cm : 2)^2 \cdot \pi = 100\pi\ cm^2 \approx 314\ cm^2$

  c) $\frac{4}{3}r^3 \cdot \pi = V;\ |:\left(\frac{4}{3}\pi\right) \quad r^3 = \frac{3V}{4\pi};\quad r = \sqrt[3]{\frac{3V}{4\pi}};$

  $A = 4r^2\pi = 4 \cdot \left(\sqrt[3]{\frac{3V}{4\pi}}\right)^2 \cdot \pi = 4 \cdot \left(\sqrt[3]{\frac{3 \cdot 956}{4\pi}}\ cm\right)^2 \cdot \pi \approx 469\ cm^2$

1.4 Oberfläche und Oberflächeninhalt der Kugel

- Eine Kugel hat einen Oberflächeninhalt von A = 128 cm². Berechnen Sie das Volumen dieser Kugel.
  Lösung:
  $4r^2\pi = A$; $| : (4\pi)$ $r^2 = \frac{A}{4\pi}$ und wegen r > 0: $r = \sqrt{\frac{A}{4\pi}}$

  $V = \frac{4}{3}\left(\sqrt{\frac{A}{4\pi}}\right)^3 \cdot \pi = \frac{4}{3}\left(\sqrt{\frac{128\ cm^2}{4\pi}}\right)^3 \cdot \pi \approx 136\ cm^3$

-  New York (40°43' nördliche Breite; 74° 0' westliche Länge)
  Neapel (40°52' nördliche Breite; 14°15' östliche Länge)

  Berechnen Sie
  a) die Umfangslänge U des 41. Breitenkreises.
  b) die Entfernung l der beiden Städte für ein Flugzeug, das längs dieses Breitenkreises fliegt.

  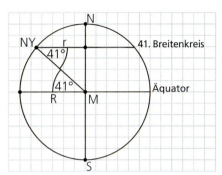

  Lösung:
  R = 6 370 km; $\beta_1 \approx 41° \approx \beta_2$; $\lambda_1 \approx 74°$; $\lambda_2 \approx -14°$

  a) Radius des Breitenkreises:
  r = R cos $\beta_1 \approx$ 6 370 km · cos 41° ≈ 4 808 km ≈ 4,8 · 10³ km
  Umfangslänge des Breitenkreises:
  U = 2rπ ≈ 2 · 4 808 km · π ≈ 30 206 km ≈ 3,0 · 10⁴ km

  b) Länge der Flugstrecke längs des Breitenkreisbogens:
  $l = \frac{U \cdot (\lambda_1 - \lambda_2)}{360°} \approx \frac{30\ 206\ km \cdot (74° + 14°)}{360°} \approx 7\ 380\ km \approx 7,4 \cdot 10^3\ km$

- Wie ändert sich der Oberflächeninhalt einer Kugel, wenn die Radiuslänge verdoppelt (halbiert, verdreifacht) wird?
- Wie muss man die Radiuslänge einer Kugel verändern, wenn sich der Oberflächeninhalt verdoppeln soll?
- Wie lautet die Formel für den Oberflächeninhalt einer Kugel mit der Durchmesserlänge d?

Aufgaben

1. Finden Sie mindestens zehn Beispiele für „Kugeln" im Alltag. Schätzen Sie jeweils das Volumen und den Oberflächeninhalt.

2. Übertragen Sie die Tabelle in Ihr Heft und ergänzen Sie sie dann dort.

Kugel	a)	b)	c)	d)	e)	f)
Radiuslänge r	1,5 cm				34 mm	
Durchmesserlänge d		6,2 cm				
Oberflächeninhalt A				640π cm²		
Volumen V			972π cm³			288 dm³

3. Ermitteln Sie
   a) den Oberflächeninhalt einer Kugel der Radiuslänge 1,00 dm.
   b) das Volumen einer Kugel mit einer Durchmesserlänge von 1,00 dm.
   c) den Oberflächeninhalt einer Kugel mit einem Volumen von 1,00 m³.
   d) das Volumen einer Kugel mit einem Oberflächeninhalt von 1,00 m².

1.4 Oberfläche und Oberflächeninhalt der Kugel

4. Ermitteln Sie die Durchmesserlänge
   a) einer Goldkugel der Masse 12 g ($\rho_{Gold} = 19{,}3 \frac{g}{cm^3}$).
   b) einer Glaskugel der Masse 12 g ($\rho_{Glas} = 2{,}5 \frac{g}{cm^3}$).
   c) einer (etwa) kugelförmigen Tomate der Masse 85 g ($\rho_{Tomate} = 1{,}1 \frac{g}{cm^3}$).
   d) einer (etwa) kugelförmigen Nektarine der Masse 150 g ($\rho_{Nektarine} = 1{,}2 \frac{g}{cm^3}$).

5. Ein (etwa) kugelförmiger Freiballon hat startbereit eine Durchmesserlänge von 30 m. Finden Sie heraus,
   a) (etwa) wie viel Kubikmeter Gas der Ballon enthält.
   b) (etwa) wie viel Quadratmeter Stoff zur Herstellung der Hülle nötig waren.

6. Ein (etwa) kugelförmiger Ballon fasst rund 4 000 m³ Heißluft. Schätzen Sie zuerst und berechnen Sie dann den ungefähren Stoffverbrauch.

7. Die Radiuslänge r eines kugelförmigen Ballons nimmt um 20% zu. Finden Sie heraus, um etwa wie viel Prozent dabei
   a) sein Oberflächeninhalt zunimmt.   b) sein Volumen zunimmt.

8. Laura gelingt es, in vier Sekunden einen kugelförmigen Luftballon auf 12 cm Durchmesserlänge aufzublasen. Wie lange braucht sie dann noch, um ihn auf 24 cm Durchmesserlänge aufzublasen?

9. Eine Seifenblase ($d_S = 6$ cm) entsteht aus einem (kugelförmigen) Seifenwassertropfen ($d_T = 4$ mm). Ermitteln Sie die Dicke der Seifenblasenhaut.

10. Ein (kugelförmiger) Öltropfen (r ≈ 0,5 cm) breitet sich über eine Fläche von 2 m² aus. Ermitteln Sie die Dicke der Ölschicht. Erklären Sie Ihr Vorgehen.

11. Ein gerader Kreiszylinder (Radiuslänge r; Höhe h) und eine Kugel (Radiuslänge r) haben gleichen Oberflächeninhalt. Vergleichen Sie die Volumina dieser beiden Körper.

12. Eine geschälte Orange (Radiuslänge 3,5 cm) besteht aus acht gleichen Schnitzen. Berechnen Sie das Volumen und den Oberflächeninhalt jedes der acht Schnitze.

13. a) Die Orte N und S liegen nahe dem Äquator; N auf etwa 37° östlicher Länge und S auf etwa 104° östlicher Länge. Berechnen Sie die Entfernung von N nach S längs des Äquators. Um welche Städte könnte es sich handeln?
    b) Kapstadt (34° südlicher Breite) und Stockholm (59° nördlicher Breite) liegen (etwa) auf dem gleichen Meridian. Ein Flugzeug fliegt längs dieses Meridians mit einer Geschwindigkeit von 900 $\frac{km}{h}$ von Stockholm nach Kapstadt. Berechnen Sie die Flugdauer.

$x, y, z \in \mathbb{N}$:
$\sqrt[4]{x} + \sqrt{x} = 30$
$y^2 + y = 30$
$\sqrt[3]{z} + z = 30$

W1 Welche Breite hat ein etwa kreisförmiger See, wenn der Weg um den See 1,8 km lang ist?

W2 Welche Nullstellen hat die Funktion f: $f(x) = 3x^2 + 5x - 8$; $D_f = \mathbb{R}$?

W3 Welche Punkte haben die Parabel P mit der Gleichung $y = 2x^2$ und die Gerade g mit der Gleichung $y = 2x + 4$ miteinander gemeinsam?

Kugeln in der Architektur

Von alters her gelten Kreis und Kugel als die vollkommensten geometrischen Formen. Die Griechen sahen in ihnen Symbole für die Ursymmetrie des Göttlichen.
In der modernen Architektur finden sich in vielen Ländern kugelförmige Gebäude, die ganz unterschiedlich genutzt werden, so als Bürogebäude, Restaurants, Sportstadien u. a.

Das **Pantheon** in Rom wurde von Kaiser Hadrian zwischen 118 und 125 n. Chr. erbaut. Es ist Nachfolgerbau eines den Planetengöttern geweihten Tempels, den Marcus Agrippa, ein Schwiegersohn des Kaisers Augustus, im Jahr 27 v. Chr. hatte errichten lassen. Heute ist das Pantheon die Grabesstätte italienischer Könige und bedeutender Italiener, unter ihnen des Renaissancemalers Raffael.
Das Pantheon hat innen die Form eines geraden Kreiszylinders (Höhe 21,60 m) mit aufgesetzter Halbkugel (Durchmesserlänge 43,20 m). Was fällt Ihnen auf?

Das **Mausoleum der Samaniden** in Buchara (Usbekistan) ist eines der ältesten und wertvollsten Bauwerke, die in Zentralasien erhalten sind. Es wurde im 9./10. Jahrhundert errichtet. Der Bau, der sich aus einem Würfel und einer Halbkugel zusammensetzt, enthält eine Reihe von weiteren mathematischen Elementen: Der Boden ist quadratisch (Seitenlänge 7,2 m), an den Ecken stehen Dreiviertelrundpfeiler, und ein regelmäßiges Sechzehneck bildet die Basis für die Kuppel.

Étienne-Louis Boullée (1728 bis 1799) war ein klassizistischer französischer Architekt, der monumentale Bauten entwarf, die wegen ihrer Dimensionen zu seiner Zeit nicht zu realisieren waren. Seine Ideen haben jedoch zeitgenössische Architekten beeinflusst. Am eindrucksvollsten zeigt sich Boullées Stil in seinem **Kenotaph für Isaac Newton**, das er als Kugel mit einer Durchmesserlänge von 150 m entwarf.

Der **Oriental Pearl Tower** in Schanghai ist mit einer Höhe von 468 Metern der höchste Fernsehturm in Asien. Die unterschiedlich großen Kugeln werden als Restaurants und Hotelsuiten genutzt. Die untere große Kugel hat eine Durchmesserlänge von 50 m. Schätzen Sie, wie viel Prozent der Kugeloberfläche die an ihrer rötlichen Färbung erkennbaren Fenster einnehmen.

Das Ausstellungsgebäude **"World of Science"** in Vancouver (Kanada) war eine der Hauptattraktionen der Weltausstellung 1986. Seine Kuppel (Durchmesserlänge 215 m) ist näherungsweise kugelförmig. Schätzen Sie, was die Beschichtung ($ 3,20 je m^2) der Kuppel gekostet hat.

1.5 Üben – Festigen – Vertiefen

Zu 1.1:
Aufgaben 1. bis 3.

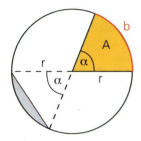

1. Geben Sie die Winkelgrößen 0°, 15°, 72°, 75°, 135°, 270° und 330° im Bogenmaß jeweils als Vielfache von π und auf 3 Dezimalen gerundet an.

G 2. Entscheiden Sie, welche der folgenden Aussagen wahr und welche falsch sind. Verbessern Sie die falschen dieser neun Aussagen in Ihrem Heft.

a) Wenn α = 18° ist, dann ist α im Bogenmaß $\frac{\pi}{10} \approx 0{,}314$.

b) Wenn das Bogenmaß eines Winkels größer als π ist, dann ist dieser Winkel überstumpf.

c) Ein Viereck kann höchstens zwei Winkel besitzen, deren Bogenmaß jeweils größer als $\frac{\pi}{2}$ ist.

d) Wenn b = 12 cm und A = 72 cm² ist, dann ist α = 120°.

e) Wenn b = 12 cm und r = 8 cm ist, dann ist α ein stumpfer Winkel.

f) Für festes r sind α und b zueinander direkt proportional.

g) Für festes r sind b und A zueinander direkt proportional.

h) Für festes α sind r und A zueinander direkt proportional.

i) Für den Flächeninhalt eines Kreissegments gilt
$$A_{Segment} = A_{Sektor} - A_{Dreieck} = \frac{r^2 \pi \cdot \alpha}{360°} - r^2 \sin\frac{\alpha}{2} \cos\frac{\alpha}{2} \quad (0° \leq \alpha \leq 180°).$$

G 3. Geben Sie jeweils das Bogenmaß des zugehörigen Winkels an.

a) Vierteldrehung
b) dreifache Drehung
c) Richtungsänderung von Südwest auf Süd
d) doppelter Salto

Zu 1.2:
Aufgaben 4. bis 8.

4. Die drei „Ringe" der Dartsscheibe (Durchmesserlänge 60 cm) sind gleich breit; die acht Sektoren besitzen gleich große Mittelpunktswinkel.
Wenn ein Wurfpfeil die Dartsscheibe an einer zufälligen Stelle trifft, mit welcher Wahrscheinlichkeit trifft er dann die Dartsscheibe

a) in einem der roten Felder?
b) in dem grünen Feld mit der Nummer 1?
c) in dem Sektor mit den Nummern 8, 16 und 24?
d) nicht in einem der blauen Felder?

5. Ermitteln Sie jeweils den Flächeninhalt des blau getönten Bereichs (2r ≈ 2,6 cm).

a) 
b)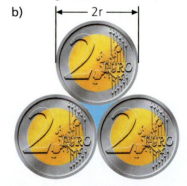

6. Die Sehne [SE] in einem Kreis mit Radiuslänge r besitzt die Länge 2s = 8 cm; der kleinere der beiden zugehörigen Kreisbögen hat die „Bogenhöhe" h = 3 cm. Berechnen Sie r, die Kreisbogenlänge b sowie den Flächeninhalt des getönten Kreissegments.

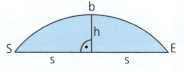

1.5 Üben – Festigen – Vertiefen

7. Jede der drei getönten Figuren ist von (drei bzw. vier) Kreisbögen berandet, deren Mittelpunkte markiert sind. Berechnen Sie jeweils den Flächeninhalt in Abhängigkeit von a.

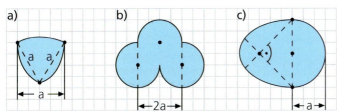

8. Zeichnen Sie zunächst ein Laplace-Glücksrad mit sechs gleich großen Sektoren. Tragen Sie dann die Ziffern 1 und 2 und 3 so in die Sektoren ein, dass die Ziffer 2 mit der Wahrscheinlichkeit $\frac{1}{2}$ und die Ziffer 3 mit der Wahrscheinlichkeit $\frac{1}{3}$ „erdreht" wird. Das Glücksrad soll dreimal gedreht werden.

  a) Zeichnen Sie ein Baumdiagramm.

  b) Mit welcher Wahrscheinlichkeit erhält man
   (1) dreimal die gleiche Ziffer? (2) lauter verschiedene Ziffern?
   (3) erst beim dritten Drehen die Ziffer 1? (4) genau einmal die Ziffer 2?
   (5) mindestens einmal die Ziffer 1? (6) höchstens einmal die Ziffer 2?
   (7) mindestens einmal eine ungerade Ziffer?

9. Aus einem undichten Wasserhahn fällt alle 5 Sekunden ein (etwa) kugelförmiger Wassertropfen (Durchmesserlänge etwa 3 mm). Wie viel Wasser wird dadurch in einem Jahr verschwendet?

Zu 1.3:
Aufgaben 9. bis 14.

10. Jährlich werden in Deutschland bei der Herstellung von Kugelschreibern etwa 500 Millionen kleine Stahlkugeln (Durchmesserlänge 1,0 mm) verbraucht. Finden Sie a) durch eine Schätzung b) durch Rechnung heraus, welche Durchmesserlänge eine massive Stahlkugel hat, die das gleiche Volumen besitzt wie $5{,}0 \cdot 10^8$ Kugelschreiberkugeln zusammen.

11. Wie viele Kugeln Erdbeereis (Durchmesserlänge 5 cm) kann man einer Einliterpackung Erdbeereis entnehmen? Schätzen Sie zunächst und kontrollieren Sie dann Ihre Schätzung durch Rechnung.

12. Drei Quecksilberkugeln (Durchmesserlänge 2,0 mm) laufen auf einem Labortisch zusammen und bilden eine Kugel. Berechnen Sie die Radiuslänge dieser Kugel.

13. Die Erdkruste ist im Durchschnitt etwa 25 km dick und enthält etwa 0,47 % der Erdmasse. Schätzen Sie zunächst und berechnen Sie dann, wie viel Prozent des Gesamtvolumens der Erde die Erdkruste ausmacht. Was fällt Ihnen auf?

14. Finden Sie durch Rechnung heraus, ob Sie eine Styroporkugel ($\rho = 0{,}040\ \frac{g}{cm^3}$) der Durchmesserlänge 1,0 m tragen könnten.

15. Die Umfangslänge eines Fußballs muss mindestens 68 cm, darf aber höchstens 70 cm betragen. Eine Sportartikelfirma stellt 1 000 Fußbälle her. Vergleichen Sie den Materialverbrauch bei der Herstellung von 1 000 kleinstmöglichen Fußbällen mit dem bei der Herstellung von 1 000 größtmöglichen Fußbällen.

Zu 1.4:
Aufgaben 15. und 16.

16. Die menschliche Lunge enthält etwa eine halbe Milliarde Lungenbläschen (Durchmesserlänge jeweils etwa ein Viertel Millimeter). Ermitteln Sie zunächst den gesamten Oberflächeninhalt aller Lungenbläschen eines Menschen. Finden Sie dann heraus, welche Durchmesserlänge eine Kugel mit gleichem Oberflächeninhalt hätte.

1.5 Üben – Festigen – Vertiefen

Weitere Aufgaben

17. Der Äquator ist etwa 40 000 km lang. Ermitteln Sie zunächst allgemein die Umfangslänge der Breitenkreise in Abhängigkeit von der geografischen Breite β und berechnen Sie dann die Umfangslänge des Breitenkreises

a) von München. b) von Rom. c) von Dakar.

18. Welche Breitenkreise sind halb so lang wie der Äquator? Welche Umfangslänge hat jeder der Wendekreise? Geben Sie bei jedem dieser vier Breitenkreise an, durch welchen Erdteil (welche Erdteile) er nicht verläuft.

19. a) Die Städte St. Petersburg und Alexandria liegen (etwa) auf demselben Meridian. Finden Sie die gemeinsame geografische Länge λ sowie die geografischen Breiten $β_1$ und $β_2$ der beiden Städte heraus und berechnen Sie dann ihre Entfernung voneinander auf dem gemeinsamen Meridian.

b) Ankara und Madrid haben (etwa) die gleiche geografische Breite. Berechnen Sie die Entfernung dieser beiden Städte voneinander auf ihrem gemeinsamen Breitenkreis.

20. Das Volumen einer Kugel ist V = x cm³, ihr Oberflächeninhalt A = x cm². Finden Sie zunächst ihre Radiuslänge r und dann ihr Volumen V und ihren Oberflächeninhalt A heraus.

21. a) Wie viele Kugeln mit Radiuslänge $\frac{a}{n}$ (n ∈ ℕ\{1}) haben zusammen den gleichen Oberflächeninhalt wie eine Kugel mit Radiuslänge a? Um wie viel Prozent ist das Volumen der großen Kugel größer oder kleiner als das Gesamtvolumen aller kleinen Kugeln?

b) Wie viele Kugeln mit Radiuslänge $\frac{a}{n}$ (n ∈ ℕ\{1}) haben zusammen das gleiche Volumen wie eine Kugel mit Radiuslänge a? Um wie viel Prozent ist der Oberflächeninhalt der großen Kugel größer oder kleiner als der gesamte Oberflächeninhalt aller kleinen Kugeln?

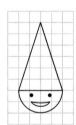

22. Ein 20 cm hohes Stehaufmännchen besteht aus einer (schweren) Halbkugel (Radiuslänge 5 cm) und einem (leichten) geraden Kreiskegel. Berechnen Sie den Oberflächeninhalt und das Volumen dieses Stehaufmännchens.

23. From Mary's Maths Textbook:
A propane gas tank consists of a right circular cylinder with a hemisphere at each end. Find the volume and the surface area of the tank if its overall length is 10 feet and the diameter of the cylinder is 4 feet.

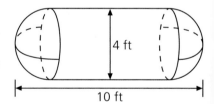

24. Ein kreiszylindrischer Messbecher (Innendurchmesser d = 4,0 cm) ist teilweise mit Wasser gefüllt. Schüttet man 1 000 gleich große Stahlkügelchen (Durchmesserlänge jeweils d*) in den Messbecher (sie sind dann vollständig mit Wasser bedeckt), so steigt der Wasserspiegel um 10,2 cm. Ermitteln Sie d*.

25. Längs der Geraden g bewegt sich der Mittelpunkt M einer Kugel (Radiuslänge 4 cm) auf die Ebene E zu; dabei legt M in jeder Sekunde 0,5 cm zurück. Die Kugel trifft schließlich im Punkt B auf die Ebene E; B ist vom Schnittpunkt S der Geraden g mit der Ebene E 3 cm entfernt. Ermitteln Sie, wie lange der Kugelmittelpunkt M braucht, um vom Punkt M_1 zum Punkt M_2 zu kommen, wenn der Punkt A vom Punkt S 9 cm entfernt ist.

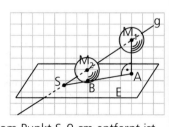

1.5 Üben – Festigen – Vertiefen

26. Zeigen Sie: Die Volumina eines (geraden Kreis-)Kegels, einer Halbkugel und eines (geraden Kreis-)Zylinders gleicher Höhe und gleicher (Grundkreis-)Radiuslänge stehen zueinander im Verhältnis 1 : 2 : 3.

27. Gregor und Sophie haben einen Schneemann aus drei Schneekugeln mit den Durchmesserlängen 70 cm, 70 cm bzw. 35 cm gebaut; der Schneemann von Laura und Lucas besteht aus drei Schneekugeln mit den Durchmesserlängen 80 cm, 65 cm bzw. 30 cm.
  a) Begründen Sie, wer den größeren Schneemann gebaut hat.
  b) Finden Sie heraus, welcher Schneemann schneller schmilzt.
  Hinweis: Gehen Sie davon aus, dass von demjenigen Schneemann pro Minute mehr Schnee abschmilzt, der den größeren Oberflächeninhalt besitzt.

28. Ein reguläres Oktaeder ist eine Doppelpyramide mit zwölf gleich langen Kanten.
  a) Zeigen Sie, dass der Schnittpunkt M der drei Raumdiagonalen von allen Eckpunkten gleich weit entfernt ist.
  b) Die Umkugel K des Oktaeders verläuft durch alle sechs Eckpunkte. Ermitteln Sie, welchen Bruchteil des Volumens von K das Oktaeder einnimmt.
  c) Vergleichen Sie den Oberflächeninhalt des Oktaeders mit dem seiner Umkugel.

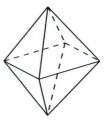

29. In einem Obstgeschäft werden Orangen (Durchmesserlänge: 8 cm) zu einer „Pyramide" aufgeschichtet. Die unterste Schicht wird von einem passenden Rahmen aus drei gleich langen Brettern zusammengehalten. In jeder weiteren Schicht liegen die Orangen über den Lücken der nächsttieferen Schicht; die oberste Schicht besteht aus einer Orange. Finden Sie heraus,
  a) wie viele Orangen eine siebenschichtige Orangen-„Pyramide" enthält, und ermitteln Sie deren Volumen, deren Masse sowie deren ungefähren Preis.
  b) höchstens wie viele Schichten die Orangen-„Pyramide" hat, die man mit 250 Orangen bauen kann, und wie viele Orangen dabei übrig bleiben.

30. Die Sonne gibt eine Leistung von etwa $3{,}8 \cdot 10^{26}$ W in Form von sichtbarer und unsichtbarer Strahlung ab. Denkt man sich um die Sonne eine Hohlkugel mit der Radiuslänge $r = 1{,}5 \cdot 10^{11}$ m (d. i. die Entfernung der Erde von der Sonne) gelegt, dann verteilt sich diese Leistung gleichmäßig auf die (innere Hohl-)Kugeloberfläche. Berechnen Sie die Leistung pro Quadratmeter, die die Sonne an die Erde abgibt.

31. Informieren Sie sich, welches berühmte Experiment mit den sogenannten *Magdeburger Halbkugeln* (Durchmesserlänge $\frac{3}{4}$ Ellen ≈ 50 cm) im Jahr 1654 auf dem Reichstag zu Regensburg vorgeführt wurde, und erstellen Sie dazu ein Poster.

1.5 Üben – Festigen – Vertiefen

G 32. Aus dem Märchen *Hans im Glück* der Brüder Grimm:
„Hans hatte sieben Jahre bei seinem Herrn gedient, da sprach er zu ihm: ‚Herr, meine Zeit ist herum, nun wollte ich gerne wieder heim zu meiner Mutter, gebt mir meinen Lohn.' Hans erhielt als Lohn einen Klumpen Gold, der so groß wie Hansens Kopf war."
Ermitteln Sie durch Messung bei mehreren Mitschülern/Mitschülerinnen die durchschnittliche Kopfumfangslänge und berechnen Sie dann daraus das ungefähre Kopfvolumen.
Schätzen Sie zuerst, etwa welchen Monatslohn und welchen „Siebenjahreslohn" Hans damit erhalten hat. Berechnen Sie dann Hansens Monatslohn; legen Sie dabei Ihrer Rechnung den aktuellen Goldpreis zugrunde.

33. Ein kugelförmiger Tank (Radiuslänge a cm) wird bis zur Höhe x cm mit Wasser gefüllt. Das Volumen der Füllmenge wird durch die Funktion
V: $V(x) = \pi\left(ax^2 - \frac{1}{3}x^3\right)$ cm³; $D_V = D_{V\,max}$, beschrieben.
 a) Geben Sie $D_{V\,max}$ an.
 b) Berechnen Sie $V(0)$, $V(0{,}5a)$, $V(a)$, $V(1{,}5a)$ und $V(2a)$.
 c) Zeichnen Sie den Graphen der Funktion V*: $V^*(x) = \pi\left(x^2 - \frac{1}{3}x^3\right)$; $D_{V^*} = [0; 2]$, mithilfe einer Wertetabelle oder mit einem Funktionsplotter und beschreiben Sie den Verlauf des Graphen.

G 34. Beschreiben Sie jeweils den Körper, der entsteht, wenn man
 a) den Viertelkreis (Radiuslänge 3 cm) um die Achse a_1 dreht.
 b) den Halbkreis (Durchmesserlänge 8 cm) um die Achse a_2 dreht.
 c) den Viertelkreis mit angesetztem rechtwinkligem Dreieck (Kathetenlängen 4 cm und 3 cm) um die Achse a_3 dreht.
 d) das Rechteck (Seitenlängen 8 cm und 4 cm), aus dem ein Viertelkreis herausgeschnitten ist, um die Achse a_4 dreht.
 e) den Halbkreis (Radiuslänge 4 cm), aus dem ein gleichschenklig-rechtwinkliges Dreieck herausgeschnitten ist, um die Achse a_5 dreht.
Ermitteln Sie jeweils das Volumen und den Oberflächeninhalt des entstehenden Rotationskörpers.

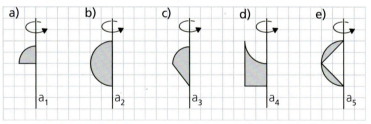

Ordnen Sie dann die Volumina der fünf Rotationskörper in Form einer steigenden, die Oberflächeninhalte in Form einer fallenden Ungleichungskette.

MM = ?
CMXLIII = ?
MDCCI = ?

W1 Welche Lage haben zwei Geraden zueinander, wenn das Produkt ihrer Steigungen den Wert –1 hat?
W2 Welchen Flächeninhalt besitzt ein Rechteck mit Umfangslänge 240 m, das sich in drei kongruente Quadrate zerlegen lässt?
W3 Welche der Zahlen 2; 20; 68; 150; 222 bzw. 1 010 kann man nicht in der Form $x + \sqrt[3]{x}$; $x \in \mathbb{N}$, darstellen?

explore – get more

I. Geben Sie jeweils einen Körper an, dessen Volumen sich durch
   a) $V_1 = \frac{2}{3}r^3\pi + r^3\pi$ b) $V_2 = \frac{2}{3}r^3\pi + \frac{1}{3}r^3\pi$ c) $V_3 = \frac{2}{3}r^3\pi + r^3\pi + \frac{1}{3}r^3\pi$
   beschreiben lässt, und stellen Sie Ihr Ergebnis der Klasse vor.

II. Geben Sie jeweils einen Körper an, dessen Oberflächeninhalt sich durch
   a) $A_1 = 2r^2\pi + r^2\pi$ b) $A_2 = 2r^2\pi + r^2\pi\sqrt{2}$ c) $A_3 = 2r^2\pi + 2r^2\pi + 2r^2\pi$
   beschreiben lässt, und stellen Sie Ihr Ergebnis der Klasse vor.

III. Jede Seite des Quadrats ABCD ist 10 cm lang. Die getönte Figur wird von vier Kreisbögen mit Mittelpunkt A, B, C bzw. D berandet.

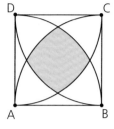

   a) Finden Sie heraus, welchen Bruchteil der Quadratfläche die getönte Figur einnimmt.
   b) Ermitteln Sie die Umfangslänge der getönten Figur.

IV. Ein Halbkreisbogen mit Radiuslänge r soll durch eine Parallele p zum Durchmesser halbiert werden. Finden Sie heraus, welchen Abstand p vom Durchmesser haben muss.

V. Sophie hat ein neues mathematisches Logo mit den Koordinatenachsen als Symmetrieachsen entworfen und in ein Koordinatensystem eingezeichnet.

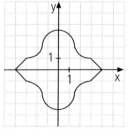

   a) Finden Sie heraus, welche der sechs Funktionsgleichungen
   $y = \sqrt{1{,}5^2 - x^2}$, $y = -\frac{3}{x}$, $y = \frac{3}{x}$, $y = 2 + \sqrt{1{,}5^2 - x^2}$, $y = 4 - x$ und $y = x - 4$
   sie für den im I. Quadranten gelegenen Teil des Logos verwendet haben könnte. Geben Sie dann die Funktionsgleichungen für den im II. Quadranten gelegenen Teil des Logos an.
   b) Zeichnen Sie das Logo in Ihr Heft und beschreiben Sie, wie Sie dabei vorgegangen sind.

VI. Der aus drei bzw. sechs (siehe Abbildung) bzw. zehn kongruenten Kreisen bestehende „Stapel" ist 12 cm hoch. Ermitteln Sie jeweils die gemeinsame Radiuslänge r dieser Kreise.

VII. Aus einer Holzkugel (Radiuslänge R) soll ein gerader Kreiszylinder mit möglichst großem Volumen gedrechselt werden.

   a) Zeigen Sie, dass sich das Zylindervolumen in Abhängigkeit von der Zylinderhöhe h durch $V(h) = \pi(R^2h - 0{,}25h^3)$ beschreiben lässt.
   b) Zeichnen Sie den Graphen der Funktion f: $f(x) = x - 0{,}25x^3$; $D_f =]0; 2[$, mithilfe einer Wertetabelle oder eines Funktionsplotters in ein Koordinatensystem (Einheit 5 cm) ein. Ermitteln Sie aus der Zeichnung möglichst genau denjenigen Wert von x, für den der Funktionswert f(x) am größten ist.
   c) Geben Sie unter Verwendung der Ergebnisse der Teilaufgaben a) und b) V_{max} sowie den optimalen Zylinderradius an.

VIII. Ein Würfel hat die Kantenlänge 10 cm. Eine Kugel mit dem Schnittpunkt der Raumdiagonalen des Würfels als Mittelpunkt hat die Radiuslänge r.
Finden Sie heraus, für welche Werte von r die Würfeloberfläche und die Kugeloberfläche sechs Kreise gemeinsam haben.

Kann ich das?

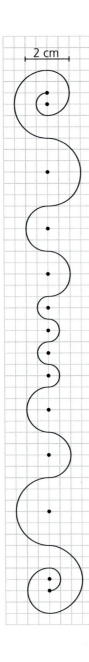

2 cm

1. a) Geben Sie die Winkelgrößen 60°, 210° und 108° im Bogenmaß an.
   b) Geben Sie die Winkelgrößen $\frac{\pi}{8}$, 2π und 0,9 im Gradmaß an.

2. Berechnen Sie die Länge der links abgebildeten „Welle" aus Halbkreisen; die Halbkreismittelpunkte sind jeweils markiert.

3. Ermitteln Sie jeweils die Umfangslänge und den Flächeninhalt der getönten Figur.

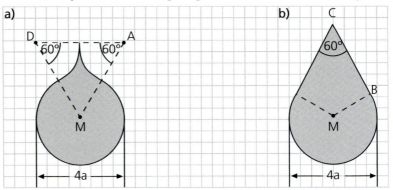

4. Welchen Flächeninhalt hat der kleinste Kreis, in den ein Rechteck mit den Seitenlängen 8 cm und 15 cm „passt"?

5. Welchen Rauminhalt hat die kleinste Kugel, in die ein Quader mit den Kantenlängen 4 cm, 6 cm und 12 cm „passt"?

6. Eine Kugel K hat die Radiuslänge 8 m; ihr Volumen ist V, ihr Oberflächeninhalt A.
   a) Berechnen Sie V und A.
   b) Ermitteln Sie die Radiuslänge r_1 und den Oberflächeninhalt A_1 einer Kugel K_1, deren Volumen $8 \cdot V$ ist.
   c) Ermitteln Sie die Radiuslänge r_2 und das Volumen V_2 einer Kugel K_2, deren Oberflächeninhalt $8 \cdot A$ ist.

7. Die Radiuslänge einer Kugel K wird um 20% verkleinert. Ermitteln Sie, um jeweils wie viel Prozent sich dadurch der Oberflächeninhalt bzw. das Volumen der Kugel K verringert.

8. a) Vergleichen Sie den Oberflächeninhalt der Kugel (Radiuslänge r) mit dem des geraden Kreiszylinders (Radiuslänge des Grundkreises r; Höhe 2r).
   b) Das Dach eines Jahrmarktszelts ist halbkugelförmig. Vergleichen Sie den Flächeninhalt des Dachs mit dem der (kreisförmigen) Bodenfläche.

9. a) Berechnen Sie die Masse eines Hagelkorns mit 4,0 cm Durchmesser ($\rho_{Eis} \approx 0{,}9\,\frac{g}{cm^3}$).
   b) Für die Maßzahl der Endgeschwindigkeit (in $\frac{m}{s}$) von (näherungsweise) kugelförmigen Hagelkörnern gilt $v(d) \approx \sqrt{18{,}5\,d}$, wenn d die Maßzahl der Durchmesserlänge (in mm) ist.
   Zeichnen Sie den Funktionsgraphen G_v für $0 < d < 50$.

Lösungen unter www.ccbuchner.de (Eingabe „8260" im Suchfeld)

Kapitel 2
Geometrische und funktionale Aspekte der Trigonometrie

Jean-Baptiste Joseph Baron de Fourier
geb. 1768 in Auxerre (Frankreich)
gest. 1830 in Paris
Mathematiker, Physiker, Politiker

Fourier führte ein bewegtes Leben; er lebte in der Zeit des Ancien Régime, der französischen Revolution, der napoleonischen Herrschaft und der Restauration.
Er war der Sohn eines einfachen Schneiders und verlor bereits im Alter von neun Jahren seine Eltern, konnte aber aufgrund seiner Begabung die École Royale Militaire und später eine Ordensschule besuchen. Während der französischen Revolution war er vorübergehend in Haft. Er unterrichtete einige Zeit an der École Polytechnique in Paris.
Fourier begleitete 1798 Napoleon auf dessen Ägyptenfeldzug und wurde nach seiner Rückkehr von Napoleon zum Präfekten des Departements Isère ernannt.
Um sich seinen Forschungen widmen zu können, ging Fourier später nach Paris. Er wurde Direktor des Büros für Statistik und 1817 in die Académie des Sciences aufgenommen; 1822 erhielt er die einflussreiche Stelle des Ständigen Sekretärs der Mathematischen Klasse der Académie des Sciences.

Fourier war einer der bedeutendsten Mathematiker seiner Zeit und Mitbegründer der mathematischen Physik. In seinem Hauptwerk *Théorie analytique de la chaleur* (1822) schuf er eine mathematische Theorie der Wärmeleitung, in der er die in der theoretischen Physik bedeutende Methode der Darstellung von periodischen Funktionen durch sogenannte *Fourierreihen* neu entwickelte: Fourier zeigte, dass sich die Funktionsterme periodischer Funktionen im Allgemeinen als Summen einfacher Sinus- und/oder Kosinusterme darstellen lassen:

$$f(x) = a_0 + a_1 \cos(cx) + b_1 \sin(cx) + a_2 \cos(2cx) + b_2 \sin(2cx) + a_3 \cos(3cx) + b_3 \sin(3cx) + \ldots$$

Auf der Grundlage von Fouriers Entdeckungen wurde im Jahr 1868 von Lord Kelvin eine Maschine entwickelt, mit deren Hilfe man das periodische Phänomen der Gezeiten analysieren und auch vorausberechnen konnte.

2.1 Sinus und Kosinus am Einheitskreis

Ab dem Mittelpunkt der Bahnhofsuhr beträgt die Länge des Stundenzeigers 14 cm = 4 LE und die Länge des Minutenzeigers 17,5 cm = 5 LE.

Arbeitsauftrag

- Geben Sie die Koordinaten (Einheit: 1 LE) der Spitze des Stundenzeigers (Minutenzeigers) zu den Zeitpunkten 14.00 Uhr, 14.10 Uhr, 14.20 Uhr, ... 15.00 Uhr an. Vergleichen Sie Ihre Ergebnisse mit denen Ihrer Mitschüler/Mitschülerinnen.

Die Funktionswerte $\sin \varphi$ und $\cos \varphi$ werden am Einheitskreis für beliebig große Winkel definiert.

I. Quadrant: $0° < \varphi < 90°$

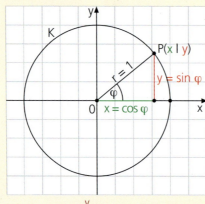

$y = \sin \varphi = \frac{y}{r} = y$
$x = \cos \varphi = \frac{x}{r} = x$

II. Quadrant: $90° < \varphi < 180°$

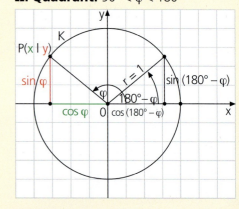

$y = \sin \varphi = \sin(180° - \varphi)$
$x = \cos \varphi = -\cos(180° - \varphi)$

Positiver Drehwinkel: Drehung **gegen den Uhrzeigersinn**
Negativer Drehwinkel: Drehung **im Uhrzeigersinn**

III. Quadrant: $180° < \varphi < 270°$

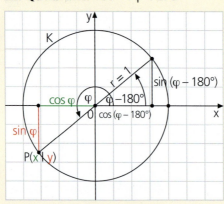

$y = \sin \varphi = -\sin(\varphi - 180°)$
$x = \cos \varphi = -\cos(\varphi - 180°)$

IV. Quadrant: $270° < \varphi < 360°$

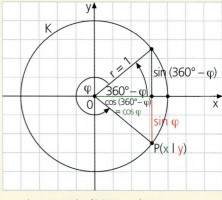

$y = \sin \varphi = -\sin(360° - \varphi)$
$x = \cos \varphi = \cos(360° - \varphi)$

Drehungen über 360°

$\sin(\varphi + k \cdot 360°) = \sin \varphi; \ k \in \mathbb{N}$
$\cos(\varphi + k \cdot 360°) = \cos \varphi; \ k \in \mathbb{N}$

Negative Winkel

$\sin(-\varphi) = -\sin \varphi$
$\cos(-\varphi) = \cos \varphi$

2.1 Sinus und Kosinus am Einheitskreis

● Ermitteln Sie die Termwerte mithilfe Ihres Taschenrechners auf 4 Dezimalen gerundet.

Beispiele

a) sin 320° b) cos 170° c) sin 105° d) cos 305° e) sin 1° f) cos 2°
g) cos 2 h) sin $\frac{5\pi}{4}$ i) cos (−2) j) sin (−57°) k) sin 570° l) cos 750°

Lösung:
a) sin 320° ≈ −0,6428   b) cos 170° ≈ −0,9848   c) sin 105° ≈ 0,9659
d) cos 305° ≈ 0,5736   e) sin 1° ≈ 0,0175   f) cos 2° ≈ 0,9994
g) cos 2 ≈ −0,4161   h) sin $\frac{5\pi}{4}$ ≈ −0,7071   i) cos (−2) ≈ −0,4161
j) sin (−57°) ≈ −0,8387   k) sin 570° = −0,5000   l) cos 750° ≈ 0,8660

Einstellung des Taschenrechners
- *auf **DEG** bei a) bis f) sowie bei j) bis l)*
- *auf **RAD** bei g) bis i)*

● Bestimmen Sie den exakten Wert von
a) sin 135°. b) cos 315°. c) sin 210°. d) cos 120°. e) sin 300°. f) cos 420°.

Lösung:
a) Da 90° < 135° < 180° ist, gilt sin 135° = sin (180° − 135°) = sin 45° = $\frac{1}{2}\sqrt{2}$
b) Da 270° < 315° < 360° ist, gilt cos 315° = cos (360° − 315°) = cos 45° = $\frac{1}{2}\sqrt{2}$
c) Da 180° < 210° < 270° ist, gilt sin 210° = −sin (210° − 180°) = −sin 30° = −0,5
d) Da 90° < 120° < 180° ist, gilt cos 120° = −cos (180° − 120°) = −cos 60° = −0,5
e) Da 270° < 300° < 360° ist, gilt sin 300° = −sin (360° − 300°) = −sin 60° = −$\frac{1}{2}\sqrt{3}$
f) Da 420° = 360° + 60° ist, gilt sin 420° = sin (360° + 60°) = sin 60° = $\frac{1}{2}\sqrt{3}$

Lucas weiß:
$\sin 30° = \frac{1}{2} = \cos 60°$
$\sin 45° = \frac{1}{2}\sqrt{2} = \cos 45°$
$\sin 60° = \frac{1}{2}\sqrt{3} = \cos 30°$

● Ermitteln Sie mithilfe Ihres Taschenrechners alle Winkel zwischen 0° und 360° (ggf. auf Zehntelgrad gerundet), für die gilt
a) sin α = 0,5.   b) sin β = −0,25.   c) cos γ = 0,71.   d) cos δ = −0,44.

Lösung:
a) sin α = 0,5; $α_1$ = 30°; $α_2$ = 180° − 30° = 150°
b) sin β = −0,25. Zuerst bestimmt man denjenigen spitzen Hilfswinkel β*, für den sin β* = 0,25 ist: β* ≈ 14,5°, und dann die gesuchten Winkel:
$β_1$ = 180° + β* ≈ 180° + 14,5° = 194,5° und
$β_2$ = 360° − β* ≈ 360° − 14,5° = 345,5°.
c) cos γ = 0,71; $γ_1$ ≈ 44,8°; $γ_2$ ≈ 360° − 44,8° = 315,2°
d) cos δ = −0,44. Zuerst bestimmt man denjenigen spitzen Hilfswinkel δ*, für den cos δ* = 0,44 ist: δ* ≈ 63,9°, und dann die gesuchten Winkel:
$δ_1$ = 180° − δ* ≈ 180° − 63,9° = 116,1° und
$δ_2$ = 180° + δ* ≈ 180° + 63,9° = 243,9°.

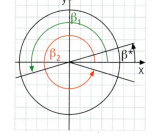

● Stellen Sie sin φ, cos φ sowie tan φ für einige besondere Winkel φ in einer Tabelle dar.   **tan φ** = $\frac{\sin φ}{\cos φ}$; cos φ ≠ 0

Lösung:

φ	0°	30°	45°	60°	90°	120°	135°	150°	180°	225°	270°	315°	360°
sin φ	0	$\frac{1}{2}$	$\frac{1}{2}\sqrt{2}$	$\frac{1}{2}\sqrt{3}$	1	$\frac{1}{2}\sqrt{3}$	$\frac{1}{2}\sqrt{2}$	$\frac{1}{2}$	0	$-\frac{1}{2}\sqrt{2}$	−1	$-\frac{1}{2}\sqrt{2}$	0
cos φ	1	$\frac{1}{2}\sqrt{3}$	$\frac{1}{2}\sqrt{2}$	$\frac{1}{2}$	0	$-\frac{1}{2}$	$-\frac{1}{2}\sqrt{2}$	$-\frac{1}{2}\sqrt{3}$	−1	$-\frac{1}{2}\sqrt{2}$	0	$\frac{1}{2}\sqrt{2}$	1
tan φ	0	$\frac{1}{3}\sqrt{3}$	1	$\sqrt{3}$	−	$-\sqrt{3}$	−1	$-\frac{1}{3}\sqrt{3}$	0	1	−	−1	0

● Welches ist der größte und welches ist der kleinste Wert, den der Term sin φ + cos φ annehmen kann, wenn   (1) 0° ≦ φ ≦ 90° ist?   (2) 180° ≦ φ ≦ 270° ist?
● Welches ist der größte Wert, den der Term   (1) sin (2x)   (2) 2 sin x
für x ∈ ℝ annehmen kann?
● Gilt sin (φ + k · 360°) = sin φ, gilt cos (φ + k · 360°) = cos φ auch für k ∈ ℤ?

2.1 Sinus und Kosinus am Einheitskreis

Aufgaben

0°; 10°; 45°; 50°; 60°; 90°; 120°; 130°; 170°; 180°; 270°; 315°; 360°; 405°; -4π; -2π; $-\frac{\pi}{2}$; $-\frac{\pi}{3}$; 0; $\frac{\pi}{6}$; $\frac{\pi}{3}$; $\frac{\pi}{2}$; $\frac{5\pi}{3}$; $\frac{3\pi}{2}$; 2π; 4π

Lösungen zu 1. **L**

G 1. Ermitteln Sie jeweils die Lösung(en) der Gleichung in dem angegebenen Bereich möglichst ohne Verwendung des Taschenrechners.

a) $\sin \varphi = 1$; $0° \leq \varphi \leq 360°$
b) $\cos x = 0{,}5$; $-\pi \leq x \leq 2\pi$
c) $\sin \varphi = \frac{1}{2}\sqrt{3}$; $0° \leq \varphi \leq 180°$
d) $\cos \varphi = \frac{1}{2}\sqrt{2}$; $0° \leq \varphi \leq 450°$
e) $\sin (2\varphi) = 0$; $0° \leq \varphi \leq 360°$
f) $\cos (-x) = 1$; $-2\pi \leq x \leq 2\pi$
g) $\sin (3\varphi) = 0{,}5$; $0° \leq \varphi \leq 180°$
h) $\cos \left(x + \frac{\pi}{2}\right) = 1$; $-2\pi \leq x \leq 2\pi$
i) $\sin \frac{x}{2} = 0$; $-4\pi \leq x \leq 4\pi$
j) $\cos \left(x - \frac{\pi}{3}\right) = \frac{1}{2}\sqrt{3}$; $-\pi \leq x \leq \pi$

2. Ermitteln Sie jeweils die Lösung(en) der Gleichung in dem angegebenen Bereich.

a) $\sin \alpha = 0{,}1357$; $0° \leq \alpha \leq 360°$
b) $\cos \beta = 0{,}7071$; $0° \leq \beta \leq 180°$
c) $\sin x = -1{,}5000$; $-\pi \leq x \leq 2\pi$
d) $\cos (2x) = 0{,}9897$; $-2\pi \leq x \leq 2\pi$
e) $\sin (\varepsilon + 30°) = 0{,}7557$; $-180° \leq \varepsilon \leq 180°$
f) $\cos \frac{x}{2} = -0{,}5555$; $-2\pi \leq x \leq 2\pi$

3. Geben Sie Beispiele an, in denen a) stumpfe Winkel b) überstumpfe Winkel c) Winkel, die größer als 360° sind, auftreten.

4. a) Es ist $\sin 45° = \frac{1}{2}\sqrt{2}$. Geben Sie vier weitere Winkel mit dem gleichen Sinuswert und dann für jeden der fünf Winkel auch den Tangenswert an.
b) Es ist $\cos 150° = -\frac{1}{2}\sqrt{3}$. Geben Sie vier weitere Winkel mit dem gleichen Kosinuswert und dann für jeden der fünf Winkel auch den Tangenswert an.
c) Es ist $\sin \frac{3\pi}{2} = -1$. Geben Sie mindestens vier weitere Winkel im Bogenmaß an, die den gleichen Sinuswert besitzen.
d) Es ist $\cos (2\pi) = 1$. Geben Sie mindestens vier weitere Winkel im Bogenmaß an, die den gleichen Kosinuswert besitzen.

G 5. Finden Sie jeweils durch Überlegen eine Lösung der Gleichung im angegebenen Bereich.

a) $\sin \alpha + \cos \alpha = 0$; $0° < \alpha < 180°$
b) $\sin \beta + 2 \sin \beta = 1{,}5$; $360° < \beta < 450°$
c) $\sin \gamma + \cos \gamma = -1$; $180° < \gamma < 360°$
d) $\sin \delta = \cos \delta$; $180° < \delta < 270°$

G 6. Finden Sie ohne Verwendung des Taschenrechners heraus, welche der zwölf Terme wertgleich sind.

a) $\sin 18°$ b) $\cos 342°$ c) $\cos 72°$ d) $\sin \left(\frac{11}{10}\pi\right)$ e) $\sin (-36°)$ f) $\cos \left(\frac{3}{10}\pi\right)$
g) $\sin 396°$ h) $\sin 504°$ i) $\cos 252°$ j) $\cos 792°$ k) $\cos (-72°)$ l) $\cos \left(\frac{7}{5}\pi\right)$

7. Überprüfen Sie jeweils zunächst, ob $(\sin \varphi)^2 + (\cos \varphi)^2 = 1$ ist. Ermitteln Sie dann φ, wenn $0° \leq \varphi \leq 360°$ ist, und geben Sie den Wert von $\frac{\sin \varphi}{\cos \varphi} = \tan \varphi$ an.

a) $\sin \varphi = -0{,}6$; $\cos \varphi = 0{,}8$
b) $\sin \varphi = -\frac{1}{2}\sqrt{2}$; $\cos \varphi = -\frac{1}{2}\sqrt{2}$
c) $\sin \varphi = 0{,}2$; $\cos \varphi = -0{,}4\sqrt{6}$
d) $\sin \varphi = \frac{1}{2}\sqrt{2 - \sqrt{3}}$; $\cos \varphi = \frac{1}{2}\sqrt{2 + \sqrt{3}}$

8. a) Die Gerade g mit der Gleichung $y = mx + t$ bildet mit der positiven x-Achse den Winkel α. Begründen Sie, dass $m = \tan \alpha$ ist.
b) Ermitteln Sie jeweils die Größe des Winkels α, den die Gerade g mit der angegebenen Gleichung mit der positiven x-Achse bildet. Erklären Sie, woran man erkennt, ob α spitz bzw. stumpf ist.

(1) $2x + y = 5$ (2) $y = -0{,}5x + 1$ (3) $y = 0{,}4x - 2$ (4) $x - 2y = 4$

2.1 Sinus und Kosinus am Einheitskreis

9. Finden Sie ohne Verwendung des Taschenrechners die Größe des spitzen bzw. stumpfen Winkels φ heraus, den die Gerade g mit der positiven x-Achse bildet.
   a) $x + y = 5$
   b) $x\sqrt{3} + y = \sqrt{3}$
   c) $3x - y\sqrt{3} = 6$

10. a) Berechnen Sie den exakten Wert des Terms sin x + sin (2x) + sin (3x) + sin (4x) für
   (1) $x = 30°$.   (2) $x = 45°$.   (3) $x = 60°$.   (4) $x = 90°$.
   b) Berechnen Sie den exakten Wert des Terms cos x + cos (2x) + cos (3x) + cos (4x) für
   (1) $x = 30°$.   (2) $x = 45°$.   (3) $x = 60°$.   (4) $x = 90°$.

G 11. Geben Sie für jeden der durch einen Winkelbogen gekennzeichneten Winkel den Sinuswert und den Kosinuswert zunächst ausgedrückt durch α und dann auf drei Dezimalen gerundet an.

Lucas' Teillösung von 11. a):
$\sin(360° - α) = -\sin α ≈ -0{,}906$
$\cos(360° - α) = \cos α ≈ 0{,}423$

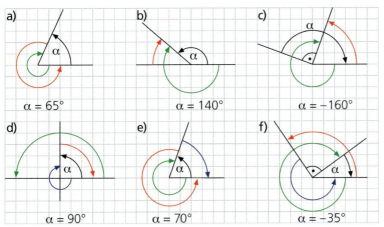

a) α = 65°   b) α = 140°   c) α = –160°
d) α = 90°   e) α = 70°   f) α = –35°

12. Zeichnen Sie ein Koordinatensystem (Ursprung O; Einheit 1 cm) und tragen Sie die Punkte L (6 | 8) und E (–8 | 6) sowie das Dreieck OLE ein.
   a) Zeigen Sie dass dieses Dreieck gleichschenklig-rechtwinklig ist, und berechnen Sie seinen Flächeninhalt A und seine Umfangslänge U.
   b) Drehen Sie das Dreieck OLE um den Punkt O im Gegensinn des Uhrzeigers um 90° und geben Sie die Eckpunktkoordinaten des neuen Dreiecks OL*E* an.

G 13. Eines der größten Riesenräder der Welt ist das *London Eye* (Durchmesserlänge 122 m; Anzahl der Gondeln 36; Dauer einer Umdrehung 30 min).
   a) Ermitteln Sie die Koordinaten der Punkte A und B und geben Sie eine anschauliche Deutung.
   b) Berechnen Sie die Winkelgeschwindigkeit ω.
   c) Das derzeit größte Riesenrad, der *Stern von Nanchang* (China), hat eine Durchmesserlänge von 153 m (Höhe 160 m).
   Um wie viel Prozent ist dieses Riesenrad höher als das weltbekannte Riesenrad im Wiener Prater?

Winkelgeschwindigkeit:
$ω = \dfrac{φ}{t}$
φ: Drehwinkel im Bogenmaß
t: Zeit

W1 Welches ist der höchste Punkt der Parabel P: $y = -0{,}2x^2 - 0{,}8x - 2{,}8$?
W2 Welches sind die Nullstellen der Funktion f: $f(x) = \dfrac{10 - 5x^2}{x^2 + 1}$; $D_f = \mathbb{R}$?
W3 Welche Durchmesserlänge hat ein 15 cm hoher gerader Kreiszylinder mit einem Volumen von genau einem Liter?

$\sqrt{8} \cdot 2^{\frac{1}{2}} \cdot 64 = 4^{\blacksquare}$; $\blacksquare = ?$

$\dfrac{1111\,1111\,1111}{1111} = ?$

$\blacklozenge^2 + \sqrt{\blacklozenge} = 84$; $\blacklozenge \in \mathbb{N}$: $\blacklozenge = ?$

Berechnungen in beliebigen Dreiecken: der Sinussatz

Sind von einem Dreieck die Länge einer Seite und die Größen zweier Innenwinkel gegeben, so lassen sich daraus die Größe des dritten Innenwinkels (aus $\alpha + \beta + \gamma = 180°$) und die Längen der beiden anderen Seiten berechnen:

- Das Dreieck ABC ist **spitz**winklig:
- Das Dreieck ABC ist **stumpf**winklig:

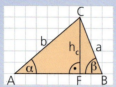 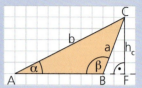

Δ AFC: $\frac{h_c}{b} = \sin \alpha$; $| \cdot b \quad h_c = b \cdot \sin \alpha$ (1)

ΔCFB: $\frac{h_c}{a} = \sin \beta$; $| \cdot a$
$h_c = a \cdot \sin \beta$ (2)

ΔBFC: $\frac{h_c}{a} = \sin(180° - \beta) = \sin \beta$;
$\frac{h_c}{a} = \sin \beta$; $| \cdot a \quad h_c = a \cdot \sin \beta$ (2)

Aus (2) und (1) folgt $a \cdot \sin \beta = b \cdot \sin \alpha$; $| : (b \cdot \sin \beta)$ und somit $\frac{a}{b} = \frac{\sin \alpha}{\sin \beta}$; entsprechend gilt $\frac{b}{c} = \frac{\sin \beta}{\sin \gamma}$ sowie $\frac{c}{a} = \frac{\sin \gamma}{\sin \alpha}$.

Dies ist der **Sinussatz**: In jedem Dreieck verhalten sich die **Längen zweier Seiten** stets wie die **Sinuswerte ihrer Gegenwinkel**.

1. a) *Schätzen* Sie die Entfernung vom Badestrand zur Roseninsel und überlegen Sie, ob eine gute Schwimmerin wie Sophie diese Strecke in etwa einer Viertelstunde schaffen kann.
   b) *Berechnen* Sie die Entfernung $\overline{BR}$ und beurteilen Sie Ihre Schätzung.

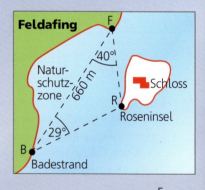

2. Berechnen Sie die Längen der Strecken [OE] und [SE], wenn $\overline{OL} = 8$ cm und
   a) $\alpha = 10°$ ist.   b) $\alpha = 15°$ ist.
   c) $\alpha = 25°$ ist.   d) $\alpha = 30°$ ist.

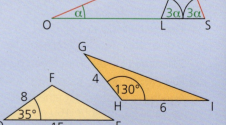

3. From Mary's Maths Textbook:
   Find the area of each triangle. By what percentage is the area of the smaller triangle less than the area of the larger triangle?

4. Von einem Dreieck sind die Stücke   a) sww   b) sws   c) Ssw   d) sss   gegeben. Finden Sie heraus, bei welchen der vier Teilaufgaben sich mithilfe des Winkelsummensatzes und des Sinussatzes die Größen der fehlenden Dreiecksinnenwinkel und die Längen der fehlenden Dreiecksseiten berechnen lassen.

Berechnungen in beliebigen Dreiecken: der Sinussatz

Der Sinussatz ist nicht anwendbar, wenn von einem Dreieck nur die Längen zweier Seiten und die Größe ihres Zwischenwinkels oder nur die drei Seitenlängen gegeben sind. Dann kann man die Länge der dritten Seite bzw. die Größen der (übrigen) Innenwinkel in folgender Weise berechnen:

- Das Dreieck ABC ist **spitz**winklig:
- Das Dreieck ABC ist **stumpf**winklig:

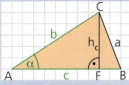 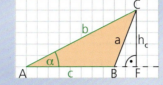

ΔAFC: $\dfrac{h_c}{b} = \sin \alpha$; $| \cdot b$ $h_c = b \cdot \sin \alpha$ (1)

$\dfrac{\overline{AF}}{b} = \cos \alpha$; $| \cdot b$ $\overline{AF} = b \cdot \cos \alpha$ (2)

$\overline{FB} = c - \overline{AF} = c - b \cdot \cos \alpha$ (3) $\overline{BF} = \overline{AF} - c = b \cdot \cos \alpha - c$ (3*)

Das Dreieck CFB ist rechtwinklig;   Das Dreieck BFC ist rechtwinklig;
nach dem Satz von Pythagoras gilt also in diesem Dreieck

$a^2 = h_c^2 + \overline{FB}^2$. $a^2 = h_c^2 + \overline{BF}^2$.

Einsetzen von (1) und (3) ergibt   Einsetzen von (1) und (3*) ergibt

$a^2 = (b \cdot \sin \alpha)^2 + (c - b \cdot \cos \alpha)^2$, also $a^2 = (b \cdot \sin \alpha)^2 + (b \cdot \cos \alpha - c)^2$, also

$a^2 = b^2 (\sin \alpha)^2 + c^2 - 2bc \cdot \cos \alpha + b^2 (\cos \alpha)^2 =$
$= b^2 [(\sin \alpha)^2 + (\cos \alpha)^2] + c^2 - 2bc \cdot \cos \alpha = b^2 + c^2 - 2bc \cdot \cos \alpha$.

In jedem Dreieck gilt der **Kosinussatz**:

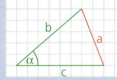 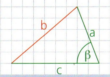 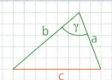

$a^2 = b^2 + c^2 - 2bc \cdot \cos \alpha$ $b^2 = c^2 + a^2 - 2ca \cdot \cos \beta$ $c^2 = a^2 + b^2 - 2ab \cdot \cos \gamma$

Anmerkung: Ist z. B. $\gamma = 90°$, dann ist $\cos \gamma = 0$, und der Kosinussatz spezialisiert sich zum Satz von Pythagoras.

G 1. Berechnen Sie die Länge der Strecke [DA]. Um wie viel Prozent ist $\overline{DA}$ kleiner als $\overline{DC} + \overline{CA}$?

2. Ein Motorboot fährt vom Punkt W bis zum Punkt L mit einer gleichbleibenden Geschwindigkeit von 26 $\tfrac{km}{h}$. Wie lange dauert die Fahrt?

3. Berechnen Sie möglichst günstig die Größen der Winkel δ, ε und φ, die die drei Flächendiagonalen [AC], [CH] und [HA] des Quaders ABCDEFGH (Kantenlängen a = 12 cm, b = 9 cm, c = 5 cm) miteinander bilden. Erklären Sie Ihr Vorgehen.

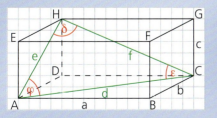
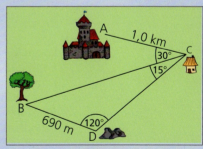
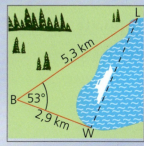

2.2 Die Sinusfunktion und die Kosinusfunktion

Beschreiben Sie den Flächeninhalt A der Raute in Abhängigkeit von α und veranschaulichen Sie diesen Zusammenhang graphisch.

Lucas: „Bei der graphischen Darstellung verwendet man α im Bogenmaß."

Arbeitsauftrag

- Geben Sie zuerst den Term A(α) und die maximale Definitionsmenge $D_{A\,max}$ an und zeichnen Sie dann den Funktionsgraphen G_A mithilfe einer Wertetabelle. Für welchen Wert von $\alpha \in D_{A\,max}$ ist der Flächeninhalt am größten?

Die Funktion f: f(x) = sin x; $D_f = \mathbb{R}$, heißt **Sinusfunktion**, ihr Graph **Sinuskurve**; die Funktion g: g(x) = cos x; $D_g = \mathbb{R}$, heißt **Kosinusfunktion**, ihr Graph **Kosinuskurve**.

Den **Graphen** der **Sinusfunktion** erhält man, indem man auf der x-Achse den Winkel x im Bogenmaß und als y-Koordinate den zu x gehörenden Sinuswert abträgt:

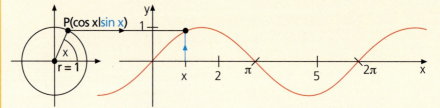

$W_f = [-1; 1]$ **Sinuskurve**

Den **Graphen** der **Kosinusfunktion** erhält man, indem man auf der x-Achse den Winkel x im Bogenmaß und als y-Koordinate den zu x gehörenden Kosinuswert abträgt:

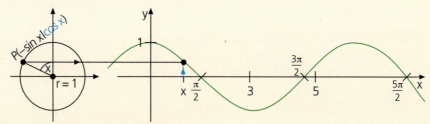

$W_g = [-1; 1]$ **Kosinuskurve**

Da sin (x + k · 2π) = sin x und cos (x + k · 2π) = cos x; k ∈ ℤ, für jeden Wert von x ∈ ℝ gilt, wiederholen sich die Sinuswerte bzw. die Kosinuswerte im Abstand 2π. Funktionen, bei denen sich die Funktionswerte in festen Abständen wiederholen, nennt man **periodische Funktionen**. Der kürzeste dieser Abstände heißt **Periode**. Die Sinusfunktion und die Kosinusfunktion sind **periodische Funktionen**; die Periode ist jeweils gleich 2π.

Beispiele

- Zeichnen Sie den Graphen der Funktion f: f(x) = sin x; $D_f = \mathbb{R}$, für x ∈ [0; π] mithilfe des Einheitskreises und veranschaulichen Sie Ihr Vorgehen.

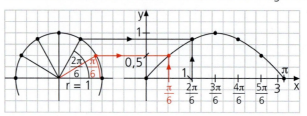

2.2 Die Sinusfunktion und die Kosinusfunktion

- Geben Sie jeweils die Periode der periodischen Funktion an.

a)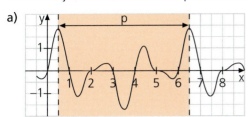

Lösung: Die Periode ist 6.

b)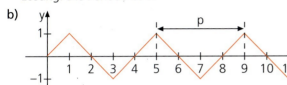

Lösung: Die Periode ist 4.

- Für welche Werte von $x \in [-\pi; 3\pi]$ gilt $\sin x = \frac{\sqrt{2}}{2}$? Veranschaulichen Sie die Lösungen graphisch.

Lösung:
$x_1 = \frac{\pi}{4}$; $x_2 = \pi - \frac{\pi}{4} = \frac{3\pi}{4}$;
$x_3 = \frac{\pi}{4} + 2\pi = \frac{9\pi}{4}$;
$x_4 = \frac{3\pi}{4} + 2\pi = \frac{11\pi}{4}$

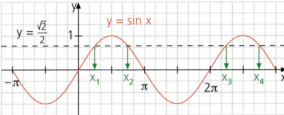

- Ermitteln Sie die Lösungen der Gleichung $\cos x = -0{,}5$, wenn

a) $G = [0; 2\pi]$ ist.   b) $G = [-2\pi; 2\pi]$ ist.   c) $G = \mathbb{R}$ ist.

Lösung:

Man ermittelt zunächst die Größe des spitzen Winkels x^*, für den $\cos x^* = 0{,}5$ ist ($x^* = \frac{\pi}{3}$), und dann z. B. mithilfe der Kosinuskurve die Lösungsmenge.

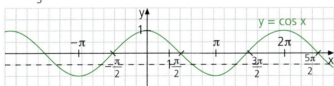

a) $L_a = \{\pi - \frac{\pi}{3}; \pi + \frac{\pi}{3}\} = \{\frac{2\pi}{3}; \frac{4\pi}{3}\}$
b) $L_b = \{-\frac{4\pi}{3}; -\frac{2\pi}{3}; \frac{2\pi}{3}; \frac{4\pi}{3}\}$
c) $L_c = \{\frac{2\pi}{3} + 2k\pi; \frac{4\pi}{3} + 2k\pi \ (k \in \mathbb{Z})\}$

- Wie geht die Kosinuskurve aus der Sinuskurve hervor?
- Welches ist die Wertemenge der Funktion f: $f(x) = 2 \sin x$; $D_f = [\frac{\pi}{4}; \pi[$?
- Für jeden Wert von $x \in \mathbb{R}$ ist $\sin(-x) = -\sin x$ und $\cos(-x) = \cos x$. Deuten Sie dies geometrisch.

2.2 Die Sinusfunktion und die Kosinusfunktion

Aufgaben

1. Ermitteln Sie jeweils die Periode.

   a)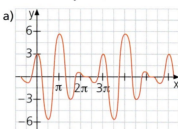
   b)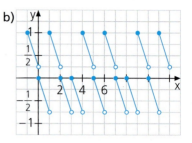

2. Übertragen Sie die Tabelle in Ihr Heft und ergänzen Sie sie dann dort.

Winkelgröße (in °)	0	30	45	60	90	120	135	150	180
Winkelgröße (im Bogenmaß)	0	$\frac{\pi}{6}$							
Sinuswert	0								
Kosinuswert	1								
Tangenswert									

   $\tan x = \frac{\sin x}{\cos x}$; $\cos x \neq 0$

3. Bei manchen Aufgaben genügt es, den ungefähren Verlauf der Sinuskurve zu skizzieren. Man wählt dann z. B. $\pi \approx 3$; $\frac{\pi}{6} \approx 0{,}5$ und $\sin \frac{\pi}{6} = 0{,}5$; $\frac{\pi}{2} \approx 1{,}5$ und $\sin \frac{\pi}{2} = 1$; $\frac{5\pi}{6} \approx 2{,}5$ und $\sin \frac{5\pi}{6} = 0{,}5 \dots$.

   a) Laura hat ihre Skizze mithilfe von neun ausgewählten Punkten erstellt. Geben Sie die Koordinaten dieser Punkte an und skizzieren Sie dann den angenäherten Verlauf der Sinuskurve für $-2\pi \leq x \leq 2\pi$. Erläutern Sie Ihr Vorgehen.

   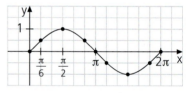

   b) Ermitteln Sie graphisch die Lösungsmenge von
   (1) $\sin x = 0{,}5$; $G = [-\pi; 2\pi]$.
   (2) $\sin x < 0{,}5$; $G = [0; 2\pi]$.

4. Skizzieren Sie den angenäherten Verlauf der Kosinuskurve für $0 \leq x \leq 2\pi$ mithilfe von neun ausgewählten Punkten, indem Sie das in Aufgabe 3. vorgestellte Verfahren übertragen. Geben Sie die Koordinaten der von Ihnen ausgewählten Punkte an und beschreiben Sie Ihr Vorgehen.

5. Zeichnen Sie z. B. mithilfe eines Funktionsplotters die Graphen der Funktionen f: f(x) = sin x und g: g(x) = cos x; $D_f = [-2\pi; 3\pi] = D_g$. Geben Sie die Koordinaten der fünf Punkte Z, A, C, K und E, in denen die beiden Graphen einander schneiden, und die Länge l des Streckenzugs ZACKE an. Welchen Flächeninhalt besitzt das Quadrat mit der Umfangslänge l?

$x \in \mathbb{R} \backslash \{0\}$:
$x^2 = 10^8$; $x = ?$
$\frac{1}{x^2} = 25$; $x = ?$
$\frac{2}{x^3} = 16$; $x = ?$

W1 Was haben die Parabeln P mit der Gleichung $y = ax^2$; $a \in \mathbb{R} \backslash \{0\}$, miteinander gemeinsam, worin unterscheiden sie sich voneinander?

W2 Was haben die Parabeln P mit der Gleichung $y = x^2 + b$; $b \in \mathbb{R}$, miteinander gemeinsam, worin unterscheiden sie sich voneinander?

W3 Was haben die Parabeln P mit der Gleichung $y = (x + c)^2$; $c \in \mathbb{R}$, miteinander gemeinsam, worin unterscheiden sie sich voneinander?

Weitenmessung im Sport

Die Wurfweiten z. B. beim Speer-, Diskus- und Hammerwerfen oder beim Kugelstoßen sowie die Sprungweiten z. B. beim Weit- und beim Dreisprung werden bei Wettkämpfen meist nicht mehr durch konventionelle Bandmaßmessung, sondern elektronisch mithilfe eines Tachymeters bestimmt. Aus den von diesem Gerät ermittelten Daten errechnet dann eine Computersoftware mithilfe von Trigonometrie sofort die erzielten Weiten und gibt auch gleich die Platzierungen mit an.

Messung von Wurfweiten

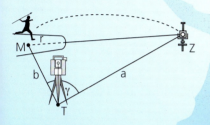

Vor Beginn des Wettkampfs wird das automatisierte Tachymeter T an einem festen Platz aufgestellt und der Mittelpunkt M des Wurfkreises (Radiuslänge r) sowie die Richtung der Geraden TM und die Entfernung $\overline{TM} = b$ bestimmt.

Nachdem der Sportler/die Sportlerin den Speer (Diskus …) geworfen hat, markiert der Kampfrichter die Stelle, an der das Gerät auf den Boden aufgetroffen ist, mit einer Zielmarke Z. Der Techniker richtet das Fernrohr des Tachymeters „grob" auf die Stelle Z. Die Automatik des Tachymeters sucht den Zielmarkenmittelpunkt und misst die Entfernung $\overline{TZ} = a$ sowie die Größe γ des Winkels $\angle$ ZTM. Die Software berechnet aus diesen Messwerten mithilfe des Kosinussatzes (vgl. Seite 43) die Länge $\overline{ZM}$. Die erzielte Wurfweite $w = \overline{ZM} - r$ erscheint dann unmittelbar an der Anzeigetafel.

1. Berechnen Sie für r = 1,250 m und b = 15,384 m jeweils die Wurfweite w, wenn

a) γ = 85,0° und a = 75,123 m ist.   b) γ = 79,5° und a = 73,528 m ist.

Um wie viel Prozent unterscheiden sich die erzielten Wurfweiten?
Um welche Sportart könnte es sich handeln, wenn die Weiten bei einem regionalen Leichtathletikwettkampf von Sportlern/von Sportlerinnen erzielt wurden?

Messung von Sprungweiten

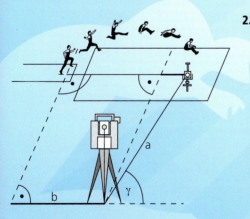

2. Beschreiben Sie mithilfe der nebenstehenden Abbildung die Vorgehensweise bei der automatischen Bestimmung der Sprungweite $w = b + a \cos \gamma$ beim Weitsprung. Berechnen Sie die bei einem Leichtathletikwettkampf erzielte Sprungweite aus b = 5,72 m, a = 6,01 m und γ = 80,5°.
Um wie viel Prozent unterscheidet sich die erzielte Weite vom Weltrekord
a) bei Frauen?   b) bei Männern?

3. Informieren Sie sich darüber, wie – z. B. beim Deutschen Leichtathletikverband, aber auch international – die erzielte Höhe beim Hochsprung ermittelt wird.

2.3 Die allgemeine Sinusfunktion und die allgemeine Kosinusfunktion

Allgemeine quadratische Funktion
Beispiel:
y = 2(x – 3)² + 1

Allgemeine Kosinusfunktion
Beispiel:
y = 2 cos (x – 3) + 1

Arbeitsauftrag

● Untersuchen Sie den Einfluss der Parameter a, b, c und d auf den Graphen mit der Funktionsgleichung y = a · cos [b · (x + c)] + d mithilfe eines Funktionsplotters und stellen Sie Ihre Ergebnisse der Klasse vor.

Die **allgemeine Sinusfunktion** lässt sich durch f: f(x) = a · sin [b · (x + c)] + d; D_f = ℝ; a, b ∈ ℝ\{0}; c, d ∈ ℝ, beschreiben.
Einfluss der Parameter auf den Funktionsgraphen:

● Der Faktor a streckt bzw. staucht den Graphen in y-Richtung mit dem Faktor |a|; |a| heißt **Amplitude**:

Für a < 0 wird der Graph gestreckt bzw. gestaucht und dann – für d = 0 – an der x-Achse gespiegelt.

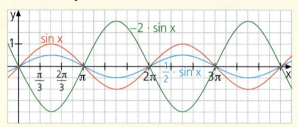

0 < |b| < 1: Der Graph wird gestreckt.
|b| > 1: Der Graph wird gestaucht.
Für b < 0 wird der Graph gestreckt bzw. gestaucht und dann – für c = 0 – an der y-Achse gespiegelt.
Periode der Funktion: $\frac{2\pi}{|b|}$

● Der Faktor b streckt bzw. staucht den Graphen in x-Richtung mit dem Faktor $\frac{1}{|b|}$:

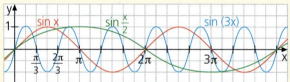

c > 0: Verschiebung nach links
c < 0: Verschiebung nach rechts

● Der Summand c verschiebt den Graphen in x-Richtung um |c|:

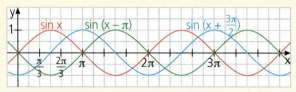

d > 0: Verschiebung nach oben
d < 0: Verschiebung nach unten

● Der Summand d verschiebt den Graphen in y-Richtung um |d|:

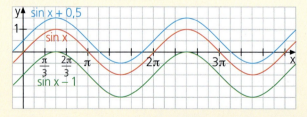

Entsprechendes gilt für die **allgemeine Kosinusfunktion**.

2.3 Die allgemeine Sinusfunktion und die allgemeine Kosinusfunktion

Beispiele

● Geben Sie zum abgebildeten Graphen mindestens zwei mögliche Funktionsgleichungen an.

Hinweis: Die eingezeichnete Sinuskurve hilft bei der Lösung.

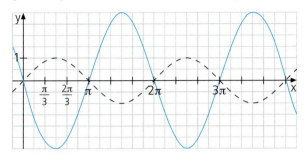

Lösung:
(1) $y = -3 \sin x$ (2) $y = 3 \sin(x + \pi)$
(3) $y = 3 \sin(x - \pi)$ (4) $y = 3 \cos\left(x + \frac{\pi}{2}\right)$

● Geben Sie zu jedem der beiden Funktionsgraphen eine Funktionsgleichung sowie die Wertemenge W, die Periode p und die Amplitude a* an.

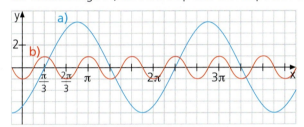

Lösung:
a) z. B. $y = 4 \sin\left(x - \frac{\pi}{3}\right)$ $W = [-4; 4]$; $p = 2\pi$; $a^* = 4$
b) z. B. $y = -\cos(3x)$ $W = [-1; 1]$; $p = \frac{2\pi}{3}$; $a^* = 1$

● Zeichnen Sie jeweils alle drei Funktionsgraphen für $x \in \,]-\pi;\, 2\pi]$ in ein gemeinsames Koordinatensystem (Einheit 1 cm; $\pi \approx 3$) ein.
(1) $f_1(x) = \sin x$ $f_2(x) = \sin\left(x - \frac{\pi}{6}\right)$ $f_3(x) = 2 \sin\left(x - \frac{\pi}{6}\right)$
(2) $g_1(x) = \cos x$ $g_2(x) = \cos(0{,}5x)$ $g_3(x) = |\cos x|$

Lösung:
(1)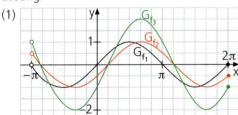

(2)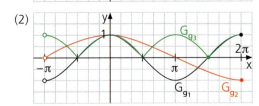

2.3 Die allgemeine Sinusfunktion und die allgemeine Kosinusfunktion

- Welche Vorgänge in der Physik, in der Astronomie, im Alltag verlaufen periodisch? Geben Sie Beispiele für periodische und für nicht periodische Vorgänge an.
- Beschreiben Sie den Graphen G_f der Funktion f: $f(x) = \frac{\sin x}{\cos x} + 1 = \tan x + 1$; $D_f = [0; \frac{\pi}{2}[$.

Aufgaben

1. Finden Sie jeweils durch gezieltes Überlegen alle gemeinsamen Nullstellen der beiden Funktionen f und g mit der Definitionsmenge $D_f = [-2\pi; 2\pi] = D_g$.
   a) f: $f(x) = \sin x$ und g: $g(x) = \sin (2x)$
   b) f: $f(x) = \sin (0{,}5x)$ und g: $g(x) = \sin (2x)$

2. Zeichnen Sie jeweils den Graphen G_f der Funktion f mit $D_f = \mathbb{R}$ im Bereich $[-2\pi; 2\pi[$ und geben Sie die Periode p und die Wertemenge W_f der Funktion f an.
   a) f: $f(x) = 3 \sin x$ b) f: $f(x) = 3 + \sin x$ c) f: $f(x) = \sin (3x)$
   d) f: $f(x) = \cos (1{,}5x)$ e) f: $f(x) = 1{,}5 \cos \left(\frac{2}{3} x\right) + 1$ f) f: $f(x) = \cos [0{,}5(x + \pi)]$

G 3. Ordnen Sie jedem der vier Steckbriefe eine der sechs Funktionsgleichungen zu.

Steckbriefe:

I
- Wertemenge [0; 4]
- Periode 8π
- eine der Nullstellen: 4π

II
- Wertemenge [0; 4]
- Periode π
- eine der Nullstellen: $-\frac{\pi}{4}$

III
- Wertemenge [−1; 3]
- Periode 2π
- eine der Nullstellen: $3 - \frac{\pi}{6}$

IV
- Wertemenge [−2; 2]
- Periode 2π
- eine der Nullstellen: 0

Funktionsgleichungen:

(1) $y = 2 \sin (x - 3) + 1$ (2) $y = 2 \sin (x + 2\pi)$ (3) $y = -2 \cos (2x) + 1$
(4) $y = 2 \sin (2x) + 2$ (5) $y = 2 \cos \left(\frac{x}{4}\right) + 2$ (6) $y = 2 \sin (x + 3)$

G 4. Finden Sie heraus, welche der Funktionsterme – die Definitionsmenge ist jeweils $\mathbb{R}$ – identische Funktionsgraphen besitzen.

$-0{,}75 \sin x$

$(\sin x)^2 + (\cos x)^2$

$\frac{\sqrt{x^4 + 8x^2 + 16}}{x^2 + 4}$

$\sqrt{(\sin x)^2}$

$|\cos \left(\frac{\pi}{2} - x\right)|$

$\frac{3}{4} \sin (x + \pi)$

$\cos (-x)$

$|\cos \left(\frac{5\pi}{2} + x\right)|$

$|\sin (x + 2\pi)|$

$\sin (-x)$

$\sin (x - 5\pi)$

$\sin \left(x + \frac{\pi}{2}\right)$

2.3 Die allgemeine Sinusfunktion und die allgemeine Kosinusfunktion

5. Ermitteln Sie zu jedem der sechs Funktionsgraphen einen möglichen Funktionsterm f(x) und kontrollieren Sie dann Ihr Ergebnis mithilfe eines Funktionsplotters.

a)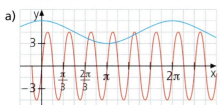

b)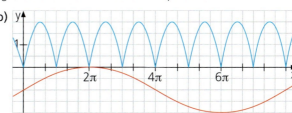

c)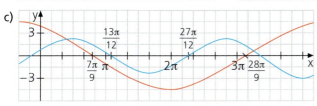

6. Beschreiben Sie, wie man schrittweise den Graphen der Funktion
a) f: $f(x) = 3 \sin(2x) - 1$; $D_f = \mathbb{R}$,
b) g: $g(x) = -\cos\left(x - \frac{\pi}{3}\right) + 1$; $D_g = \mathbb{R}$,
erhält. Zeichnen Sie ihn für $-\pi \leq x \leq 4\pi$ in Ihr Heft und überprüfen Sie dann Ihre Zeichnung mithilfe eines Funktionsplotters.

7. Lucas hat ein von Laura durchgeführtes Experiment fotografiert. Erklären Sie die Bilder und führen Sie ein entsprechendes Experiment selbst durch.

Gregor: Man kann auch von einer Salami eine nicht zu dünne Scheibe schräg abschneiden und dann die Wursthaut aufschneiden …

W1 Welche Werte haben a_2, a_3, … a_{10}, wenn $a_1 = 1$ und $a_{n+1} = 2a_n + \sqrt{3(a_n^2 - 1)}$; $n \in \mathbb{N}$, ist? Was fällt Ihnen auf?

W2 Welchen Wert hat K_5, wenn $K_1 = 1\,000$ € und $K_{n+1} = K_n \cdot 1{,}04$; $n \in \mathbb{N}$, ist? Finden Sie eine Aufgabenstellung, die auf den Ansatz für K_{n+1} führt.

W3 Welche der drei Geraden g, h und k mit den Gleichungen $2x - y = 0$, $2x - 0{,}5y = 0$ bzw. $0{,}5x - 2y = 0$ verläuft am steilsten? Ermitteln Sie ihren Steigungswinkel auf Grad gerundet.

$x \in \mathbb{Z} \setminus \{0\}$:
$2^{-x} = 256$; $x = ?$
$1024^{\frac{1}{x}} = 4$; $x = ?$
$625^{\frac{1}{x}} = \sqrt{5}$; $x = ?$

Sphärische Trigonometrie

Großkreise – Kugelzweiecke – Kleinkreise

Schneidet eine Ebene E eine Kugel mit Radiuslänge R, so entsteht als Schnittfigur ein Kreis k mit Radiuslänge $r \leq R$. Wenn die Schnittebene E den Kugelmittelpunkt M enthält, ist k ein **Großkreis** ($r = R$); enthält E den Kugelmittelpunkt nicht, so entsteht ein **Kleinkreis** ($r < R$).

Beispiele: Jeder Meridian ist eine Hälfte eines Großkreises durch die Erdpole; jeder Breitenkreis außer dem Äquator ist ein Kleinkreis.

Zwei verschiedene Großkreise schneiden einander in zwei Punkten P_1 und P_2 und zerlegen die Kugeloberfläche in zwei Paare von zueinander kongruenten **Kugelzweiecken**. Als **Winkel** eines Kugelzweiecks bezeichnet man den Winkel α, den die beiden Großkreistangenten in jeder der beiden Ecken des Zweiecks miteinander einschließen.

Für den Flächeninhalt eines Zweiecks gilt $\frac{A_{Zweieck}}{A_{Kugel}} = \frac{\alpha}{2\pi}$; $| \cdot A_{Kugel}$

(α: Größe des Winkels im Bogenmaß)

$$A_{Zweieck} = \frac{\alpha}{2\pi} \cdot A_{Kugel} = \frac{\alpha}{2\pi} \cdot 4R^2\pi = \mathbf{2R^2\alpha}$$

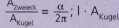
$\cos \beta = \frac{r}{R}$

1. Berechnen Sie den Flächeninhalt eines Kugelzweiecks mit α = 30° auf einer Kugel mit Radiuslänge R = 1,0 m.

2. Ermitteln Sie die Radiuslänge des Breitenkreises, auf dem Hamburg (– 10,0° | 53,6°) liegt. Mit welcher Geschwindigkeit rotiert Hamburg um die Erdachse?

3. Der Großkreisbogen („Luftlinie") zwischen **H**amburg und **T**unis hat eine Länge von etwa 1 890 km.
Berechnen Sie, um wie viel Prozent die Strecke [HT] kürzer ist als dieser Kreisbogen und wie weit sie an der tiefsten Stelle unter der Erdoberfläche verläuft.

4. Ermitteln Sie die Umfangslänge und den Flächeninhalt des von den Meridianen durch Chicago (87,5° | 41,9°) und Rom (– 12,5° | 41,9°) eingeschlossenen Zweiecks auf der Erdkugel. Veranschaulichen Sie diese Aufgabe z. B. auf einem Globus, auf einer Styroporkugel oder auf einer Orange.

Kugeldreiecke

Drei Großkreise beranden im Allgemeinen acht **Kugeldreiecke**; davon liegen jeweils zwei zueinander punktsymmetrisch bezüglich des Kugelmittelpunkts und besitzen deshalb den gleichen Flächeninhalt. Die acht Kugeldreiecke bilden zusammen die Kugeloberfläche. Für ihre Flächeninhalte gilt deshalb

$A_I + A_{II} + A_{III} + A_{IV} + A_V + A_{VI} + A_{VII} + A_{VIII} = A_{Kugel} = 4R^2\pi$.
Wegen $A_I = A_V$ und $A_{II} = A_{VI}$ und $A_{III} = A_{VII}$ und $A_{IV} = A_{VIII}$
ist $A_I + A_{II} + A_{III} + A_{IV} = 2R^2\pi$.

Da je zwei dieser Kugeldreiecke, die eine Seite gemeinsam haben, einander zu einem Kugelzweieck ergänzen, ist
$(A_I + A_{II}) + (A_I + A_{III}) + (A_I + A_{IV}) - A_I - A_I = 2R^2\pi$;
$\quad 2R^2\alpha \;+\; 2R^2\beta \;+\; 2R^2\gamma \;-\; 2A_I = 2R^2\pi$; $| + 2A_I - 2R^2\pi$
$2A_I = 2R^2\alpha + 2R^2\beta + 2R^2\gamma - 2R^2\pi$; $| : 2$

Für den Flächeninhalt eines Kugeldreiecks gilt somit
$\mathbf{A_{Kugeldreieck} = R^2(\alpha + \beta + \gamma - \pi)}$.

α, β, und γ: Winkelgrößen im Bogenmaß

5. Erläutern Sie die Herleitung von $A_{Kugeldreieck}$ Ihrem Nachbarn/Ihrer Nachbarin und beschreiben Sie den Lösungsterm mit eigenen Worten.

Sphärische Trigonometrie

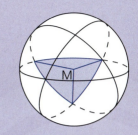

Der Kugeldreikant
Verbindet man die Eckpunkte eines Kugeldreiecks geradlinig mit dem Kugelmittelpunkt M, so entsteht ein **Kugeldreikant**.

6. Zeigen Sie, dass für das Volumen des Kugeldreikants zu einem Kugeldreieck mit den Winkelgrößen α, β und γ gilt: $V_{\text{Kugeldreikant}} = \frac{R^3}{3}(\alpha + \beta + \gamma - \pi)$.

Rechtwinklige Kugeldreiecke
Jedes Dreieck auf einer Kugel, das durch Bögen von Großkreisen gebildet wird, heißt Kugeldreieck (sphärisches Dreieck). Stehen zwei seiner Seiten aufeinander senkrecht, so heißt es **rechtwinkliges Kugeldreieck**.

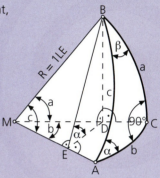

7. Erläutern Sie mithilfe der Abbildung eines rechtwinkligen Kugeldreikants, in der z. B. a die Länge des Großkreisbogens $\overset{\frown}{BC}$ und wegen R = 1 LE gleichzeitig das Bogenmaß des Winkels ∢ CMB bedeutet, die Gleichungen

   (1) $\sin a = \frac{\overline{BD}}{\overline{BM}}$; $\sin c = \frac{\overline{EB}}{\overline{BM}}$; $\sin \alpha = \frac{\overline{BD}}{\overline{BE}}$, also $\sin \alpha = \frac{\sin a}{\sin c}$

   (2) $\cos a = \frac{\overline{MD}}{\overline{MB}}$; $\cos b = \frac{\overline{ME}}{\overline{MD}}$; $\cos c = \frac{\overline{ME}}{\overline{MB}}$, also $\cos c = \cos a \cdot \cos b$

   (3) $\tan b = \frac{\overline{ED}}{\overline{ME}}$; $\tan c = \frac{\overline{EB}}{\overline{ME}}$; $\cos \alpha = \frac{\overline{ED}}{\overline{EB}}$, also $\cos \alpha = \frac{\tan b}{\tan c}$ (b, c ∈]0; $\frac{\pi}{2}$[)

Schiefwinklige Kugeldreiecke
Der Sinussatz
Man zerlegt das **schiefwinklige Kugeldreieck** ABC durch den Großkreisbogen $\overset{\frown}{AD}$ (also durch die „Höhe" h_a) in die beiden rechtwinkligen Kugeldreiecke ABD und ADC. Verwendet man das Ergebnis (1) von Aufgabe 7., so erhält man $\sin \beta = \frac{\sin h_a}{\sin c}$ und $\sin \gamma = \frac{\sin h_a}{\sin b}$, also $\frac{\sin \beta}{\sin \gamma} = \frac{\sin b}{\sin c}$ (**Sinussatz**).

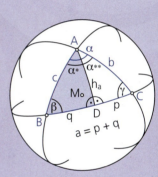

8. Zeigen Sie, dass $\frac{\sin \alpha}{\sin \beta} = \frac{\sin a}{\sin b}$ ist.

Der Seitenkosinussatz
Aus dem Ergebnis (2) von Aufgabe 7. folgt für das Dreieck ABD: $\cos c = \cos h_a \cdot \cos q$ und für das Dreieck ADC: $\cos b = \cos h_a \cdot \cos p$.
Also ist $\frac{\cos c}{\cos b} = \frac{\cos q}{\cos p}$ und deshalb $\cos c \cdot \cos p = \cos b \cdot \cos q$.

9. Setzen Sie q = a − p in die Gleichung $\cos c \cdot \cos p = \cos b \cdot \cos q$ ein.
   Zeigen Sie, dass mit dem Ergebnis (3) von Aufgabe 7. und dem Additionstheorem $\cos(a - p) = \cos a \cdot \cos p + \sin a \cdot \sin p$ folgt:
   $\cos c = \cos a \cdot \cos b + \sin a \cdot \sin b \cdot \cos \gamma$ (Seitenkosinussatz)

Kürzeste Entfernung zwischen zwei Punkten auf der Erdkugel

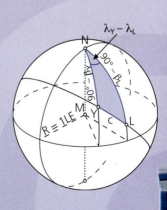

10. Berechnen Sie die kürzeste Entfernung $\overset{\frown}{YL}$ zwischen New **Y**ork (74,0° | 40,7°) und **L**issabon (9,2° | 38,7°).
    Tipps: Die Punkte **Y** und **L** und der Nordpol **N** sind die Eckpunkte eines Kugeldreiecks, von dem Sie sich leicht Informationen über zwei seiner Seiten und deren Zwischenwinkel verschaffen können. Führen Sie die Rechnung zunächst an einer Einheitskugel (R = 1 LE) durch.

2.4 Üben – Festigen – Vertiefen

Zu 2.1:
Aufgaben 1. bis 4.

Lucas: Ich veranschauliche zunächst jede Gleichung oder Ungleichung graphisch.

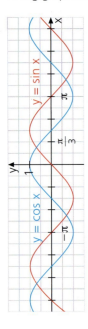

1. Geben Sie jeweils mindestens drei Lösungen im Gradmaß an.
a) $\sin \varphi = -\frac{1}{2}\sqrt{2}$ b) $\sin \varphi = \cos \varphi$ c) $0{,}5 < \cos \varphi < 1$ d) $\cos \varphi = -1$
e) $\sin \varphi + \cos \varphi = 0$ f) $\sin (\varphi + 720°) = 1$ g) $\cos (\varphi - 45°) = \sin 90°$
h) $\sin \varphi = \sin \frac{\pi}{5}$ i) $\cos \varphi = \sin 270°$ j) $\sin (\varphi - 60°) = \sin \frac{\pi}{4}$
k) $\tan \varphi = 1$ l) $\tan \varphi = -\sqrt{3}$ m) $\tan \varphi = 0$

2. Ermitteln Sie jeweils die Lösungsmenge der Gleichung bzw. Ungleichung und kontrollieren Sie dann Ihr Ergebnis mit einem Funktionsplotter.
a) $\cos x = 0{,}5;\ x \in [0;\ 2\pi]$ b) $\cos x < 0{,}5;\ x \in [0;\ 2\pi]$
c) $\sin x > \cos x;\ x \in [0;\ 2\pi]$ d) $|\sin x| = 1;\ x \in [-\pi;\ 2\pi]$
e) $\sin x = \frac{1}{2}\sqrt{2};\ x \in [0;\ 2\pi]$ f) $\sin x \leq \frac{1}{2}\sqrt{2};\ x \in\ ]0;\ 2\pi[$

3. Es ist jeweils eine Gleichung einer Geraden g gegeben; berechnen Sie die Größe des Winkels φ, den diese Gerade g mit der positiven x-Achse einschließt.
a) $y = 2x + 10$ b) $x + 2y = 5$ c) $0{,}5x + 0{,}25y + 2{,}5 = 0$ d) $3x - y = 6$
e) $x - y = 3$ f) $y = -0{,}25x$ g) $y = 3x + 6$ h) $x + y = 1$

Ermitteln Sie außerdem

(1) bei jeder dieser Geraden, die durch den II., I. und IV. Quadranten verläuft, den Flächeninhalt des Dreiecks, das sie zusammen mit den beiden Koordinatenachsen berandet.

(2) bei denjenigen dieser Geraden, die senkrecht zueinander verlaufen, die Koordinaten ihres Schnittpunkts.

(3) bei denjenigen dieser Geraden, die parallel zueinander verlaufen, eine Gleichung ihrer Mittelparallelen.

4. Jeder der beiden spitzen Winkel, unter denen die beiden Geraden einander schneiden, hat eine Größe von 38°. Finden Sie jeweils heraus, wie viel Grad (beachten Sie dabei den Drehsinn) der eingezeichnete Winkel hat, und geben Sie seinen Sinuswert sowie seinen Kosinuswert an.

a) 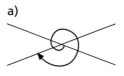   b) 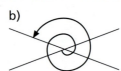   c)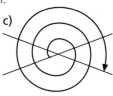

Zu 2.2 und 2.3:
Aufgaben 5. bis 9.

Nullstellen zu 5.

5. Jeder der folgenden Funktionsterme f(x) wird durch die Definitionsmenge $D_f = \mathbb{R}$ zu einer Funktion f ergänzt. Ermitteln Sie bei jeder der sechs Funktionen die Periode p, die Amplitude a*, die Wertemenge W_f und die kleinste nichtnegative Nullstelle x_N.
a) $f(x) = -\cos(-x)$ b) $f(x) = \sqrt{3}\sin(4x) - 1{,}5$ c) $f(x) = -\sin\left(\frac{\pi}{2}x\right) - 0{,}5$
d) $f(x) = 4\cos x + 2\sqrt{2}$ e) $f(x) = \sin\left(2x - \frac{\pi}{4}\right)$ f) $f(x) = 2\sin(1{,}5x + 2\pi)$

Überprüfen Sie Ihre Ergebnisse mithilfe eines Funktionsplotters.

6. Untersuchen Sie jede der neun jeweils durch ihren Funktionsterm f(x) und ihre Definitionsmenge D_f gegebenen Funktionen auf Symmetrie ihres Graphen G_f. Verwenden Sie dabei einen Funktionsplotter oder die Abbildung in der Randspalte oben.

(1) a) $f(x) = \sin x;\ D_f = [0;\ \pi]$ b) $f(x) = \sin x;\ D_f = [-\pi;\ \pi]$ c) f: $f(x) = \sin x;\ D_f = \mathbb{R}$

(2) a) $f(x) = \cos x;\ D_f = [0;\ \pi]$ b) $f(x) = \cos x;\ D_f = [-\pi;\ 2\pi]$ c) $f(x) = \cos x;\ D_f = \mathbb{R}$

(3) a) $f(x) = \sin(2x);\ D_f = [0;\ \pi]$ b) $f(x) = \sin(2x);\ D_f = [-\pi;\ \pi]$ c) $f(x) = \sin(2x);\ D_f = \mathbb{R}$

2.4 Üben – Festigen – Vertiefen

7. Ordnen Sie jedem der Funktionsgraphen eine passende Funktionsgleichung zu.

(I) $y = 3 \sin x$ (II) $y = \sin\left(\frac{1}{2}x\right) + 1$ (III) $y = -\sin(-x)$ (IV) $y = 0{,}5 \sin x$

(V) $y = \cos\left(\frac{\pi}{2} - x\right)$ (VI) $y = \cos(2x + \pi)$ (VII) $y = \frac{1}{4} \sin\left(\frac{x}{2} + \frac{\pi}{4}\right)$

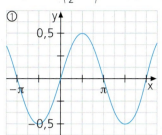
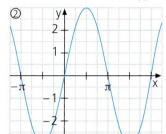
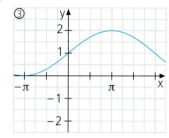
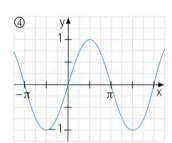
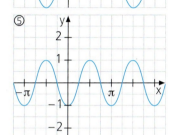
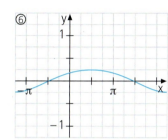

8. Zeichnen Sie zu jeder der Funktionen (Definitionsmenge $\mathbb{R}$) den Funktionsgraphen im Bereich $[-2\pi; 2\pi]$. Tragen Sie dabei jeweils alle drei zu einer Teilaufgabe gehörenden Funktionsgraphen in ein gemeinsames Koordinatensystem ein.

a) $f_1(x) = \cos x$ $f_2(x) = \cos(2x)$ $f_3(x) = \cos\left(2x - \frac{\pi}{2}\right)$

b) $g_1(x) = \sin x$ $g_2(x) = \sin(0{,}5x)$ $g_3(x) = \sin(0{,}5x) - 0{,}5$

c) $h_1(x) = \cos x$ $h_2(x) = |\cos(2x)|$ $h_3(x) = -2 \cos(2x)$

d) $i_1(x) = \sin x$ $i_2(x) = \sin(-3x)$ $i_3(x) = \sin(-3x + 2\pi) + 1$

e) $k_1(x) = \sin x$ $k_2(x) = (\sin x)^2$ $k_3(x) = (\sin x)^2 + (\cos x)^2$

Geben Sie bei den Teilaufgaben a) bis c) die Perioden, bei den Teilaufgaben d) und e) die Wertemengen an.

9. Beschreiben Sie, wie man schrittweise aus der Sinuskurve den Graphen G_f der Funktion f: $f(x) = 2{,}5 \sin\left(\frac{x}{2} + \frac{\pi}{2}\right)$; $D_f = \mathbb{R}$, erhält. Zeichnen Sie G_f für $0 \leq x \leq 4\pi$.

10. Die Punkte $A(-2 | y_A)$, $B(4 | y_B)$ und $C(0 | y_C)$ liegen auf dem Graphen G_f der Funktion f: $f(x) = \frac{8}{4 + x^2}$; $D_f = \mathbb{R}$. Berechnen Sie

a) die Größe des Winkels $\sphericalangle$ ACB.   b) den Flächeninhalt des Dreiecks ABC.

Weitere Aufgaben

11. Die Punkte $R(8 | 0)$, $O(0 | 0)$ und T sind Eckpunkte eines Dreiecks mit dem Umkreismittelpunkt $M(4 | 3)$.

a) Finden Sie heraus, welches Dreieck T_1OR den größten Flächeninhalt besitzt.

b) Berechnen Sie die Länge der Strecke $[T_2O]$ sowie den Flächeninhalt des Dreiecks T_2OR, wenn $\sphericalangle ROT_2 = 60°$ ist.

12. Die Höhe h einer Hebebühne kann durch zwei Gelenke bei A und bei B variiert werden.

a) Berechnen Sie die Höhe h_1 für $\alpha_1 = 70°$ und $\beta_1 = 125°$, wenn das Gelenk A sich 1,80 m über dem Boden befindet.

b) Ermitteln Sie die größte Höhe h_2, die mit der Bühne erreicht werden kann, wenn die Sicherheitsbestimmungen $0° \leq \alpha \leq 85°$ und $0° \leq \beta \leq 150°$ vorschreiben.

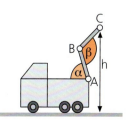

$\overline{AB} = \overline{BC} = 3{,}00$ m

2.4 Üben – Festigen – Vertiefen

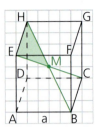

13. Die beiden Raumdiagonalen [HB] und [EC] des Würfels ABCDEFGH (Kantenlänge a) schneiden einander im Punkt M. Ermitteln Sie die Größen der Innenwinkel sowie den Flächeninhalt A(a) des Dreiecks HEM.

14. Tragen Sie in ein Koordinatensystem (Einheit 1 cm) die Punkte
 a) A (0 | 1), B (6 | 0) und C (3 | 5) ein.   b) A (–4 | –4), B (5 | 0) und C (–1 | 3) ein.
 Ermitteln Sie jeweils zunächst die Längen der Seiten [AB], [BC] und [CA] (auf mm gerundet) und dann die Größen der Innenwinkel α, β und γ (auf Grad gerundet) des Dreiecks ABC.

15. Die Punkte A $(3 | y_A)$, B $(-2 | y_B)$ und C $(0 | y_C)$ liegen auf der Parabel P mit der Gleichung $y = x^2 - 3$.
 a) Berechnen Sie die Größen der drei Innenwinkel, die Umfangslänge und den Flächeninhalt des Dreiecks ABC.
 b) Finden Sie heraus, für welche Werte von $t \in \mathbb{R}$ der Punkt T (0 | t) innerhalb des Dreiecks ABC liegt.

16. Die Punkte S $(-1 | y_S)$, T $(3 | y_T)$, A $(x_A | 1)$ und R $(x_R | -y_T)$ liegen auf dem Graphen der Funktion f: $f(x) = \frac{1}{x}$; $D_f = \mathbb{R}\setminus\{0\}$. Begründen Sie, dass das Viereck STAR punktsymmetrisch ist. Berechnen Sie die Größen der Winkel, die die Vierecksdiagonalen mit den Seiten bilden.

17. Notieren Sie in Ihrem Heft bei jeder der zehn Aussagen, ob sie wahr ist oder falsch:

	Aussage	wahr	falsch
a)	Die Funktion f: f(x) = sin [2(x + 1)]; $D_f = \mathbb{R}$, ist periodisch mit der Periode π.		
b)	$(\sin 2)^2 + (\cos 2)^2 < (\sin 3)^2 + (\cos 3)^2$		
c)	$2 \cos \frac{\pi}{4} < \cos (2 \cdot \frac{\pi}{4})$		
d)	Der Punkt P $(\frac{5\pi}{4} | -\frac{1}{2}\sqrt{2})$ liegt sowohl auf dem Graphen der Funktion f: f(x) = sin x wie auf dem Graphen der Funktion g: g(x) = cos x; $D_f = \mathbb{R} = D_g$.		
e)	Für jeden Wert von $x \in [0; \pi]$ gilt $\cos x = \sqrt{1 - (\sin x)^2}$.		
f)	Die Lösungsmenge der Gleichung (sin x – 1)(cos x + 1) = 0 über der Grundmenge [–π; 2π] ist L = {–π; $\frac{\pi}{2}$; π}.		
g)	Der Graph der Funktion f: f(x) = x sin x; $D_f = \mathbb{R}$, ist achsensymmetrisch zur y-Achse.		
h)	Der kleinere der beiden Winkel, den die Zeiger einer Uhr um 15 Uhr 40 miteinander bilden, hat die Größe 130°.		
i)	$\frac{\sin 45°}{\sqrt{2}} = \cos 300°$		
j)	cos 2 > cos 4 > cos 3		

$n \in \mathbb{N}$:
$(-1)^{2n} - (-1)^{2n+1} = ?$
sin 130° : cos 40° = ?
cos 200° : cos 20° = ?

W1 Welche Punkte haben die Graphen der Funktionen f: f(x) = 2x – 1; $D_f = \mathbb{R}$, und g: $g(x) = \frac{x+1}{x-1}$; $D_g = \mathbb{R}\setminus\{1\}$, miteinander gemeinsam?

W2 Wahr oder falsch? Die Punkte A (1 | 1), B (–2 | 3) und C (4 | –1) liegen auf einer Geraden.

W3 Wie lautet die Lösungsmenge des Gleichungssystems
 I x + y + z = 9   II x – y – z = 3   III 2x + 3y – 0,5z = 7 ?

I. Zeigen Sie, dass der Term $\dfrac{\sin\left(\frac{\pi}{2}-x\right)}{\cos\left(\frac{\pi}{2}-x\right)} \cdot \left[\dfrac{\sin(\pi+x)}{\cos(\pi-x)} + \dfrac{\sin(\pi-x)}{\cos(-x)}\right]$

für jeden Wert von $x \in\ ]-\pi;\ \pi[$ außer $-\frac{\pi}{2};\ 0$ und $\frac{\pi}{2}$ den Wert 2 hat.

II. Ein $h = 25$ m hoher Turm [BC] steht auf einem Nordhang, der unter dem Winkel $\beta = 28°$ gegen die Horizontale geneigt ist. Der Turm wirft am Mittag einen $s = 45$ m langen Schatten [BA] auf den Hang. Ermitteln Sie die Sonnenhöhe α auf Grad gerundet.

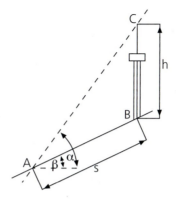

III. Es ist f: $f(x) = \frac{\sin x}{\cos x} = \tan x;\ D_f =\ ]-\frac{\pi}{2};\ \frac{3\pi}{2}[\setminus \{\frac{\pi}{2}\}$.

   a) Zeichnen Sie diesen Teil des Graphen der Tangensfunktion mithilfe einer Wertetabelle.

   b) Finden Sie heraus, für welche Werte von $x \in \mathbb{R}$ der Funktionsterm $\tan x$ nicht definiert ist.

IV. Das Säulendiagramm veranschaulicht die durchschnittliche tägliche Sonnenscheindauer in h auf Mauritius.

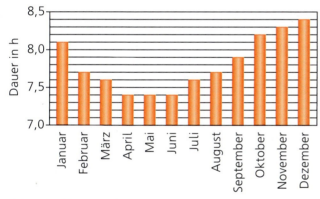

   a) Beschreiben Sie das Diagramm.

   b) Sophie hat die Sonnenscheindauer auf Mauritius durch den Funktionsterm

   $f(t) = 0{,}5\ \text{h} \cdot \sin\left[\dfrac{2\pi}{365\ \text{d}}(t-258\ \text{d})\right] + 7{,}9\ \text{h}$ beschrieben.

   Beurteilen Sie, ob dieser Term die Sonnenscheindauer „gut" wiedergibt.

V. Durch die Länge a der Seite [BC] und die Winkelgrößen β und γ ist das Dreieck ABC festgelegt. Es rotiert um die Achse BC. Ermitteln Sie das Volumen und den Oberflächeninhalt des entstehenden Rotationskörpers, wenn

   a) $a = 16$ cm, $\beta = 30°$ und $\gamma = 45°$ ist.

   b) $a = 16$ cm, $\beta = 30°$ und $\gamma = 135°$ ist.

   Was fällt Ihnen auf?

Kann ich das?

1. a) Geben Sie jeweils drei verschiedene Winkel φ auf Grad gerundet an, für die
   (1) sin φ = 0,2588 ist.   (2) cos φ = −0,3090 ist.   (3) sin (φ + 20°) = 1 ist.
   b) Geben Sie jeweils drei verschiedene Winkel x im Bogenmaß an, für die
   (1) cos x = −0,3827 ist.   (2) sin (2x) = 0,9781 ist.   (3) $2 \cos\left(x + \frac{\pi}{4}\right) = -1$ ist.

2. Geben Sie einen Term für den Flächeninhalt A_{TOP} des rechtwinkligen Dreiecks TOP (Hypotenusenlänge $\overline{TO}$ = 4 cm) an.

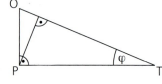

3. Berechnen Sie den Flächeninhalt des Dreiecks ABC.

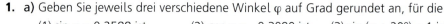

4. Die Eckpunkte des Dreiecks ABC liegen auf dem Graphen der Funktion
f: $f(x) = \frac{8}{4 + x^2}$; $D_f = \mathbb{R}$; ihre Koordinaten sind ganzzahlig.
Berechnen Sie die Größen der Dreiecksinnenwinkel und die Umfangslänge U_{ABC}.

5. Von einem Dreieck ABC sind die Länge c der Seite [AB] sowie die zwei Winkelgrößen α und β gegeben. Gesucht sind γ, a, b, h_a, h_b und h_c sowie der Flächeninhalt A_{ABC} und die Umfangslänge U_{ABC}.
   a) Finden Sie eine passende Reihenfolge zur Berechnung der gesuchten Größen.
   b) Ermitteln Sie die acht gesuchten Größen, wenn c = 6 cm, α = 60° und β = 45° ist.

6. Zeichnen Sie zu jeder der sechs Funktionen (mit $D_f = D_g = D_h = [−π; 2π]$) den Funktionsgraphen; tragen Sie dabei jeweils alle drei zu einer Teilaufgabe gehörenden Funktionsgraphen in ein gemeinsames Koordinatensystem ein.
   a) f: f(x) = sin x   g: g(x) = sin (2x)   h: h(x) = 3 sin (2x)
   b) f: f(x) = cos x   g: $g(x) = \cos\left[0{,}5\left(x - \frac{\pi}{2}\right)\right]$ h: $h(x) = 1 - \cos\left[0{,}5\left(x - \frac{\pi}{2}\right)\right]$
   Geben Sie bei jeder der sechs Funktionen die Amplitude und die Wertemenge an.

7. Zeichnen Sie ein Koordinatensystem (Einheit 1 cm; π ≈ 3) in Ihr Heft und tragen Sie dann dort für $-\frac{\pi}{2} \leq x \leq \frac{\pi}{2}$ die Parabel P mit der Gleichung $y = x^2 - \frac{\pi^2}{4}$ und die Kosinuskurve K (Gleichung: y = cos x) sowie die Punkte D $(-\frac{\pi}{2} | 0)$, R $(0 | -\frac{\pi^2}{4})$, A $(\frac{\pi}{2} | 0)$ und G (0 | 1) ein.
Geben Sie mindestens drei Eigenschaften des Vierecks DRAG an, berechnen Sie seinen Flächeninhalt A* und schätzen Sie den Inhalt A des Bereichs ab, der von den Kurven P und K berandet wird.

8. Ermitteln Sie jeweils eine mögliche Funktionsgleichung.

a) 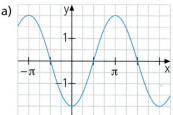   b)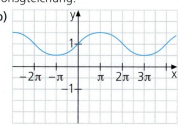

9. Der große Zeiger einer Turmuhr ist 1,40 m, der kleine 0,84 m lang.
Wie weit sind die Spitzen der beiden Uhrzeiger um 16 Uhr voneinander entfernt?

Lösungen unter www.ccbuchner.de (Eingabe „8260" im Suchfeld)

KAPITEL 3
Exponentielles Wachstum und Logarithmen

**John Napier
Laird of Merchiston**
geb. 1550 auf Merchiston Castle
bei Edinburgh (Schottland)
gest. 1617 auf Merchiston Castle

Der schottische Edelmann John Napier reiste schon in früher Jugend durch Deutschland, Frankreich und Italien. Für sein Landgut erfand er mechanische Hilfsmittel zur Erleichterung des Ackerbaus. Außer mit seinen Aufgaben als Gutsherr in Schottland beschäftigte er sich mit Mathematik, Politik und Religion.
Bei Berechnungen hatten Wissenschaftler häufig Multiplikationen und Divisionen großer Zahlen „mit Hand" durchzuführen, was sehr langwierig und fehleranfällig war. Napier erfand ein Verfahren zur Erleichterung des numerischen Rechnens: Unter Verwendung der Tatsache, dass $b^x \cdot b^y = b^{x+y}$ und $b^x : b^y = b^{x-y}$ ist, entwickelte er eine Methode, die es erlaubte, die Multiplikation auf die Addition und die Division auf die Subtraktion zurückzuführen und zu mechanisieren.
Der englische Geometer und Astronom Henry Briggs (1561 bis 1630) setzte sich sehr für die Ideen von Napier zur Vereinfachung des Rechnens ein; er erstellte als erster sogenannte Logarithmentafeln mit der Basis b = 10 („dekadische Logarithmen").

3.1 Lineares und exponentielles Wachstum

Laura: „Zu meinem 15. Geburtstag hat meine Patentante für mich 2 000 € zu 4,5% p. a. angelegt; über das Geld darf ich aber erst ab meinem 25. Geburtstag verfügen."
Lucas: „Dann erhältst du zu deinem 25. Geburtstag fast 3 000 €."
Sophie: „Wenn man die jährlichen Zinsen zum Kapital schlägt, erhältst du sogar über 3 100 €."

Arbeitsauftrag

- Erklären und vergleichen Sie die Berechnungen von Lucas und Sophie und veranschaulichen Sie die Verzinsung jeweils in einem Diagramm.

Wachstumsvorgänge können ganz unterschiedlichen Verlauf haben. Zwei Formen des Wachstums sind besonders häufig:
- Nimmt eine Größe pro Zeiteinheit stets um den gleichen Betrag zu, ist also der Zuwachs pro Zeiteinheit konstant, so handelt es sich um **lineares Wachstum**.
- Ist der Zuwachs stets direkt proportional zum aktuellen Bestand, so handelt es sich um **exponentielles Wachstum**.

Lineares Wachstum:

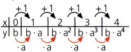

Exponentielles Wachstum:

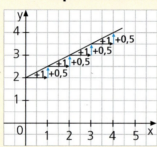 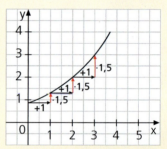

Lineares Wachstum
Nimmt die Größe x um 1 zu, so wächst die Größe y stets um einen festen **Summanden a**.
Lineares Wachstum wird beschrieben durch
$$y = b + a \cdot x$$

Exponentielles Wachstum
mit einem festen **Faktor a**.
Exponentielles Wachstum wird beschrieben durch
$$y = b \cdot a^x$$

Die Größe b ist der Anfangsbestand, also der Bestand für x = 0.

Beispiele

1 Raummeter Holz: Kubikmeterstapel Holz mit Zwischenräumen

1 Festmeter Holz: 1 m³ feste Holzmasse ohne Zwischenräume

- Geben Sie jeweils an, um welche Art von Wachstum es sich handelt, und beschreiben Sie es durch einen Funktionsterm.

  a) Eine neu gepflanzte Kiefer ist 1,2 m hoch; sie wächst in den ersten zwanzig Jahren jährlich etwa 44 cm. Welche Höhe hat sie nach zwanzig Jahren erreicht? Wie viel Prozent ihrer Maximalhöhe von 48 m sind das?

  b) Der Holzbestand eines kleinen Walds beträgt etwa 10 000 Festmeter; er nimmt jährlich um 4,0% zu. Berechnen Sie den Holzbestand nach zwanzig Jahren.

  Lösung:

  a) Es handelt sich um lineares Wachstum.
  $h(t) = 1,2$ m $+ 0,44$ m $\cdot t$; $0 \leq t \leq 20$ (t: Anzahl der Jahre)
  Höhe nach zwanzig Jahren: $h(20) = 1,2$ m $+ 0,44$ m $\cdot 20 = 10$ m
  Prozentsatz: $\frac{10}{48} \approx 21\%$

  b) Es handelt sich um exponentielles Wachstum.
  $V(t) = 10\,000 \cdot 1,04^t$; $0 \leq t \leq 20$ (t: Anzahl der Jahre)
  Holzbestand in Festmetern nach zwanzig Jahren:
  $V(20) = 10\,000 \cdot 1,04^{20} \approx 21\,911 \approx 2,2 \cdot 10^4$

3.1 Lineares und exponentielles Wachstum

- Die Diagramme veranschaulichen Wachstumsvorgänge. Entscheiden Sie zunächst, ob lineares oder exponentielles Wachstum vorliegt. Geben Sie dann den Funktionsterm, der das Wachstum beschreibt, an.

a)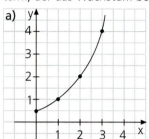

b)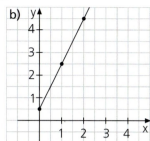

Lösung: a) Exponentielles Wachstum; Funktionsgleichung: $y = 0{,}5 \cdot 2^x$

b) Lineares Wachstum; Funktionsgleichung: $y = 0{,}5 + 2x$

- Was ist der Unterschied zwischen absolutem und relativem Zuwachs?
- Wie berechnet man aus $f(0) = 50$ und $f(10) = 250$ den absoluten, wie den relativen Zuwachs?

Aufgaben

1. Eine Hefekultur der Anfangsmasse 10,0 g verdoppelt stündlich ihre Masse. Stellen Sie die Masse im Lauf der ersten acht Stunden in einer Tabelle dar, beschreiben Sie die Art des Wachstums und geben Sie die Wachstumsfunktion an. Veranschaulichen Sie das Wachstum durch den zugehörigen Funktionsgraphen.

2. Finden Sie bei jeder der Tabellen heraus, ob sie zu linearem Wachstum, zu exponentiellem Wachstum oder zu einer anderen Art von Wachstum gehört. Geben Sie jeweils eine mögliche Wachstumsfunktion an.

a)
x	0	1	2	3
y	6	9	12	15

b)
x	1	2	3	4
y	4	6	9	13,5

c)
x	1	2	3	4
y	1	4	9	16

3. Übertragen Sie die Tabelle jeweils zweimal in Ihr Heft und ergänzen Sie sie dann dort
a) so, dass lineares Wachstum vorliegt. b) so, dass exponentielles Wachstum vorliegt.

(1)
x	0	1	2	3	4
y	1	2			

(2)
x	0	1	2	3	4
y			5	10	

(3)
x	0	1	2	3	4
y				6	36

4. Der Kantenlänge x eines Würfels wird

a) die Gesamtlänge y_1 aller zwölf Würfelkanten zugeordnet.

b) die Gesamtlänge y_2 aller zwölf Flächendiagonalen zugeordnet.

c) die Gesamtlänge y_3 aller vier Raumdiagonalen zugeordnet.

Beschreiben Sie jeweils die Art des Wachstums von y in Abhängigkeit von x und geben Sie die Wachstumsfunktion an.

W1 Welche natürlichen Zahlen erfüllen das Gleichungssystem
I $x + y + z = 22$ II $x - y + z = 12$ III $x + y - z = 4$?

W2 Welche nichtnegativen reellen Zahlen erfüllen das Gleichungssystem
I $7\sqrt{x} + 3\sqrt{y} = 15$ II $2\sqrt{x} - \sqrt{y} = -5$?

W3 Welcher Term ergibt sich, wenn Sie die Formel $A = \frac{a+c}{2} \cdot h$ nach c auflösen?

$x \in \mathbb{Z}$:
$2^x = 0{,}125$; $x = ?$
$2^x + x^2 = 1$; $x = ?$
$2^x + x^2 - 3 = 0$; $x = ?$

3.2 Exponentielle Zunahme und exponentielle Abnahme

Lucas: „Jedes Auto verliert jährlich 25% seines Zeitwerts."
Gregor: „Dann ist ein 100 000 € teurer Schlitten nach vier Jahren weniger als ein Drittel wert."
Sophie: „Manche Oldtimer nehmen mit der Zeit beträchtlich an Wert zu."

Arbeitsaufträge
- Veranschaulichen Sie die ersten beiden Aussagen durch ein Diagramm. Geben Sie einen dazu passenden Funktionsterm an.
- Informieren Sie sich über den Wertzuwachs bei Oldtimern.

Vermehrt sich ein (positiver) Bestand in gleichen Zeitspannen immer um den gleichen Prozentsatz p%, so spricht man von **exponentieller Zunahme** (exponentiellem Wachstum) mit dem
Wachstumsfaktor $a = 1 + \frac{p}{100}$.

Bei einer Abnahme mit konstanter prozentualer Abnahmerate p% spricht man von **exponentieller Abnahme** (exponentiellem Zerfall) mit dem
Abnahmefaktor $a = 1 - \frac{p}{100}$.

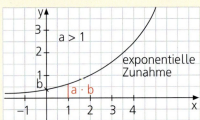
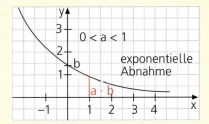

Exponentielle Zunahme	**Exponentielle Abnahme**
Nimmt die Größe x um 1 zu, so nimmt die (positive) Größe y stets	
mit dem gleichen positiven Faktor a **zu**:	mit dem gleichen positiven Faktor a **ab**:
$y = b \cdot a^x$; $a > 1$	$y = b \cdot a^x$; $0 < a < 1$

a: Wachstumsfaktor bzw. Abnahmefaktor; b: Anfangsbestand für x = 0

Beispiele

- 100 ml frische Vollmilch enthalten etwa 1 mg Vitamin C. Dieses zersetzt sich unter dem Einfluss von Licht. Selbst in einer dunklen Glasflasche nimmt der Vitamin-C-Gehalt der Milch pro Stunde um 5% ab.
Eine dunkle 1-Liter-Glasflasche steht zwölf Stunden lang auf dem Küchentisch, ehe die Milch getrunken wird. Beschreiben Sie die Abnahme des Vitamin-C-Gehalts durch einen Funktionsterm und zeichnen Sie den Funktionsgraphen mithilfe einer Wertetabelle.

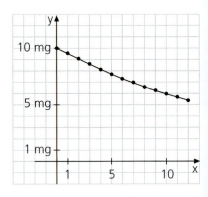

Lösung:
Abnahmefaktor: $1 - \frac{p}{100} = 1 - 0,05 = 0,95$

Funktionsterm: $f(x) = 10 \text{ mg} \cdot 0,95^x$; $0 \leq x \leq 12$ (verstrichene Zeit: x h)

x	0	1	2	3	4	5	6	7	8	9	10	11	12
Restmenge Vitamin C (in mg)	10	9,5	9,0	8,6	8,1	7,7	7,4	7,0	6,6	6,3	6,0	5,7	5,4

3.2 Exponentielle Zunahme und exponentielle Abnahme

● In einem Labor wird zu Forschungszwecken der Milzbranderreger (Anthraxbazillus) gezüchtet. Die Versuchsbedingungen sind so gewählt, dass sich die Anzahl der Bazillen jeweils innerhalb einer Stunde verdoppelt. Zu Beginn der Versuchsreihe befanden sich in der Nährlösung 10 000 Anthraxbazillen. Beschreiben Sie die Zunahme der Anzahl der Bazillen durch eine Funktion f und ermitteln Sie die Bazillenanzahl 30 min und 150 min nach Versuchsbeginn.

Lösung:

Wachstumsfaktor: $1 + \frac{p}{100} = 1 + 1 = 2$

Funktion f: $f(x) = 10\,000 \cdot 2^x$; $D_f = [0;\ 2{,}5]$ (verstrichene Zeit: x h)

$f(0{,}5) = 10\,000 \cdot 2^{0{,}5} \approx 1{,}4 \cdot 10^4 = 14\,000$; $f(2{,}5) = 10\,000 \cdot 2^{2{,}5} \approx 5{,}7 \cdot 10^4 = 57\,000$

● Finden Sie zu jedem der drei Diagramme einen Wachstumsvorgang, der sich durch dieses Diagramm veranschaulichen lässt.

● Woran liegt es, dass der Graph der exponentiellen Abnahmefunktion des ersten Musterbeispiels kaum von dem einer linearen Abnahmefunktion zu unterscheiden ist?

Aufgaben

1. Übertragen Sie die beiden Tabellen in Ihr Heft und ergänzen Sie sie dann dort so, dass lineare Zunahme bzw. lineare Abnahme vorliegt.

a)

x	0	1	2	3	4	5
y	12	8				

b)

x	0	1	2	3	4	5
y		3 375	50 625			

2. Übertragen Sie die beiden Tabellen in Ihr Heft und ergänzen Sie sie dann dort so, dass exponentielle Zunahme bzw. exponentielle Abnahme vorliegt.

a)

x	0	1	2	3	4	5
y	12	8				

b)

x	0	1	2	3	4	5
y		3 375	50 625			

3. Auf ein Sparkonto wurde am 2. 1. 2002 ein Betrag von 2 000 € einbezahlt. Die Tabelle zeigt den Kontostand (in €) nach n Jahren.

n	0	1	2	3	4	5	6
Kontostand	2 000,00	2 056,00	2 113,57	2 172,75	2 233,58	2 296,13	2 360,42

a) Beschreiben Sie, wie das Kapital angelegt wurde.

b) Berechnen Sie den Kontostand nach 10 Jahren (20 Jahren), wenn das Kapital in gleicher Weise angelegt bleibt.

c) Finden Sie durch Überlegen und gezieltes Probieren heraus, in etwa wie viel Jahren das Kapital auf das Eineinhalbfache anwächst.

3.2 Exponentielle Zunahme und exponentielle Abnahme

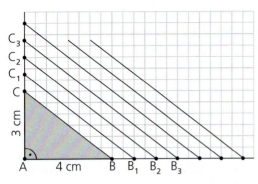

4. Das rechtwinklige Dreieck ABC wird schrittweise ähnlich vergrößert (vgl. die Abbildung); dabei wird die Kathete [AB] n-mal jeweils um 1 cm verlängert.
Beschreiben Sie die Umfangslänge U_n und den Flächeninhalt A_n des Dreiecks AB_nC_n jeweils durch einen Term. Für welchen Wert von n ist der Flächeninhalt des Dreiecks AB_nC_n 25-mal so groß wie der des Dreiecks ABC?

Mittlere Entfernung Erde–Mond: etwa 384 000 km

G 5. Lucas faltet ein Zeitungsblatt (Dicke 0,1 mm) zusammen, dann noch einmal und noch einmal usw. Als nach einer Reihe von Faltungen das Papierpaket so dick geworden ist, dass er es nicht mehr weiter falten kann, sagt Laura zu ihm: „Stelle dir vor, du könntest mit dem Falten immer so weitermachen. Wie oft müsstest du dann falten, damit der Papierstapel bis zum Mond reicht?"

a) Probieren Sie aus, wie oft Sie einen Bogen Zeitungspapier zusammenfalten können.
b) Schätzen Sie die Anzahl der Faltungen „bis zum Mond".
c) Übertragen Sie die Tabelle in Ihr Heft und ergänzen Sie sie dann dort.

Anzahl n der Faltungen	0	1	2	3	4	5	6	7	8	9	10	11
Anzahl L(n) der Lagen	1	2										
Dicke d(n) des Papierstapels	0,1 mm											20 cm

d) Ermitteln Sie den Funktionsterm d(n) und zeichnen Sie den zugehörigen Funktionsgraphen.
e) Berechnen Sie d(20), d(30), d(40) und d(50) und erklären Sie, was damit gemeint ist. Finden Sie durch Überlegen und gezieltes Probieren heraus, für welchen Wert von n die Dicke d(n) zum ersten Mal größer als die Entfernung Erde–Mond wäre.

G 6. Der Luftdruck nimmt mit der Höhe über dem Meeresspiegel ab.
a) Erklären Sie, was man unter NN versteht und wie die Einheit hPa festgelegt ist.
b) Zeigen Sie anhand der Tabelle, dass der Luftdruck mit der Höhe exponentiell abnimmt. Ermitteln Sie den Abnahmefaktor und erläutern Sie seine Bedeutung.

Höhe über NN (in km)	0	1	2	3	4	5	6	7	8	9	10
Luftdruck (in hPa)	1 013	899	798	708	628	558	495	439	390	346	307

c) Beschreiben Sie die Größe des Luftdrucks in Abhängigkeit von der Höhe über dem Meeresspiegel durch einen Funktionsterm.
d) Geben Sie an, etwa welche Größe der Luftdruck auf dem Gipfel
(1) der Zugspitze (2 962 m) hat. (2) des Vesuvs (1 277 m) hat.
(3) des Matterhorns (4 478 m) hat. (4) des Mount Everest (8 850 m) hat.

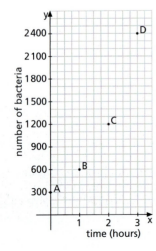

7. A problem from Mary's Maths Test:
Consider an experiment that begins with 300 bacteria. Bacteria can quickly increase in number. Let us suppose that the population doubles every hour. Here is the population y after x hours for $x \in \{0; 1; 2; 3\}$:

x	0	1	2	3
y	300	600	1 200	2 400
point	A	B	C	D

a) How many bacteria are there after 4 hours?
b) What could x = –1.5 mean in this context?
c) Use the exponential curve to estimate
(1) the number of bacteria after 1.75 hours.
(2) when 1 700 bacteria were present.

3.2 Exponentielle Zunahme und exponentielle Abnahme

8. Bei Simons Geburt haben seine Großeltern für ihn ein Konto angelegt und 300 € auf dieses Konto einbezahlt; in jedem Jahr zahlen die Großeltern bis zu Simons 18. Geburtstag, also insgesamt neunzehnmal, jährlich 300 € auf dieses Konto ein. Das jeweilige Guthaben wird mit 4,5% p. a. verzinst; die Zinsen werden am Ende jedes Laufzeitjahrs zum Kapital geschlagen. Finden Sie ggf. mithilfe eines Tabellenkalkulationsprogramms heraus, über wie viel Geld Simon an seinem 18. Geburtstag verfügen kann.

9. Die Strecke a_1 ist 1 cm lang; jede der folgenden Strecken a_2, a_3 ... ist 1,5-mal so lang wie die vorhergehende. Beschreiben Sie jeweils durch einen Term die Länge der Strecke a_2, a_3, a_{10}, a_m ($m \in \mathbb{N}\setminus\{1\}$) und finden Sie heraus, wie lang die „Spirale" ist, die aus den ersten 4 (6; 8) dieser Strecken besteht.

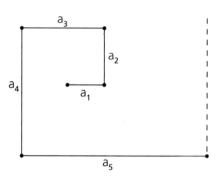

10. $S = a + aq + aq^2 + aq^3 + \ldots + aq^{n-1}$ ($a, q \in \mathbb{R}\setminus\{0\}$; $n \in \mathbb{N}\setminus\{1\}$) ist eine Summe aus n Summanden. Sophie stellt vor, wie man den Wert dieser Summe mithilfe einer Formel ermitteln kann:

Lucas: Geometrische Reihen haben wir schon in der 9. Klasse kennen gelernt.

I $\quad S = a + aq + aq^2 + \ldots + aq^{n-1}$; $| \cdot q$
II $\quad Sq = aq + aq^2 + \ldots + aq^{n-1} + aq^n$

II − I $Sq - S = aq^n - a$; $S(q-1) = a(q^n - 1)$; $| : (q-1)$

für $q \neq 1$ ergibt sich $\mathbf{S} = a \dfrac{q^n - 1}{q - 1} = a \dfrac{1 - q^n}{1 - q}$.

a) Erklären Sie Ihrem Nachbarn/Ihrer Nachbarin Sophies Herleitung der Formel. Beschreiben Sie, welcher Zusammenhang jeweils zwischen zwei aufeinander folgenden Summanden besteht.

b) Berechnen Sie jeweils den Wert der Summe ohne die Formel bzw. mit der Formel:
$S_1 = 3 + 3 \cdot 2 + 3 \cdot 2^2 + 3 \cdot 2^3 + 3 \cdot 2^4$
$S_2 = 20 + 20 \cdot 0,5 + 20 \cdot 0,5^2 + 20 \cdot 0,5^3 + 20 \cdot 0,5^4 + 20 \cdot 0,5^5$

c) Lösen Sie die Aufgaben 8. und 9. mithilfe der Formel.

d) Welcher Wert ergibt sich für S im Fall $q = 1$?

11. Beim radioaktiven Zerfall des Caesiumisotops Cs 137 werden pro Jahr 2,1% des (Rest-) Caesiums in Barium umgewandelt. Geben Sie an, wie viel Gramm Cs 137 nach zwei (5; 10; 33; n [$n \in \mathbb{N}$]) Jahren von ursprünglich 500 g Cs 137 noch vorhanden sind.

12. Im Jahr 2008 kostete eine Tafel von Gregors Lieblingsschokolade 1,00 €. Was würde sie im Jahr 2028 kosten, wenn sich ihr Preis infolge der Inflation jährlich um 3% erhöhen würde? Um wie viel Prozent wäre sie dann teurer als 2008?

W1 Was ist wahrscheinlicher, mit einem Laplace-Spielwürfel eine Primzahl oder eine ungerade Zahl zu werfen?

W2 Wenn Sie einen Laplace-Spielwürfel 500-mal werfen, etwa wie viele „Sechser" werden Sie werfen?

W3 Wie wahrscheinlich ist beim zweimaligen Werfen eines Laplace-Spielwürfels das Ereignis $E = (6; \overline{6})$?

$n \in \mathbb{Z}$:
$2^{n+2} : 2^{n-2} = ?$
$2^{2n+1} : 2^{1+2n} = ?$
$(3^{3n} \cdot 3^{5-n}) : 3^{2n+2} = ?$

3.3 Die allgemeine Exponentialfunktion

Im Jahr 2050 doppelt so viele 60-Jährige wie Neugeborene – die deutsche Bevölkerung nimmt um fast 20 Millionen ab.

Lucas: „Im Jahr 2050 gehören wir zu den etwa 60-Jährigen."
Gregor: „Die Geburtenrate ist zwar niedriger als die Sterberate, aber die Lebenserwartung steigt. Die Zahlen basieren auf kaum kalkulierbaren Annahmen."
Sophie: „Ich habe mich auf der Homepage des Statistischen Bundesamts informiert. Im Jahr 2005 betrug die Bevölkerungszahl in Deutschland 82,4 Millionen, die Sterberate 1,06% und die Geburtenrate 0,83%."

Arbeitsauftrag

- Ermitteln Sie ausgehend von den Daten des Statistischen Bundesamts für das Jahr 2005 die Bevölkerungszahl für die Jahre 2006, 2007, … 2012. Vergleichen Sie soweit möglich die errechneten Anzahlen mit den wirklichen.

Jede Funktion f mit **f(x) = a^x; a ∈ $\mathbb{R}^+ \setminus \{1\}$; D_f = $\mathbb{R}$**, heißt **Exponentialfunktion**.
Beispiele: Die Abbildung zeigt die Graphen der Exponentialfunktionen
f: f(x) = 2^x; D_f = $\mathbb{R}$, und g: g(x) = $\left(\frac{1}{2}\right)^x$; D_g = $\mathbb{R}$:

x	$\left(\frac{1}{2}\right)^x$	2^x
−3,5	11,31	0,09
−3	8,00	0,13
−2,5	5,66	0,18
−2	4,00	0,25
−1,5	2,83	0,35
−1	2,00	0,50
−0,5	1,41	0,71
0	1,00	1,00
0,5	0,71	1,41
1	0,50	2,00
1,5	0,35	2,83
2	0,25	4,00
2,5	0,18	5,66
3	0,13	8,00

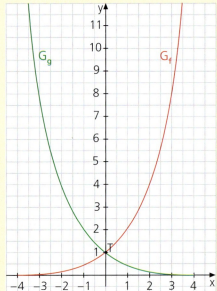

Eigenschaften dieser Exponentialfunktionen:
- Der Graph jeder Exponentialfunktion schneidet die y-Achse im Punkt T (0 | 1).
- Für a > 1 werden die Funktionswerte mit zunehmenden Werten von x größer; für 0 < a < 1 werden die Funktionswerte mit zunehmenden Werten von x immer kleiner, ohne jedoch den Wert null zu erreichen.
- Die Wertemenge jeder Exponentialfunktion ist W = $\mathbb{R}^+$.
- Der Graph jeder Exponentialfunktion hat zwar mit der x-Achse keinen Punkt gemeinsam, kommt ihr aber beliebig nahe:
Die x-Achse ist horizontale **Asymptote** des Graphen.
- Die Graphen der beiden Funktionen f_a: $f_a(x) = a^x$ und g_a: $g_a(x) = \left(\frac{1}{a}\right)^x$ mit D_{f_a} = D_{g_a} = $\mathbb{R}$ und a ∈ $\mathbb{R}^+ \setminus \{1\}$ sind symmetrisch zueinander bezüglich der y-Achse.

3.3 Die allgemeine Exponentialfunktion

Beispiele

● Finden Sie heraus, wie sich bei der Exponentialfunktion f: f(x) = 2^x; D_f = $\mathbb{R}$, der Funktionswert ändert, wenn man
a) x um 1 vergrößert. b) x um 2 vergrößert. c) x verdoppelt.
d) x um 0,5 vergrößert. e) x um 0,5 verkleinert. f) x halbiert.

Lösung:
a) Der Funktionswert wird verdoppelt, da $2^{x+1} = 2 \cdot 2^x$ ist.
b) Der Funktionswert wird vervierfacht, da $2^{x+2} = 2^2 \cdot 2^x = 4 \cdot 2^x$ ist.
c) Der Funktionswert wird quadriert, da $2^{2x} = (2^x)^2$ ist.
d) Der Funktionswert wird mit $\sqrt{2}$ multipliziert, da $2^{x+0,5} = 2^{0,5} \cdot 2^x = \sqrt{2} \cdot 2^x$ ist.
e) Der Funktionswert wird durch $\sqrt{2}$ dividiert, da $2^{x-0,5} = 2^x \cdot 2^{-0,5} = 2^x : \sqrt{2}$ ist.
f) Aus dem Funktionswert wird die Quadratwurzel gezogen, da $2^{\frac{x}{2}} = (2^x)^{\frac{1}{2}} = \sqrt{2^x}$ ist.

● Zeichnen Sie den Graphen der Exponentialfunktion f: f(x) = 3^x; D_f = $\mathbb{R}$, für $-1,5 \leq x \leq 1,5$ in ein Koordinatensystem (Einheit 1 cm) und tragen Sie die Punkte T (–1 | f(–1)), R (–1 | 0), A (1,5 | 0) und P (1,5 | f(1,5)) ein.
Ermitteln Sie die Umfangslänge sowie den Flächeninhalt des Trapezes TRAP.

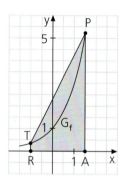

Lösung:
Wegen T (–1 | $\frac{1}{3}$) und P (1,5 | $3\sqrt{3}$) ist $\overline{TR} = \frac{1}{3}$ cm ≈ 0,33 cm, $\overline{RA}$ = 2,5 cm,
$\overline{AP} = 3\sqrt{3}$ cm ≈ 5,20 cm und $\overline{PT} = \sqrt{(-1-1,5)^2 + \left(\frac{1}{3} - 3\sqrt{3}\right)^2}$ cm ≈ 5,47 cm.
Umfangslänge: U_{TRAP} ≈ 0,33 cm + 2,50 cm + 5,20 cm + 5,47 cm = 13,50 cm
Flächeninhalt: $A_{TRAP} = \frac{\overline{TR} + \overline{AP}}{2} \cdot \overline{RA} = \frac{1 + 9\sqrt{3}}{6} \cdot 2,5$ cm² ≈ 6,91 cm²

● Finden Sie Funktionen, für die $f(x_1 + x_2) = f(x_1) \cdot f(x_2)$ in ganz D_f gilt.
● Finden Sie Funktionen, für die $f(-x) = \frac{1}{f(x)}$ für jeden zulässigen Wert von x ∈ D_f gilt.
● Für welche Werte von a ist der Graph der Exponentialfunktion f: f(x) = $(1 + a)^x$; a ∈]–1; ∞[\{0}; D_f = $\mathbb{R}$, fallend, für welche Werte von a steigend?

Aufgaben

1. Zeichnen Sie den Graphen der Exponentialfunktion f: f(x) = 2^x; D_f = $\mathbb{R}$, für $-3 \leq x \leq 3$ möglichst genau. Übertragen Sie dann die Tabelle in Ihr Heft und ergänzen Sie sie dort mithilfe Ihrer Zeichnung.

x	–0,25	–0,6	0,75			–0,5		1	–1	2,25	
f(x)				1,4	2,8		1				7,0

2. Zeichnen Sie den Graphen jeder der folgenden vier Exponentialfunktionen anhand einer Wertetabelle und kontrollieren Sie Ihre Zeichnung mit einem Funktionsplotter.
a) f: f(x) = 2^x ; D_f = $\mathbb{R}$
b) f: f(x) = $\left(\frac{1}{2}\right)^x$; D_f = $\mathbb{R}$
c) f: f(x) = $0,3^x$; D_f = $\mathbb{R}$
d) f: f(x) = $(\sqrt{3})^x$; D_f = $\mathbb{R}$
Ermitteln Sie jeweils x ∈ $\mathbb{Z}$:
(1) $2^x > 8$ (2) $\left(\frac{1}{2}\right)^x < 1$ (3) $1 < 0,3^x < 3$ (4) $0,5 < (\sqrt{3})^x \leq 3$

3. Zeichnen Sie für verschiedene Werte des Parameters a Graphen von Exponentialfunktionen f: f(x) = a^x; a ∈ $\mathbb{R}^+$\{1}; D_f = $\mathbb{R}$, in ein gemeinsames Koordinatensystem. Finden Sie Gemeinsamkeiten und Unterschiede heraus und stellen Sie Ihre Ergebnisse der Klasse vor.

3.3 Die allgemeine Exponentialfunktion

4. Finden Sie jeweils heraus und begründen Sie, wie sich bei der Exponentialfunktion f: $f(x) = \left(\frac{1}{2}\right)^x$; $D_f = \mathbb{R}$, der Funktionswert ändert, wenn man

a) x um 1 vergrößert. b) x um 2 verkleinert. c) x um 0,5 verkleinert.
d) x verdoppelt. e) x halbiert. f) x mit −1 multipliziert.

5. Finden Sie jeweils heraus und begründen Sie, wie sich bei der Exponentialfunktion f: $f(x) = a^x$; $a > 1$; $D_f = \mathbb{R}$, der Funktionswert ändert, wenn man

a) x um 1 vergrößert. b) x um 2 verkleinert. c) x um 0,5 verkleinert.
d) x verdoppelt. e) x halbiert. f) x mit −1 multipliziert.

6. Ordnen Sie jede der vier Funktionen (ihre gemeinsame Definitionsmenge ist $\mathbb{R}$) g_1 mit $g_1(x) = 2^{x+1}$, g_2 mit $g_2(x) = 2^x + 1$, g_3 mit $g_3(x) = \left(\frac{1}{2}\right)^x - 1$ und g_4 mit $g_4(x) = -2^{-x}$ einer der Abbildungen zu.

Lucas: Ich habe zunächst die Funktionsgleichung $y = 2^x$ veranschaulicht.

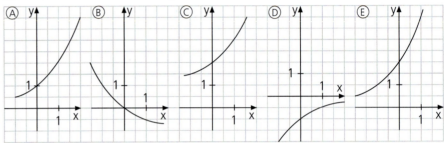

G 7. Zeichnen Sie den Graphen G_{f_1} der Funktion f_1: $f_1(x) = 0,4^x$; $D_{f_1} = \mathbb{R}$, für $-2 \leq x \leq 2,5$ in ein Koordinatensystem (Einheit 1 cm).

a) Spiegeln Sie G_{f_1} an der x-Achse. Geben Sie die Funktion f_2 an, deren Graph dieses Spiegelbild von G_{f_1} ist.

b) Spiegeln Sie G_{f_1} an der y-Achse. Geben Sie die Funktion f_3 an, deren Graph dieses Spiegelbild von G_{f_1} ist.

c) Wenn Sie G_{f_1} um 3 cm nach rechts verschieben, erhalten Sie G_{f_4}. Geben Sie den Funktionsterm $f_4(x)$ an.

d) Wenn Sie G_{f_1} um 2 cm nach links und um 1 cm nach unten verschieben, erhalten Sie G_{f_5}. Geben Sie den Funktionsterm $f_5(x)$ an.

8. Ordnen Sie jeder der fünf Funktionsgleichungen einen der sechs Funktionsgraphen zu und begründen Sie Ihre Entscheidung.

a) $y = x^2 + 1$ b) $y = 1,5^x$ c) $y = 1 - 1,5x$ d) $y = 1$ e) $y = \cos x$

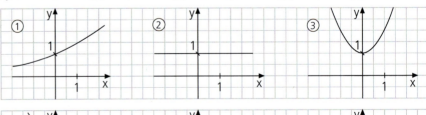

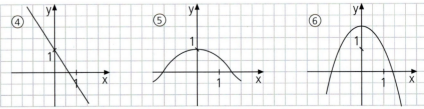

3.3 Die allgemeine Exponentialfunktion

9. Zeichnen Sie die Graphen der Funktionen f: $f(x) = 2^x$; $D_f = \mathbb{R}$, und g: $g(x) = 2^{-x}$, $D_g = \mathbb{R}$, im Bereich $-2{,}5 \leq x \leq 2{,}5$ in ein Koordinatensystem (Einheit 1 cm) und tragen Sie die Punkte V (0,5 | g(0,5)), I (2 | f(2)), E (−2 | g(−2)), R (−0,5 | f(−0,5)) sowie T (0 | 1) ein.

   a) Ermitteln Sie den Flächeninhalt A (auf cm² gerundet) sowie die Umfangslänge U (auf cm gerundet) des Vierecks VIER. Finden Sie heraus, welchen Bruchteil von A die beiden Dreiecke ETI und RVT zusammen einnehmen.

   b) Berechnen Sie die Größen der Innenwinkel des Vierecks VIER.

   c) Finden Sie mithilfe des zweiten Strahlensatzes heraus, in welchem Punkt S die Geraden VI und ER einander schneiden. Tragen Sie in Ihre Zeichnung ein Paar von Stufenwinkeln an Parallelen und ein Paar von Wechselwinkeln an Parallelen ein.

10. Wasserhyazinthen sind Pflanzen, die sich sehr schnell vermehren. Bei günstigen Umweltbedingungen vergrößert sich eine von Wasserhyazinthen bedeckte Fläche jede Woche um 40%. Zu einem bestimmten Zeitpunkt hat die von Wasserhyazinthen bedeckte Fläche die Größe 1 m².

   a) Übertragen Sie die Tabelle in Ihr Heft und ergänzen Sie sie dann dort.

Anzahl n der Wochen	0	1	2	3	4	5	6	7	8	9	10
Größe A der von Wasserhyazinthen bedeckten Fläche (in m²)	1	1,4									

   b) Beschreiben Sie das Wachstumsverhalten der Wasserhyazinthe durch einen Funktionsterm und zeichnen Sie den Funktionsgraphen.

   c) Schätzen Sie zuerst, nach wie vielen Wochen sich eine von Wasserhyazinthen bedeckte Fläche verdoppelt, und finden Sie dann die Anzahl der Wochen durch gezieltes Probieren heraus.

   d) Zu einem bestimmten Zeitpunkt ist 1 m² des Victoria-Sees (größter See Afrikas; Flächeninhalt 68 000 km²) von Wasserhyazinthen bedeckt. Finden Sie heraus, nach wie vielen Wochen der See vollständig von Wasserhyazinthen bedeckt wäre. Nach wie vielen Wochen wäre er vollständig von Wasserhyazinthen bedeckt, wenn die von Wasserhyazinthen bedeckte Fläche pro Woche nicht um 40%, sondern
   (1) nur um 30% wachsen würde?   (2) sogar um 50% wachsen würde?

11. Alfredo bereitet sich in der Küche (Raumtemperatur 20 °C) eine Tasse Kaffee (Temperatur 60 °C) zu, die er wegen eines dringenden Telefongesprächs in der Küche stehen lässt. Der Zusammenhang zwischen der Temperatur k des Kaffees (in °C) und der seit seiner Zubereitung verstrichenen Zeit (t: Anzahl der Minuten) lässt sich durch $k(t) = 20 + 40 \cdot 2^{-0{,}06t}$ mit $t \in \mathbb{R}_0^+$ beschreiben. Ermitteln Sie rechnerisch, ob Alfredos Kaffee bereits „kalt" ($k \leq 40$) ist, als er ihn nach dem Telefongespräch (Dauer 12 Minuten) endlich trinken möchte.

W1 Welche Bedingungen müssen die Parameter m und t erfüllen, damit die Gerade g: y = mx + t durch den I., den II. und den IV. Quadranten verläuft?

W2 Welche Bedingungen müssen die Parameter m und t erfüllen, damit die Gerade g: y = mx + t durch den II., den III. und den IV. Quadranten verläuft?

W3 Welche Bedingungen müssen die Parameter a ≠ 0 und c erfüllen, damit die Parabel P mit der Gleichung y = ax² + c durch alle vier Quadranten verläuft?

x, y, z ∈ $\mathbb{R}^+$:
$(x^{0{,}5} : x^{1{,}5})^3 = ?$
$y^{0{,}75} : y = 16$; y = ?
$(z^{0{,}25})^3 = 8$; z = ?

3.4 Der Logarithmus

Laura: „Ich weiß jetzt, wie man das Alter der Gletschermumie ‚Ötzi' herausgefunden hat: Zur Bestimmung des Alters von organischen Substanzen (z. B. Holz, Knochen) verwenden Archäologen oft die C-14-Methode.
C 14 ist eine radioaktive Form des Kohlenstoffs, die mit einer Halbwertszeit t_H von etwa 5 730 Jahren zerfällt; dies bedeutet, dass innerhalb von 5 730 Jahren die Hälfte des zunächst vorhandenen C 14 in nicht radioaktiven Stickstoff N 14 umgewandelt wird. Ein totes Stück Holz oder ein ‚toter Knochen' nimmt aber kein neues C 14 mehr auf; also kann man aus dem noch vorhandenen C-14-Rest auf das Alter schließen.
Die Funktionsgleichung $m(t) = m_0 \cdot 0{,}5^{\frac{t}{t_H}}$ beschreibt die Abnahme der
C-14-Menge m. Da man weiß, dass bei ‚Ötzi' die C-14-Menge nur noch 53,3% der ursprünglichen Menge m_0 beträgt, kann man das Alter von ‚Ötzi' herausfinden."

Arbeitsaufträge
- Ermitteln Sie aus diesen Angaben ohne weitere Rechnung das ungefähre Alter von „Ötzi".
- Finden Sie heraus, welcher Denkfehler der Aussage „Die C-14-Menge sinkt nach jeweils 57,3 Jahren um 0,5%." zugrunde liegen könnte.
- Lösen Sie mithilfe Ihres Taschenrechners durch gezieltes Probieren die Gleichung $0{,}5^x = 0{,}533$ und finden Sie dann heraus, etwa wie viel Jahre seit „Ötzis" Tod vergangen sind.

Das Wort „Logarithmus" stammt von John Napier.

Die Lösung der Gleichung $b^x = p$; $b \in \mathbb{R}^+\setminus\{1\}$; $p \in \mathbb{R}^+$, über $G = \mathbb{R}$ ist $x = \log_b p$, gelesen „x ist gleich dem **Logarithmus von p zur Basis b**".
Beispiele: $\quad 10^x = 5$; $x = \log_{10} 5 \qquad 2^x = 18$; $x = \log_2 18$
$\log_b p$ ist also derjenige Exponent, mit dem man b potenzieren muss, um p zu erhalten:
$p = b^{\log_b p}$
Beispiele: $\quad 10^{\log_{10} 5} = 5 \qquad\qquad 2^{\log_2 18} = 18$
Das Logarithmieren zur Basis b ist eine Umkehrung des Potenzierens der Basis b.
Allgemein:
$\log_b(b^x) = x \qquad b^{\log_b y} = y \qquad b \in \mathbb{R}^+\setminus\{1\}; x \in \mathbb{R}; y \in \mathbb{R}^+$
Sonderfälle:
$\log_b 1 = 0 \qquad \log_b b = 1 \qquad b \in \mathbb{R}^+\setminus\{1\}$
Hinweis: Anstelle von $\log_{10} x$ schreibt man häufig log x oder lg x.

Beispiele
- Berechnen Sie die Werte der Terme $\log_3 81$, $\log_{0{,}5} 0{,}25$ und $\log_2 0{,}125$ und erklären Sie Ihren Gedankengang.
  Lösung: $\log_3 81 = 4$, da $3^4 = 81$ ist.
  $\qquad \log_{0{,}5} 0{,}25 = 2$, da $0{,}5^2 = 0{,}25$ ist.
  $\qquad \log_2 0{,}125 = -3$, da $2^{-3} = \frac{1}{8} = 0{,}125$ ist.

Gregor: Die TR-Taste heißt statt ‚$\log_{10}$' kurz ‚log'.
Laura: Auf meinem Rechner steht ‚lg' statt ‚log'.

- Geben Sie $\log_{10} 70$, $\log_{10} 700$, log 0,5 und log 0,05 mithilfe Ihres Taschenrechners auf Tausendstel gerundet an und machen Sie jeweils die Probe. Was fällt Ihnen auf?
  Lösung:
  $\log_{10} 70 \approx 1{,}845$; $\log_{10} 700 \approx 2{,}845$; Probe: $10^{1{,}845} \approx 70{,}0$, $10^{2{,}845} \approx 700$ ✓
  Die Ziffernfolge nach dem Komma ist bei $\log_{10} 70$ und $\log_{10} 700$ die gleiche.
  log 0,5 ≈ −0,301; log 0,05 ≈ −1,301; $10^{-0{,}301} \approx 0{,}500$; $10^{-1{,}301} \approx 0{,}0500$ ✓
  Die Ziffernfolge nach dem Komma ist bei log 0,5 und log 0,05 die gleiche.

3.4 Der Logarithmus

- Finden Sie heraus, bei welchen (positiven) reellen Zahlen der Logarithmus einen negativen Wert besitzt.
- Warum schließt man die Zahl 1 als Basis aus?

Aufgaben

1. Berechnen Sie die Termwerte jeweils im Kopf.

a) 2^5 $\log_2 32$ $\log_2 64$ $\log_4 64$ $\log_8 64$

b) $81^{\frac{1}{4}}$ $\log_9 27$ $\log_9 81$ $\log_3 27$ $\log_3 243$

c) 4^2 $\log_4 16$ $\log_2 16$ $\log_{16} 16$ $\log_{16} 256$

d) $\log 10$ $\log 1\,000$ $\log(10^7)$ $\log 0{,}01$ $\log \sqrt{10}$

e) $\log_2(2^4)$ $\log_2(4^3)$ $\log_2 \sqrt{2}$ $\log_2 1\,024$ $\log_2 \sqrt[3]{8}$

f) $\log_{0{,}1} 0{,}01$ $\log_{0{,}5} 2$ $\log_{0{,}4} 0{,}16$ $\log_{0{,}125} 8$ $\log_8 (64^2)$

g) $k \in \mathbb{N}\setminus\{1\}$: $\log_k(k^3)$ $\log_{k^3} k$ $\log_{\sqrt{k}}(k^3)$ $\log_{k^2} k$

$-2; -1; \frac{1}{3}; 0{,}5; 1;$
$1{,}5; 2; 3; 4; 5; 6; 7;$
$10; 16; 32$
Lösungen zu 1. **L**

2. Ermitteln Sie jeweils die Lösungsmenge über der Grundmenge $\mathbb{R}^+\setminus\{1\}$.

a) $\log_x 9 = 2$ $\log_x 64 = 3$ $\log_x 2 = 9$ $\log_x 0{,}25 = -2$

b) $\log_y 625 = 4$ $\log_y 2 = 2$ $\log_y 7 = 8$ $\log_y 8 = -3$

c) $\log_2 x = 3$ $\log_3 x = 2$ $\log_7 x = 1$ $\log_9 x = 4$

d) $2^x = 32$ $\log_2 32 = y$ $\log_z 32 = 5$ $\log_2 w = 10$

e) $3^x = 81^2$ $\log_5 625 = y$ $\log_z 625 = 2$ $\log_3 w = 5$

f) $\log_2(x^2) = 4$ $\log_3 |y - 3| = 3$ $\log z = 2{,}5$ $\log(\log w) = 0$

g) $5^{4x-7} = 125$ $4^{3x+5} = 16$ $|\log_3 x| = 1$ $\log_3(4x+1) = 2$

$\frac{1}{3}; 0{,}5; \sqrt[9]{2}; \sqrt[8]{7}; \sqrt{2};$
$2; 2{,}5; 3; 4; 5; 7; 8; 9;$
$10; 25; 30; 100\sqrt{10};$
$243; 1\,024; 6\,561$
Lösungen zu 2. **L**

3. Übertragen Sie die Tabelle in Ihr Heft, ergänzen Sie sie dann dort und zeichnen Sie den Graphen G_f der Funktion $f: f(x) = \log x$; $D_f = \mathbb{R}^+$, für $0 < x < 16$.

x	0,01	0,1	0,5	1	$\sqrt{10}$	5	$2\sqrt{10}$	8	10	12
log x	−2									

Ermitteln Sie anhand von G_f die Lösungsmengen L über der Grundmenge $\mathbb{R}^+$.

a) $\log x > 1$ b) $\log x \leq 0{,}5$ c) $1 \leq \log x \leq 1{,}2$ d) $\log x > -1$

e) $\log x > 0$ f) $\log x < -2$ g) $-2 \leq \log x < 1$ h) $\log x < \log(2x)$

i) $\log x < (\log x)^2$ j) $\log x > 2 - \log x$ k) $\log(x^2) > 1$ l) $(\log x)^2 > 1$

4. Ermitteln Sie jeweils den Wert der Summe $x + y + z$.

a) I $\log_2(\log_2 x) = 1$ II $\log_3(\log_2 y) = 1$ III $\log_2(\log_3 z) = 1$

b) I $\log_2[\log_3(\log_4 x)] = 0$ II $\log_2[\log_4(\log_3 y)] = 0$ III $\log_3[\log_2(\log_4 z)] = 0$

Lucas' Ergebnisse:
a) $x + y + z = 21$
b) $x + y + z = 161$
Hat er Recht?

5. a) Die Anzahl der Bakterien in einer Kultur verdoppelt sich stündlich. Finden Sie heraus, nach welcher Zeit sie sich verzehnfacht hat.

b) Eine Bakterienkultur der Masse 10,0 mg verdoppelt ihre Masse jeweils in 80 Minuten. Nach wie viel Stunden hat die Masse auf das 100-Fache zugenommen?

c) Jeweils nach wie viel Minuten teilen sich Bakterien, deren Anzahl nach einer Stunde um 60% zugenommen hat?

W1 Welche Lösungsmenge hat die Gleichung $|2x + 15| = 18$ über der Grundmenge $\mathbb{R}$?

W2 Welchen Flächeninhalt besitzt ein Dreieck ABC mit $a = b = 8$ cm und $c = 12$ cm?

W3 Welchen Oberflächeninhalt besitzt eine Kugel der Radiuslänge 6 cm?

$x \in \mathbb{R}$:
$x(x+6) = 0; x = ?$
$\frac{x+1}{x^2+1} = 0; x = ?$
$\sin x = 0; x = ?$

Spiralen

In der Mathematik versteht man unter einer **Spirale** eine ebene Kurve, die aus unendlich vielen Windungen um einen festen Punkt besteht, wobei die Entfernung von diesem Punkt gesetzmäßig von Windung zu Windung entweder immer kleiner oder immer größer wird.

„Spiralen" in der Natur

„Spiralen" treten sowohl in der belebten wie auch in der unbelebten Natur in vielfältiger Form auf.

1. Nehmen Sie einen Tannenzapfen (eine Sonnenblume, eine Ananas) und zählen Sie, wie viele „Spiralen" im Uhrzeigersinn und wie viele im Gegensinn des Uhrzeigers verlaufen. Überprüfen Sie, ob diese Anzahlen der *Fibonacci*-Zahlenfolge (1; 1; 2; 3; 5; 8; 13; 21; 34 …) angehören.

„Spiralen" in der Kunst

Geigenschnecke   H. Voth: „Goldene Spirale" (Bauwerk in der marokkanischen Wüste)   M. C. Escher: „Draaikolken" („Drehstrudel")

„Spiralen" im Alltag und in der Technik

Spiralen

Spiralen in der Mathematik

Polarkoordinaten

Zur Angabe der Lage von Punkten benutzen wir i. Allg. ein kartesisches Koordinatensystem. Man kann die Lage eines Punkts (in der Zeichenebene) aber auch durch **Polarkoordinaten** beschreiben. In einem **Polarkoordinatensystem** sind der **Pol O** und die **Polarachse** festgelegt. Die Lage eines Punkts P wird dann durch seine **Entfernung** r vom Pol und die Größe des **Polarwinkels** φ zwischen der Polarachse und dem Strahl [OP, also durch seine **Polarkoordinaten**, angegeben: **P (r | φ)**. Manche Kurven lassen sich durch Gleichungen in Polarkoordinaten besonders einfach beschreiben.

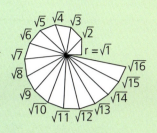

Die „Wurzelspirale"

2. Zeichnen Sie ein Polarkoordinatensystem in Ihr Heft und tragen Sie die Punkte V (2 | 45°), E (3 | 135°), N (4 | 270°), U (1 | 90°) und S (3 | 30°) ein. Ermitteln Sie die kartesischen Koordinaten dieser fünf Punkte (positive x-Achse ist die Polarachse).

3. Zeichnen Sie ein kartesisches Koordinatensystem in Ihr Heft und tragen Sie die Punkte M (3 | 4), A (0 | –4), R (–2 | 2) und S (4 | –1) ein. Ermitteln Sie die Polarkoordinaten dieser vier Punkte (Polarachse ist die positive x-Achse).

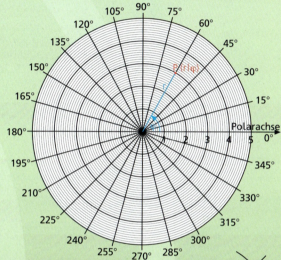

Die archimedische Spirale

Archimedes hat die nach ihm benannte Spirale in einem seiner Werke folgendermaßen beschrieben:
Wenn ein Strahl sich innerhalb einer Ebene um seinen Anfangspunkt O mit gleichbleibender Geschwindigkeit dreht, gleichzeitig aber ein Punkt sich auf diesem Strahl mit gleichbleibender Geschwindigkeit von O wegbewegt, so wird dieser Punkt eine Spirale beschreiben.

4. Übertragen Sie die Tabelle in Ihr Heft, ergänzen Sie sie dann dort und zeichnen Sie die archimedische Spirale S_A mit der Gleichung r = 0,1 · φ.

φ (in °)	0	30	45	60	90	120	150	180	225	270	315	360	390
r (in mm)	0	3,0											

Gleichung der archimedischen Spirale:
r = a · φ (a > 0)

Finden Sie heraus, nach etwa wie vielen Windungen der Spiralpunkt 10 cm (20 cm) von O entfernt ist.

Die logarithmische Spirale

Bei der logarithmischen Spirale wächst r exponentiell mit dem Polarwinkel φ, bei gleicher Größe der Winkeldifferenz also immer um den gleichen Faktor.

5. Zeichnen Sie ein Polarkoordinatensystem (Einheit 1 cm) in Ihr Heft und tragen Sie die logarithmischen Spiralen mit den Gleichungen
  (1) r = 1,1$^\varphi$ und   (2) r = 2,2$^\varphi$
  ($\varphi \geq 0$; φ im Bogenmaß) ein.
  Vergleichen Sie diese beiden Spiralen.

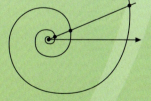

Gleichung der logarithmischen Spirale:
r = a · q$^\varphi$ (a > 0; q > 1; φ im Bogenmaß)

3.5 Rechenregeln für Logarithmen

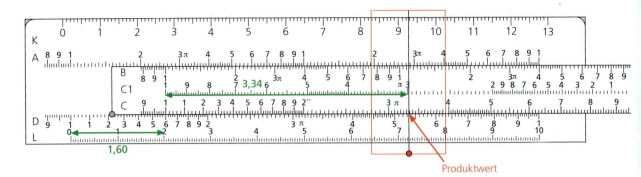

Vor der Verbreitung von elektronischen Taschenrechnern waren **Rechenschieber** viel verwendete Rechenhilfen. Die Abbildung zeigt ein Exemplar, das gerade für die Multiplikation 1,60 · 3,34 = … eingestellt ist. Dazu wurde an der Marke 1,60 von Skala D die Startmarke 1 von Skala C angelegt; die Zahl 3,34 auf der Skala C zeigt auf der Skala D den (gerundeten) Produktwert 5,34 an: Es wurden also zwei Zahlen miteinander **multipliziert**, indem man zwei „Strecken" (die Doppelpfeile in der Abbildung) **additiv** aneinanderfügte.

Arbeitsaufträge

- Vergleichen Sie die Zehnerlogarithmen von 2 und 3 und 6 (von 3 und 7 und 21). Formulieren Sie eine Vermutung und überprüfen Sie diese Vermutung anhand von selbstgewählten Beispielen.

- Vergleichen Sie die Zehnerlogarithmen von 2; 4; 8; 16; 32. Was fällt Ihnen auf? Formulieren Sie eine Vermutung und überprüfen Sie diese Vermutung anhand von selbstgewählten Beispielen.

Begründung der Rechenregel für die Multiplikation:
$\log_b p = x$; $p = b^x$;
$\log_b q = y$; $q = b^y$;
$pq = b^x \cdot b^y = b^{x+y}$;
$\log_b (pq) = x + y$;
$\log_b (pq) = \log_b p + \log_b q$

Für das Rechnen mit Logarithmen gelten die folgenden Regeln
($a, b \in \mathbb{R}^+ \setminus \{1\}$; $p, q \in \mathbb{R}^+$; $r \in \mathbb{R}$):

- **$\log_b (pq) = \log_b p + \log_b q$**   (Logarithmus eines Produkts)
- **$\log_b \left(\dfrac{p}{q}\right) = \log_b p - \log_b q$**   (Logarithmus eines Quotienten)
- **$\log_b (p^r) = r \log_b p$**   (Logarithmus einer Potenz)
- **$\log_a p = \dfrac{\log_b p}{\log_b a}$**   (Wechsel der Basis)

Beispiele

- Begründen Sie die Rechenregel für die Division: $\log_b \left(\dfrac{p}{q}\right) = \log_b p - \log_b q$.
  Lösung:
  $\log_b p = x$; $p = b^x$; $\log_b q = y$; $q = b^y$;
  $\dfrac{p}{q} = b^x : b^y = b^{x-y}$;
  $\log_b \left(\dfrac{p}{q}\right) = x - y$; $\log_b \left(\dfrac{p}{q}\right) = \log_b p - \log_b q$

- Wenden Sie auf die Terme $\log_2 (ab)$, $\log_3 (9a^4)$, $\log (1\,000 \cdot \sqrt[5]{a^2})$ und $\log \left(\dfrac{a^6}{\sqrt[3]{b}}\right)$ mit $a, b \in \mathbb{R}^+$ die Rechenregeln für Logarithmen an.
  Lösung:
  $\log_2 (ab) = \log_2 a + \log_2 b$; $\log_3 (9a^4) = \log_3 9 + \log_3 (a^4) = 2 + 4 \log_3 a$
  $\log (1\,000 \cdot \sqrt[5]{a^2}) = \log 1\,000 + \log \left(a^{\frac{2}{5}}\right) = 3 + \dfrac{2}{5} \log a$
  $\log \left(\dfrac{a^6}{\sqrt[3]{b}}\right) = \log (a^6) - \log \sqrt[3]{b} = 6 \log a - \dfrac{1}{3} \log b$

3.5 Rechenregeln für Logarithmen

- Vereinfachen Sie die Terme
  a) $\log_2 6 - \log_2 48$ und   b) $\log\sqrt{250} - \log\sqrt{2} + 0{,}5 \log 8$.

  Lösung:
  a) $\log_2 6 - \log_2 48 = \log_2\left(\frac{6}{48}\right) = \log_2\left(\frac{1}{8}\right) = \log_2(2^{-3}) = -3$

  b) $\log\sqrt{250} - \log\sqrt{2} + 0{,}5 \log 8 = \log\left(\frac{\sqrt{250}}{\sqrt{2}} \cdot \sqrt{8}\right) = \log\sqrt{1\,000} = \log\left(10^{\frac{3}{2}}\right) = 1{,}5$

- Bei exponentiellen Zerfallsprozessen kann man ermitteln, innerhalb welcher Zeitspanne sich der Bestand jeweils halbiert. Diese Zeit heißt **Halbwertszeit**. Berechnen Sie jeweils die Halbwertszeit, wenn der Zerfallsprozess durch
  a) $y = 4 \cdot 0{,}8^x$ $(x \geq 0)$ b) $y = a \cdot b^x$ $(a > 0;\ 0 < b < 1;\ x \geq 0)$ beschrieben wird.

  Lösung:

  a) $y = 4 \cdot 0{,}8^x$;
  $4 \cdot 0{,}8^x = 4 : 2;\ |:4$
  $0{,}8^x = 0{,}5;\ |$ logarithmieren
  $x \cdot \log 0{,}8 = \log 0{,}5;\ |: \log 0{,}8$
  $x = \frac{\log 0{,}5}{\log 0{,}8} \approx 3{,}1$

  b) $y = a \cdot b^x$;
  $a \cdot b^x = \frac{a}{2};\ |: a$
  $b^x = \frac{1}{2};\ |$ logarithmieren
  $x \cdot \log b = \log 0{,}5;\ |: \log b$
  $x = \frac{\log 0{,}5}{\log b} \approx -\frac{0{,}301}{\log b}$

  Die Halbwertszeit t_H beträgt etwa 3,1 bzw. $\frac{\log 0{,}5}{\log b}$ Zeiteinheiten.

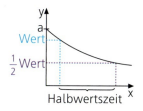

- Auf welche der Rechenregeln für Logarithmen stützt sich die im Einführungsbeispiel vorgestellte Multiplikation mithilfe des Rechenschiebers?
- Wenn $b^x = 0{,}5$ ist, ist sowohl $x = \log_b 0{,}5$ (I) wie auch $x = \frac{\log 0{,}5}{\log b}$ (II). Welche Darstellung ist im Allgemeinen günstiger?

Aufgaben

1. Wenden Sie auf die Terme die Rechenregeln für Logarithmen an ($a, b, c \in \mathbb{R}^+\setminus\{1\}$).
   a) $\log_2(ab^2)$ $\log_a\left(\frac{a^2}{c}\right)$ $\log_b\sqrt{2b}$ $\log_{10}(10b^4)$ $\log_2(4b^8)$
   b) $\log_5[(5ab)^2]$ $\log_c(2c + ac)$ $\log_b(b^3 \cdot \sqrt{2})$ $\log(0{,}1ab^2)$ $\log_5(5^9)$
   c) $\log_2\sqrt[4]{16c}$ $\log_3[(3a + 3)^2]$ $\log_a[\log(10a)]$ $\log_2[\log_a(a^4)]$ $\log[\log(\log_2 1\,024)]$
   d) $\log_{27}(3b)$ $\log_4\sqrt[3]{4ab}$ $\log_a\left(\frac{16a}{b^3}\right)$ $\log_3(27a^5b^2)$ $\log(\log_3 3)$

2. Fassen Sie die Terme jeweils zu einem einzigen Logarithmus zusammen ($a, b \in \mathbb{R}^+$).
   a) $\log_2 a + \log_2 b$ $\log_2 3 - \log_2 b + \log_2 a$ $\log_2 8 + 2\log_2 a - 3\log_2(2a^2)$
   b) $3\log a + 10\log b$ $4\log a + \log(a^2) - 2\log(a^3)$ $\log_3\left(\frac{4}{5}\right) - \log_3\left(\frac{4}{7}\right) + \log_3 105$
   c) $\log_2 a - \log_2 b$ $\log_2 a + \log_2\left(\frac{1}{a}\right)$ $\log_2 a - \log_2\left(\frac{1}{a}\right)$

3. Finden Sie heraus, welche der folgenden acht Aussagen falsch sind, und stellen Sie die falschen Aussagen richtig.
   a) $\log_5 10 = 1 + \log_5 2$ b) $\log_3 45 - \log_3 5 > 3$ c) $\log_4 40 = 2 + \log_4 2{,}5$
   d) $\log_2 6 - \log_2 1{,}5 + \log_2 2 = 8$ e) $4\log_2 4 = 16$ f) $\log_5 12{,}5 + \log_5 10 = 3$
   g) $\log_3\sqrt[3]{27} + \log_3 6 - \log_3 1 = 3\log_3 2$ h) $\log_5 35 + \log_5 1 + \log_5 5 = 1 + \log_5 21$

4. Finden Sie jeweils heraus, zwischen welchen benachbarten ganzen Zahlen der Wert des Logarithmus liegt. Geben Sie eine Begründung an.
   a) $\log 15$ $\log 150$ $\log 6$ $\log 0{,}07$ $\log 12{,}5$ $\log 12\,000$ $\log 0{,}0001$
   b) $\log_2 15$ $\log_2 150$ $\log_2 6$ $\log_2 0{,}6$ $\log_2 12{,}5$ $\log_5 1\,000$ $\log_2 500$
   c) $\log_3 15$ $\log_3 150$ $\log_3 6$ $\log_2 0{,}3$ $\log_3 28$ $\log_3 700$ $\log_3 0{,}1$

3.5 Rechenregeln für Logarithmen

G 5. Finden Sie durch Überlegen heraus, welches der drei Zeichen < , = bzw. > anstelle des Platzhalters □ stehen muss, damit eine wahre Aussage entsteht.
  a) $\log_2 4$ □ $\log_3 9$
  b) $\log 10$ □ $\log_2 10$
  c) $\log_2 10$ □ $\log_3 10$
  d) $\log_5 125$ □ $\log_3 27$
  e) $\log_5 35$ □ $\log_3 35$
  f) $\log_6 108$ □ $\log_2 12$
  g) $\log 1\,000$ □ $\log_2 16$
  h) $1 + \log_2 8$ □ $\log_2 32$
  i) $(\log_2 2)^2$ □ $(\log_4 4)^4$

6. Ermitteln Sie unter Verwendung des Näherungswerts $\log_5 7 \approx 1{,}21$ einen Näherungswert für
  a) $\log_5 35$. b) $\log_5\left(\frac{1}{7}\right)$. c) $\log_5 1{,}4$. d) $\log_5 175$. e) $\log_5 49$. f) $\log_5 \sqrt{7}$.

7. Begründen Sie, dass für $b \in \mathbb{R}^+ \setminus \{1\}$; $p \in \mathbb{R}^+$; $r \in \mathbb{R}$ stets $\log_b(p^r) = r \cdot \log_b p$ gilt.

G 8. Leiten Sie einen Zusammenhang zwischen $\log_b a$ und $\log_b\left(\frac{1}{a}\right)$ ($a \in \mathbb{R}^+$; $b \in \mathbb{R}^+ \setminus \{1\}$) her. Begründen Sie, warum man sich bei der Erstellung von Tabellenwerken („Logarithmentafeln"), in denen früher Logarithmenwerte nachgeschlagen wurden, auf die Logarithmen von Zahlen größer als 1 beschränken konnte.

9. a) Lucas und Laura lösen beide die Gleichung $b^x = y$ nach x auf.
  Lucas: $b^x = y$;   Laura: $b^x = y$
  $x = \log_b y$ (1) $x \log_{10} b = \log_{10} y$; $| : \log_{10} b$
  $x = \dfrac{\log_{10} y}{\log_{10} b}$ (2)

Erklären Sie Ihrem Nachbarn/Ihrer Nachbarin die beiden Vorgehensweisen und geben Sie an, was man aus (1) zusammen mit (2) folgern kann.

b) Leiten Sie unter Verwendung der Vorgehensweise bei Teilaufgabe a) her, dass für $a, b \in \mathbb{R}^+ \setminus \{1\}$ und $p \in \mathbb{R}^+$ stets $\log_b p = \dfrac{\log_a p}{\log_a b}$ ist.

c) Berechnen Sie die Termwerte auf Tausendstel gerundet.
  $\log_2 10$ $\log_3 10$ $\log_2 18$ $\log_3 18$ $\log_2 100$ $\log_3 100$ $\log_5 8$

> 1,292; 2,096; 2,631; 3,322; 4,170; 4,192; 6,644
> *Termwerte zu 9. c)* **L**

10. Ermitteln Sie ohne Verwendung des Taschenrechners den Wert des Terms
$$\log\left(1 + \frac{1}{1}\right) + \log\left(1 + \frac{1}{2}\right) + \log\left(1 + \frac{1}{3}\right) + \ldots + \log\left(1 + \frac{1}{99}\right)$$
möglichst geschickt.

11. Geben Sie jeweils unter der Voraussetzung $\log_3(x + y) = 2$ den Termwert an.
  a) $\log_3(x^2 + 2xy + y^2)$ b) $\log_3\sqrt{x + y}$ c) $\log_3 \dfrac{1}{x+y}$ d) $x + y$ e) $(x + y)^{x+y}$

G 12. Anzahl der Stellen einer natürlichen Zahl

a) Finden Sie heraus, was die Logarithmenwerte aller Zahlen zwischen 100 und 1 000 gemeinsam haben.

b) Geben Sie Gemeinsamkeiten aller fünf- (sechs-, fünfzehn-)stelligen Zahlen an. Bestätigen Sie die Allgemeingültigkeit Ihrer Aussage, indem Sie die Zahlen in wissenschaftlicher Notation darstellen.

> $345\,678 =$
> $3{,}45678 \cdot 10^5$

c) Finden Sie mithilfe von Teilaufgabe b) heraus, jeweils wie viele Ziffern die Werte der Potenzen 22^{22}, 55^{55}, 99^{99} bzw. $(99^{99})^{99}$ besitzen.

d) Überprüfen Sie, ob die in der Pressemeldung angegebene Anzahl der Stellen der derzeit größten Primzahl richtig sein kann.

> **2 hoch 30 402 457 minus 1**
> Zwei amerikanische Professoren haben die bisher größte Primzahl entdeckt. Sie hat 9 152 052 Stellen, wie das Internet-Primzahlen-projekt GIMPS (Great Internet Mersenne Prime Search) in Orlando (Florida) berichtet.

3.5 Rechenregeln für Logarithmen

e) Im Jahr 1999 schrieb die **E**lectronic **F**rontier **F**oundation (EFF) ein Preisgeld in Höhe von 250 000 $ für die erste Primzahl mit mehr als einer Milliarde Ziffern aus. Dabei suchte man vor allem sogenannte Mersenne-Primzahlen; das sind Primzahlen, die sich in der Form $2^n - 1$ ($n \in \mathbb{N}$) schreiben lassen.
  (1) Geben Sie mindestens vier Mersenne-Primzahlen an.
  (2) Berechnen Sie, wie groß n mindestens sein muss, um mit der zugehörigen Mersenne-Primzahl das Preisgeld von 250 000 $ zu gewinnen.

13. Berechnen Sie jeweils die Halbwertszeit (in Zeiteinheiten) auf zwei Dezimalen gerundet.
  a) $y = 4 \cdot 0{,}5^x$ b) $y = 20 \cdot 0{,}9^x$ c) $y = 8 \cdot 0{,}06^x$ d) $y = 100 \cdot 0{,}75^x$

> 0,25; 1,00; 2,41; 6,58
> *Maßzahlen zu 13.* **L**

14. Die Halbwertszeit des radioaktiven Kohlenstoffisotops C 14 beträgt etwa 5 730 Jahre. Übertragen Sie die Tabelle in Ihr Heft und ergänzen Sie sie dann dort.

Anzahl der Halbwertsperioden	0	1	2	3	4
Anzahl der Jahre	0	5 730			
Anteil des verbleibenden C 14	1 = 100%				

Zeichnen Sie mithilfe der Tabelle einen Funktionsgraphen G.
  a) Bei einer Ausgrabung wurde ein Fossil gefunden, das nur noch 20% der ursprünglichen C-14-Menge enthielt. Bestimmen Sie mithilfe des Graphen G das ungefähre Alter des Fossils graphisch.
  Geben Sie einen Funktionsterm an, mit dem man den Anteil des verbleibenden C 14 nach n Halbwertsperioden berechnen kann, und berechnen Sie dann das Alter des Fossils auf Jahrtausende gerundet.
  b) Berechnen Sie mithilfe der Gleichung $0{,}5^x = 0{,}533$ die Zeitdauer seit „Ötzis" Tod (vgl. das Einführungsbeispiel zu Unterkapitel 3.4) auf Jahrhunderte gerundet.
  c) Vor wie vielen Jahrhunderten hat der ägyptische König Tutanchamun gelebt, wenn seine Mumie jetzt noch 67% des ursprünglichen C-14-Anteils enthält?

15. Bei dem großen Reaktorunfall 1986 in Tschernobyl wurden u. a. radioaktives Jod 131 und radioaktives Caesium 137 freigesetzt.
  a) Die Masse des radioaktiven Jods 131 nimmt pro Tag um 8,3% ab. Berechnen Sie die Halbwertszeit von Jod 131 und ermitteln Sie, wie viel Milligramm Jod 131 nach 120 Tagen von jedem ursprünglich freigesetzten Kilogramm Jod 131 noch vorhanden waren.
  b) Caesium 137 hat eine Halbwertszeit von 33 Jahren. Finden Sie heraus, wie viel Prozent der anfangs vorhandenen Menge Caesium 137 nach zehn (zwanzig, dreißig, hundert) Jahren noch vorhanden waren (bzw. sein werden).

W1 Welche Breite x cm hat der Kreisring, wenn alle vier Teilflächen den gleichen Flächeninhalt haben?
W2 Welche ganzzahligen Werte kann der Parameter b annehmen, wenn die quadratische Gleichung $x^2 + bx + 2\,010 = 0$ keine reelle(n) Lösung(en) besitzen soll?
W3 Welchen Wert hat cos x, wenn sin x = 0,3 und $\frac{\pi}{2} \leq x \leq \pi$ ist?

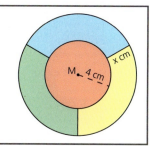

$x \in \mathbb{Z}$:
$x^2 - 361 = 0$; x = ?
$x^2 - 4x + 3 = 0$; x = ?
$x^2 + 5x - 6 = 0$; x = ?

Skalen

Vor etwa ... Jahren	2 Millionen	50 Millionen	100 Millionen	200 Millionen	500 Millionen	3 Milliarden	4,6 Milliarden
entstand(en)	die ersten Menschen	die ersten Säugetiere	die ersten Vögel	die ersten Dinosaurier	die ersten Fische	die ersten Lebewesen	die Erde

Laura und Lucas haben die Erdgeschichte auf einem langen Papierstreifen maßstäblich dargestellt; dabei sollten 5 Milliarden Jahre 10 m entsprechen.

1. Berechnen Sie, in welcher Entfernung vom linken Ende („Heute") des Streifens Laura und Lucas die Markierungen für die in der Tabelle genannten sieben Ereignisse anbringen mussten, und erstellen Sie eine Skala zur Erdgeschichte.

Auf einer **Zahlengeraden** sind die Abstände zwischen den Bildpunkten **benachbarter ganzer Zahlen** stets **gleich groß**:

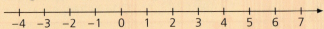

Gregor und Sophie haben die Daten zur Erdgeschichte auf einer **logarithmischen Skala** dargestellt:

Bei **logarithmischen Skalen** sind die Abstände zwischen den Bildpunkten **benachbarter Zehnerpotenzen** stets **gleich groß**:

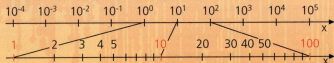

2. Finden Sie heraus, von welchen Zahlen x die Bildpunkte auf der logarithmischen Skala markiert sind:

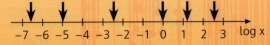

3. Zeichnen Sie eine logarithmische Skala in Ihr Heft und tragen Sie dann dort zunächst die Bildpunkte

   a) der Zahlen 1 und 10 und 100 und dann diejenigen der Zahlen 20; 30; 40; ... und 90 ein.

   b) der Zahlen 1 und 10 und 100 und 1 000 und dann diejenigen der Zahlen 1,5; 37; 95; 150 und 400 ein.

Ein x-y-Koordinatensystem mit genau einer logarithmisch geteilten Achse heißt einfachlogarithmisch oder **halblogarithmisch**.

4. Zeichnen Sie in ein Koordinatensystem, dessen x-Achse eine lineare und dessen y-Achse eine logarithmische Skala aufweist, die Graphen der Funktionen $f_1, f_2, \ldots$ und f_5 mit $f_1(x) = 2^x$, $f_2(x) = 0,5^x$, $f_3(x) = 3^x$, $f_4(x) = 5^x$ bzw. $f_5(x) = 10^x$; $D_{f_{1,2,3,4,5}} = \mathbb{R}$, ein. Was fällt Ihnen auf?

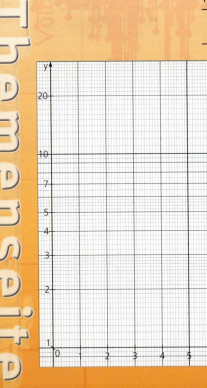

Skalen

Erdbeben

1935 entwickelte der amerikanische Geophysiker und Seismologe Charles Francis Richter (1900 bis 1985) ein Verfahren zur Bewertung der Stärke S von **Erdbeben**. Die nach ihm benannte **Richter-Skala** ist nicht linear, sondern logarithmisch zur Basis 10: Die jeweils nächsthöhere Stufe („Magnitude") entspricht einer 10-mal so großen Erdbebenintensität.

$S = \log \frac{I}{I_0}$

I: Intensität, die mit dem Seismographen gemessen wird
I_0: minimale, gerade noch wahrnehmbare Intensität

	Richter-Skala
1	Nur mit Instrumenten nachweisbar
2	Freihängende Lampen schwingen leicht
3	Aneinanderstehende Gläser und Tassen klirren
4	Erschütterungen wie von einem fahrenden Zug
5	Erschütterungen, die aus dem Schlaf aufwachen lassen; Risse im Putz; Bäume schwanken
6	Leicht gebaute Häuser werden beschädigt
7	Sehr starke Erschütterungen; leicht gebaute Häuser stürzen ein
8	Erdrutsche; viele Bauwerke stürzen ein
9	Fundamente verschieben sich
10	Risse im Erdboden; die meisten Gebäude werden zerstört

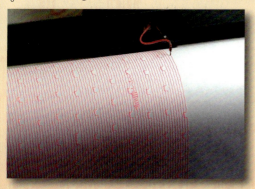

Seismograph

5. Das Erdbeben, das sich im Jahr 1971 in Los Angeles ereignete, hatte eine Intensität I von etwa 5 Mio. $I_0 \approx 10^{6,7} \cdot I_0$. Welche Stärke hatte es auf der Richter-Skala?

6. Das Erdbeben von 1906 in San Francisco hatte die Stärke 8,3, das Erdbeben vom November 2007 in Nordchile hatte die Stärke 7,7 auf der Richter-Skala. Finden Sie heraus, wievielmal so groß die Intensität des Erdbebens in San Francisco war.

7. Gestalten Sie eine Posterpräsentation zum Thema *Erdbeben*.

Das Nomogramm zeigt, dass ein Erdbeben der Stärke 5,0 auf der Richter-Skala in etwa 120 Meilen Entfernung von seinem Epizentrum einen maximalen Seismographenausschlag von etwa 25 mm zur Folge hat:

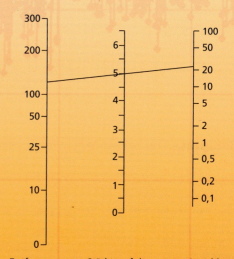

Entfernung vom Epizentrum (in Meilen) — Stärke auf der Richterskala (in Magnituden) — max. Ausschlag am Seismographen (in mm)

Die zehn stärksten Erdbeben seit dem Jahr 1900:

	Ort	Datum	Stärke
1.	Chile	22. 05. 1960	9,5
2.	Prince William Sound (Alaska)	27. 03. 1964	9,2
3.	Indischer Ozean (vor Sumatra)	26. 12. 2004	9,1
4.	Kamtschatka (Russland)	04. 11. 1952	9,0
5.	vor Ecuador	31. 01. 1906	8,8
6.	Andreanof Islands (Alaska)	09. 03. 1957	8,8
7.	Rat Islands (Alaska)	04. 12. 1965	8,7
8.	vor Nord-Sumatra	28. 03. 2005	8,6
9.	Assam (Indien)	15. 08. 1950	8,6
10.	Bandasee (Indonesien)	01. 02. 1938	8,6

3.6 Exponentialgleichungen

Ermitteln Sie jeweils die Lösungsmenge über der Grundmenge G.

- $x^2 + 8x + 7 = 0$; $G = \mathbb{R}$
- $|y - 4| = 1$; $G = \,]-5;\, 5[$
- $2^{z+4} = 8$; $G = \mathbb{R}$
- $\dfrac{6x}{x^2 - 16} = 1$; $G = \mathbb{R}\setminus\{-4;\, 4\}$
- $\sin y = 0{,}5$; $G = \mathbb{R}$
- $\log(10z + 1) = 2$; $G = \mathbb{R}_0^+$

Arbeitsaufträge

- Ermitteln Sie bei jeder der sechs Gleichungen die Lösungsmenge über G.
- Finden Sie durch Überlegen denjenigen Wert von x, für den $2^{2x} = 1\,024$ ist.
- Finden Sie durch Überlegen denjenigen Wert von a, für den $\log(4 + a) = 1$ ist.

$0{,}5 = \dfrac{1}{2} = 2^{-1}$

Gleichungen, bei denen die Variable (nur) im Exponenten auftritt, heißen **Exponentialgleichungen**.
Exponentialgleichungen können rechnerisch und auch graphisch gelöst werden.

Beispiele:
$2^{x+1} = 0{,}5$; $G = \mathbb{R}$ $2^{x+1} = 3$; $G = \mathbb{R}$

Rechnerische Lösung:

- $2^{x+1} = 0{,}5$;
  $2^{x+1} = 2^{-1}$;
  $x + 1 = -1$; $|\,-1$
  $x = -2 \in G$
  $L = \{-2\}$

- $2^{x+1} = 3$; $|$ logarithmieren
  $(x + 1)\log 2 = \log 3$; $|\,:\log 2$
  $x + 1 = \dfrac{\log 3}{\log 2}$; $|\,-1$
  $x = \dfrac{\log 3}{\log 2} - 1 = 0{,}584\ldots \in G$
  $L = \left\{\dfrac{\log 3}{\log 2} - 1\right\} = \{0{,}584\ldots\}$

Graphische Lösung:

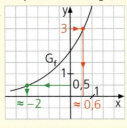

$f: f(x) = 2^{x+1}$; $D_f = \mathbb{R}$

- $2^{x+1} = 0{,}5$
  $x \approx -2$
- $2^{x+1} = 3$
  $x \approx 0{,}6$

Beispiele

1 Raummeter Holz:
Kubikmeterstapel Holz
mit Zwischenräumen

1 Festmeter Holz:
1 m³ feste Holzmasse
ohne Zwischenräume

- Ermitteln Sie jeweils die Lösungsmenge über der Grundmenge $\mathbb{R}$ und erläutern Sie Ihr Vorgehen.

a) $2^{3x-5} = 0{,}5$ b) $3^x - 2 \cdot 3^{x-2} = 7$ c) $3^{2x-1} = 2^x$

Lösung:

a) $2^{3x-5} = 0{,}5$

1. Art		2. Art
$2^{3x-5} = 0{,}5$;	0,5 als Potenz von 2 darstellen	$2^{3x-5} = 0{,}5$; $|$ logarithmieren (Basis 10)
		$(3x - 5)\log 2 = \log 0{,}5$;
$2^{3x-5} = 2^{-1}$;	gleiche positive Basis $\neq$ 1: Exponenten gleichsetzen	$(3x - 5)\log 2 = -\log 2$; $|\,:\log 2$
		$3x - 5 = -1$; $|\,+5$
		$3x = 4$; $|\,:3$
$3x - 5 = -1$; $|\,+5$	nach x auflösen	$x = \dfrac{4}{3} \in G$; $L = \left\{\dfrac{4}{3}\right\}$
$3x = 4$; $|\,:3$		
$x = \dfrac{4}{3} \in G$; $L = \left\{\dfrac{4}{3}\right\}$		

3.6 Exponentialgleichungen

b) $3^x - 2 \cdot 3^{x-2} = 7;$ Potenzgesetz anwenden
$3^x - 2 \cdot 3^x \cdot 3^{-2} = 7;$ 3^x ausklammern
$3^x \left(1 - \frac{2}{9}\right) = 7;$ zusammenfassen
$3^x \cdot \frac{7}{9} = 7; | : \frac{7}{9}$ nach 3^x auflösen
$3^x = 9;$ Lösung und Lösungsmenge angeben
$x = 2 \in G; \quad L = \{2\}$

c) $3^{2x-1} = 2^x;$ logarithmieren zur Basis 10
$\log(3^{2x-1}) = \log 2^x;$ Rechenregeln für Logarithmen anwenden
$(2x - 1) \log 3 = x \log 2;$ ausmultiplizieren
$2x \log 3 - \log 3 = x \log 2; | + \log 3 - x \log 2$ x ausklammern
$x(2 \log 3 - \log 2) = \log 3; | : (2 \log 3 - \log 2)$ nach x auflösen; dabei Rechen-
$x = \frac{\log 3}{\log 4{,}5} = 0{,}730\ldots \in G$ regeln für Logarithmen anwenden
$L = \{\frac{\log 3}{\log 4{,}5}\} = \{0{,}730\ldots\}$ Näherungswert mit dem TR ermitteln und Lösungsmenge angeben

● Geben Sie zunächst die maximale Definitionsmenge D_{max} über der Grundmenge $\mathbb{R}$ an und ermitteln Sie dann die Lösungsmenge über D_{max} für die Gleichung

a) $10 - 2 \log x = 4.$ b) $\log_8(x^2) - \log_8 \sqrt{x} = 1.$

Lösung:

a) $10 - 2 \log x = 4; | -10$ $D_{max} = \mathbb{R}^+$ b) $\log_8(x^2) - \log_8 \sqrt{x} = 1;$ $D_{max} = \mathbb{R}^+$
$-2 \log x = -6; | : (-2)$ $2 \log_8 x - 0{,}5 \log_8 x = 1;$
$\log x = 3;$ $1{,}5 \log_8 x = 1; | : 1{,}5$
$x = 10^3 = 1\,000 \in D_{max}$ $\log_8 x = \frac{2}{3};$
$L = \{1\,000\}$ $x = 8^{\frac{2}{3}} = 4 \in D_{max}; \quad L = \{4\}$

● Ermitteln Sie die Lösungsmenge der Gleichung

a) $(2^x)^2 - 3 \cdot 2^x + 2 = 0$ über $G = \mathbb{Z}$.   b) $(\log x)^2 + 3 \cdot \log x - 4 = 0$ über $G = \mathbb{R}^+$.

Lösung:

Bei jeder dieser beiden Gleichungen löst man zunächst eine quadratische Gleichung.

a) Man setzt $2^x = u$ und erhält $u^2 - 3u + 2 = 0$ und durch Zerlegung in Linearfaktoren $(u - 2) \cdot (u - 1) = 0$. Hieraus folgt $u_1 = 2$ und $u_2 = 1$ und weiter aus $2^{x_1} = 2$ dann $x_1 = 1 \in G$ und aus $2^{x_2} = 1$ dann $x_2 = 0 \in G$, also als Lösungsmenge $L = \{0; 1\}$.

b) Man setzt $\log x = u$ und erhält $u^2 + 3u - 4 = 0$ und durch Zerlegung in Linearfaktoren $(u + 4) \cdot (u - 1) = 0$. Hieraus folgt $u_1 = -4$ und $u_2 = 1$ und weiter aus $\log x_1 = -4$ dann $x_1 = 10^{-4} \in G$ und aus $\log x_2 = 1$ dann $x_2 = 10 \in G$, d. h. als Lösungsmenge $L = \{10^{-4}; 10\}$.

● Finden Sie die Lösungsmenge der Gleichung $2^x + 3^x = 2$ (bzw. $2^x + 3^x = 13$) über der Grundmenge $\mathbb{N}$ durch Überlegen und gezieltes Probieren.
● Finden Sie die Lösungsmenge der Gleichung $2^x + 3^x = -2$ über $G = \mathbb{R}$ durch Überlegen.
● Finden Sie die Lösungsmenge von $10^{2x} + 11 \cdot 10^x + 10 = 0$ über $G = \mathbb{R}$ durch Überlegen.

Aufgaben

1. Ermitteln Sie jeweils die Lösungsmenge über der Grundmenge $\mathbb{R}$.

a) $4^x = 2$ b) $4^x = 0{,}125$ c) $3 - 0{,}5^y = 1$ d) $1 + 2^{3x} = 65$
e) $4 \cdot 1{,}2^{-3y} = 8$ f) $1 + 2^{3y} = -5$ g) $3y = 0{,}\overline{1}$ h) $5 + 3^y = 1{,}5$
i) $2 \cdot 4^{-x} = 1$ j) $(1 + 3x)^3 = 8$ k) $2x - 16 = 0$ l) $2^{3x+1} - 8 = 0$

3.6 Exponentialgleichungen

m) $2^{x^2-1} - 8 = 0$ n) $2^{\sqrt{x}-1} = 8; x \geq 0$ o) $2^x = 3$ p) $4 \cdot 2^x - 1 = 63$
q) $64 = 10^y$ r) $64 = 10^{1-2y}$ s) $64 = (10^y - 6)^2$ t) $2 \cdot 10^{y+1} - 180 = 20$
u) $x^2 + 15x + 56 = 0$ v) $\frac{9x}{x^2 + 20} = 1$ w) $\sqrt{x^2 + 9} = 7$ x) $\frac{2^4}{x^2 + 6} = 2^3$

2. Ermitteln Sie jeweils zunächst die über $G = \mathbb{R}$ maximale Definitionsmenge D_{max} und dann die Lösungsmenge über D_{max} möglichst oft durch Überlegen.
   a) $\log(x - 1) = 0$ b) $\log(1 - y^2) = 0$ c) $\log(1 - y^2) = -1$ d) $\log(y + 1) - \log y = 1$

3. Bestimmen Sie jeweils die Lösungsmenge des Gleichungssystems.
   a) I $y = 2x$ II $2^x - 2^y = 0$ b) I $2^x + y = 10$ II $y - 2^x + 6 = 0$
   c) I $5^{x-y} = 625$ II $\log(x + y) = 1$ d) I $x + y = 101$ II $\log x + \log y = 2$

$-1; 0; 10^{-6}; 1; 2; 3;$
$10; 10^4$
Lösungen zu 4. **L**

4. Finden Sie jeweils die Lösungsmenge über der Grundmenge $\mathbb{R}$ heraus.
   a) $3^{2x} - 10 \cdot 3^x + 9 = 0$ b) $16^y - 4{,}25 \cdot 4^y + 1 = 0$ c) $144^x = 12^6$
   d) $(\log z)^2 + 5 \log z - 6 = 0; z > 0$ e) $10^{\log z} = 1; z > 0$ f) $\log \sqrt{z} = \sqrt{\log z}; z \geq 1$

5. Übertragen Sie die Tabelle in Ihr Heft und ergänzen Sie sie dann dort.

	Funktionsterm	D_f	$f(0)$	Nullstelle(n) von f
a)	$f(x) = 2^{x-1} - 2^{1-x}$	$]-2; 5[$		
b)	$f(x) = 2 \cdot \frac{2^x - 4}{2^x + 4}$	$\mathbb{R}_0^-$		
c)	$f(x) = (10 - 100^x) \cdot 10^x$	$\mathbb{R}_0^+$		
d)	$f(x) = \log(x^2 + 10)$	$\mathbb{R}$		

6. Die Gleichung $m(t) = 200 \text{ mg} \cdot 2{,}5^{-0{,}4t}$ ($t \geq 0$: Anzahl der Stunden) beschreibt den Abbau einer Medikamentendosis von 200 mg im Körper.
   a) Finden Sie heraus, nach etwa wie viel Stunden das Medikament auf die Hälfte (ein Viertel, 10%) der ursprünglichen Menge abgebaut ist.
   b) Berechnen Sie, nach etwa wie viel Stunden die Restmenge im Körper nur noch 30 mg beträgt.

7. Der Bestand einer Population von Oryxantilopen wird durch die Funktion $f: f(t) = 18\,000 \cdot 3^{-0{,}2t}$; $D_f = [0; 20]$ (t: Anzahl der Jahre) beschrieben.
   a) Finden Sie heraus, wann der Bestand nur noch 15% des Anfangsbestands ausmacht.
   b) Finden Sie sowohl mithilfe einer Wertetabelle wie auch durch einen Ansatz heraus, wann die Abnahme innerhalb eines Jahrs erstmals weniger als 1 000 Individuen beträgt.

$m, n, x \in \mathbb{R}\setminus\{0\}$:
$m = 1{,}5; \frac{1}{m} = ?$
$\frac{m}{n} \cdot x = \frac{n}{m}; x = ?$
$(1 + x)^2 - 4x$
$= (\blacksquare - \blacktriangledown)^2$

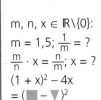

W1 Wie lauten die ersten fünf Glieder einer Folge von Zahlen, wenn $x_1 = 1$ und für jeden Wert von $n \in \mathbb{N}$ stets $x_{n+1} = 1 + x_n^2$ ist?

W2 Welche Nullstelle hat die Funktion $f: f(x) = \frac{4}{x} + 1$; $D_f = \mathbb{R}\setminus\{0\}$?

W3 Welchen Flächeninhalt hat ein Parallelogramm ABCD, in dem die Winkelhalbierenden der Winkel $\sphericalangle$ DCB und $\sphericalangle$ ADC einander auf [AB] schneiden und 6 cm bzw. 9 cm lang sind?

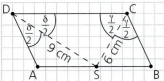

Lautstärkevergleich

Lucas: „Sind zwei Presslufthämmer doppelt so laut wie einer? Und erhöht ein dritter Presslufthammer die Lautstärke noch einmal um den gleichen Betrag?"

Lange andauernder Lärm wird als unangenehm empfunden und kann gesundheitsschädlich sein. Schutz vor Lärm ist heute Teil des Umweltschutzes.
Zur „Lärmmessung" dient die Einheit **Dezibel**.
In Schallwellen wird Leistung transportiert; dabei interessiert man sich in der Akustik häufig für das *Verhältnis* zweier Schallleistungen, weil gleiche Leistungs*quotienten* als gleiche Empfindungs*differenzen* wahrgenommen werden: Wir empfinden z. B. beim Einschalten von zwölf statt sechs (gleich starken) Lautsprechern den *gleichen* Lautstärke*zuwachs* wie beim Einschalten von zwei statt einem dieser Lautsprecher.
Ist die am Trommelfell ankommende Schallleistung P_2 einer Schallquelle Q_2 zehnmal so groß wie diejenige einer anderen Schallquelle Q_1 ($P_2 = 10 \cdot P_1$), dann beträgt die vom Gehör empfundene Lautstärkezunahme 1 B = 10 dB.
Durch $10^x = \frac{P_2}{P_1}$, also durch $x = \log \frac{P_2}{P_1}$ ist die Anzahl x der **Bel** der Lautstärke*differenz* als (dekadischer) **Logarithmus des Schallleistungsverhältnisses** definiert.

Ist z. B. $P_2 = 100\, P_1$, so ist $x = \left(\log \frac{100\, P_1}{P_1}\right)$ B = (log 100) B = 2 B = 20 dB.

Die Lautstärkeskala in Dezibel basiert auf der gerade noch hörbaren Schallleistung P_0 („Hörschwelle"), die bei den meisten Menschen etwa gleich ist. Hierbei gelangt im mittleren Tonhöhenbereich auf jeden Quadratzentimeter Trommelfell die Schallleistung $P_0 = 10^{-16}$ J s^{-1} = 10^{-16} W; die zugehörige Lautstärke ist 0 dB.

Alexander Graham Bell (1847 bis 1922) Nach ihm ist die Einheit „Bel" benannt: 1 B (Bel) = 10 dB (Dezibel)

1. Berechnen Sie den Lautstärkeunterschied zwischen einem und zwei sowie zwischen zwei und drei gleich lauten Presslufthämmern.

2. Wie viele Lautsprecher mit Einzellautstärke 30 dB werden als „doppelt so laut" wie ein einzelner dieser Lautsprecher wahrgenommen?

3. Welche gemeinsame Lautstärke haben zwei nebeneinander stehende Maschinen, deren Einzellautstärken 50 dB bzw. 60 dB betragen? Was fällt Ihnen auf?

4. Welchen Bruchteil des „Lärms" (also der Schallleistung) lässt ein Schallschutzfenster mit einem Dämmwert von 20 dB in die Wohnung dringen?

5. Wie viele gleichzeitig jeweils mit einer Lautstärke von 50 dB schwätzende Schüler und Schülerinnen erzeugen zusammen einen „Lärm" von 65 dB, der bereits als „stressig" (vgl. die Tabelle) empfunden wird?

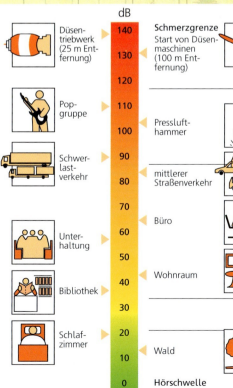

3.7 Üben – Festigen – Vertiefen

Zu 3.1 und 3.2:
Aufgaben 1. bis 8.

1. Bei jedem der durch die Tabelle beschriebenen Wachstumsvorgänge liegt entweder lineares oder exponentielles Wachstum vor. Beschreiben Sie zunächst die Art des Wachstums durch einen Funktionsterm; übertragen Sie dann die Tabelle in Ihr Heft und ergänzen Sie sie dort.

	Zeit (in h)	0	1	2	3	4	5	6	10
a)	Volumen einer Bakterienkultur (in mm³)	2	6	18			486		
b)	Anzahl der Personen, die von einem Gerücht erfahren haben	1	4			64	1 024		
c)	Füllhöhe eines Wasserbeckens (in cm)	20	30			50	70		

2. Geben Sie bei jedem der Terme an, welche prozentuale Zunahme bzw. welche prozentuale Abnahme er beschreibt.
   a) $1{,}10^x$ b) $1{,}05^y$ c) $0{,}993^z$ d) $2\,000\,€ \cdot 1{,}03^n$ e) $750\,mg \cdot 0{,}50^t$

3. Geben Sie jeweils den Wachstums- bzw. den Abnahmefaktor an:
   a) 3,5% Wachstum   b) 5,2% Abnahme   c) 10% Wachstum   d) 1% Abnahme

G 4. Finden Sie bei jeder der Tabellen heraus, ob sie zu einem linearen Wachstum, einem exponentiellen Wachstum oder zu einer anderen Art von Wachstum gehört. Geben Sie jeweils einen Wachstumsfunktionsterm an.

a)
x	0	1,5	2	2,5
y	1	3,375	8	15,625

b)
x	1	2	3	4
y	1,2	2,4	3,6	4,8

c)
x	0	0,5	1	2
y	1	1,73	3	9

5. Übertragen Sie jede der drei Tabellen zweimal in Ihr Heft und ergänzen Sie sie dann dort so, dass
   a) eine lineare Abnahme vorliegt.   b) eine exponentielle Abnahme vorliegt.

(1)
x	0	1	2	3	4
y	40	36			

(2)
x	0	1	2	3	4
y	60	50			

(3)
x	0	1	2	3	4
y				50	25

G 6. Skizzieren Sie zu jedem der Texte einen Graphen.
   (1) Die Bevölkerung eines Lands wächst jährlich um 1,5%.
   (2) Eine Pinguinkolonie wächst zunächst exponentiell an; dann nimmt die Zuwachsrate bis auf null ab.
   (3) Frau Spar legt wöchentlich 20 € für Weihnachtsgeschenke zurück.
   (4) Sarah nimmt 10 mg eines Medikaments ein. Im Körper werden täglich 10% des noch vorhandenen Medikaments abgebaut.
   (5) Lucas fährt mit dem Rad zum Fußballtraining. Die eine Hälfte des Wegs fährt er mit einer Geschwindigkeit von $15\,\frac{km}{h}$, die andere mit $12\,\frac{km}{h}$.
   (6) Laura bereitet sich heißen Kräutertee und stellt die Teetasse auf den Küchentisch.

Laura: Zuerst kühlt der Tee schnell ab, weil der Temperaturunterschied zur Umgebung groß ist.

3.7 Üben – Festigen – Vertiefen

7. Simon spart auf ein Fahrrad. Sein Großvater will ihm einen Zuschuss geben und nennt ihm zwei Möglichkeiten:
  a) „Ich gebe dir diese Woche 10 € und in den nächsten drei Wochen jede Woche 5 € mehr als in der vorhergehenden."
  b) „Ich gebe dir heute 1 Cent, morgen 2 Cent, übermorgen 4 Cent ... : 14 Tage lang verdopple ich jeden Tag den Betrag."
  Beschreiben Sie die beiden Angebote durch je einen Term und finden Sie heraus, für welches Angebot sich Simon entscheiden sollte.

8. Frau Halm legt ein Kapital von 10 000 € zunächst für sieben Jahre zu 4,25% p. a. an, wobei die Zinsen stets am Jahresende zum Kapital geschlagen werden. Am Ende der siebenjährigen Laufzeit ergänzt sie den Betrag auf den „nächsten Tausender" und legt das so erhöhte Kapital für weitere sieben Jahre zu 4,75% p. a. an. Bei der Endabrechnung stellt Frau Halm fest, dass sich ihr Anfangskapital nicht ganz verdoppelt hat. Finden Sie heraus, welcher Betrag zur Verdopplung fehlt.

9. Ordnen Sie jeder der sechs Funktionsgleichungen
  (A) $y = 2^x$
  (B) $y = x^2$
  (C) $y = -2^x$
  (D) $y = 2^{1-x}$
  (E) $y = 2^{x-1}$
  (F) $y = 2 + 2^x$
  den Funktionsgraphen zu.

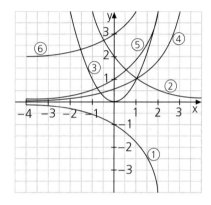

Zu 3.3: Aufgabe 9.

10. Finden Sie jeweils den Termwert möglichst durch Kopfrechnung.
  a) $\log_6 216$ b) $\frac{1}{3}\log_6(15^2 - 3^2)$ c) $\log 1\,000\,000$ d) $\log_{\sqrt{10}} 10$
  e) $\log_{\sqrt{3}} 9$ f) $\log\sqrt{6^2 + 8^2}$ g) $\log(\log 10)$ h) $\log_2(\log_2 16)$

11. Ermitteln Sie jeweils die Lösungsmenge über der Grundmenge G.
  a) $\log x + \log 2 = \log 12$; $G = \mathbb{R}^+$
  b) $\log x - \log \sqrt{x} = 1$; $G = \,]0;\,999]$
  c) $\log(10^x) = 3$; $G = \mathbb{R}$
  d) $\log[\log(\log y)] = 0$; $G = \mathbb{R}^+$
  e) $(\log x) \cdot \log(x + 9) = 0$; $G = \mathbb{R}^+$
  f) $(\log z)^2 - 9 = 0$; $G = \,]0;\,1\,001[$

12. Geben Sie jeweils die Basis $x \in \mathbb{R}^+ \setminus \{1\}$ an.
  a) $\log_x 2 = 1$ b) $\log_x 2 = 2$ c) $\log_x 3 = 2$ d) $\log_x 10 = 0{,}5$

13. Ermitteln Sie jeweils die Lösungsmenge über der Grundmenge $\mathbb{R}$.
  a) $2^{x+5} = 512$
  b) $2^x = 3^x$
  c) $2^{8+x} = 4^x$
  d) $5^{2y} - 6 \cdot 5^y + 5 = 0$
  e) $2 \cdot 5^y = 5 \cdot 2^y$
  f) $5^{2x} - 2 + \frac{1}{5^{2x}} = 0$
  g) $2^{2x} - 3 \cdot 2^x + 2 = 0$
  h) $9^z - 3^z = 0$
  i) $4^{x^2} = 256$

Zu 3.4 und 3.5: Aufgaben 10. bis 12.

$-2;\ 0;\ 0{,}001;\ 1;\ \sqrt{2};$
$\sqrt{3};\ 2;\ 3;\ 4;\ 6;\ 8;$
$100;\ 1\,000;\ 10^{10}$
Termwerte bzw. Lösungen zu den Aufgaben 10. bis 13.

Zu 3.6: Aufgaben 13. und 14.

Lucas' Tipp zu 13. d):
• $5^y = u$ setzen
• $u^2 - 6u + 5 = 0$ lösen
• y ermitteln

3.7 Üben – Festigen – Vertiefen

14. a) Im Jahr 1960 betrug die Bevölkerungsanzahl der Erde 3,040 Milliarden und das jährliche prozentuale Wachstum 1,33%. Berechnen Sie, in welchem Jahr sich die Weltbevölkerung verdoppelt hätte, wenn das jährliche prozentuale Wachstum gleich geblieben wäre.

b) Im Jahr 1980 betrug die Bevölkerungsanzahl der Erde 4,447 Milliarden und das jährliche prozentuale Wachstum 1,68%. In welchem Jahr hätte die Weltbevölkerung die Anzahl 6,080 Milliarden erreicht, wenn das prozentuale Wachstum gleich geblieben wäre?

c) Im Jahr 2008 betrug die Bevölkerungsanzahl der Erde 6,679 Milliarden und das jährliche prozentuale Wachstum 1,15%. In welchem Jahr würde bei gleichbleibendem jährlichem prozentualem Wachstum die Anzahl der Menschen auf der Erde 9 Milliarden erreichen? Die Statistik erwartet, dass die Anzahl 9 Milliarden erst im Jahr 2042 erreicht wird. Welches durchschnittliche jährliche prozentuale Wachstum wird hierbei für die Zeit von 2008 bis 2042 zugrunde gelegt?

Weitere Aufgaben

15. a): 1; 3; 5; 7; 9; 11
$f(n) = 2n - 1; n \in \mathbb{N}$:
lineares Wachstum, da stets $x_{n+1} - x_n = 2$ ist.

Lauras Tipp zu 16.:
$\log_2 x = \frac{\log x}{\log 2}$ $(x \in \mathbb{R}^+)$

15. Ermitteln Sie bei jeder der drei Folgen von Zahlen ($n \in \mathbb{N}$) die ersten sechs Glieder. Untersuchen Sie jeweils, ob lineares und ob exponentielles Wachstum vorliegt, und beschreiben Sie das Wachstum durch einen Funktionsterm $f(n)$.

a) $x_1 = 1; x_{n+1} = x_n + 2$ **b)** $y_1 = 1; y_{n+1} = 2y_n$ **c)** $x_1 = 1; \frac{x_{n+1}}{x_n} = 1{,}5$

16. Zeichnen Sie ein Koordinatensystem (Einheit 1 cm) und tragen Sie den Graphen G_f der Funktion f: $f(x) = 2^x$, $D_f = \mathbb{R}$, und den Graphen G_g der Funktion g: $g(x) = \log_2 x$; $D_g = \mathbb{R}^+$, mithilfe einer Wertetabelle ein.
Vergleichen Sie die beiden Graphen miteinander. Was fällt Ihnen auf?

G 17. Finden Sie einen Näherungswert für die (einzige) Nullstelle x_N der Funktion f: $f(x) = 2^x + \sqrt{x} - 4$; $D_f = \mathbb{R}_0^+$.

a) Übertragen Sie dazu die Tabelle in Ihr Heft und ergänzen Sie sie dann dort.

Intervall	Funktionswerte		Ungleichung
]1; 2[	$f(1) = -1 < 0$	$f(2) = \sqrt{2} > 0$	$1 < x_N < 2$
]1; 1,5[			
]1,25; 1,5[			
]1,375; 1,5[			
]1,4375; 1,5[			

Erklären Sie (die erste Spalte der Tabelle und) Ihr Vorgehen und geben Sie x_N auf eine Dezimale gerundet an.

b) Zeichnen Sie die Graphen der Funktionen g: $g(x) = 2^x$ und h: $h(x) = 4 - \sqrt{x}$; $D_g = D_h = \mathbb{R}_0^+$, und ermitteln Sie die Abszisse ihres Schnittpunkts S. Kontrollieren Sie Ihre Zeichnung [und Ihre Rechnung zu Teilaufgabe a)] mit einem Funktionsplotter.

18. A problem from Mary's Maths Test:
In 1983 Kenya was the fastest-growing nation on earth. Its population was 18.5 million, and its yearly growth rate was about 4.1%.

a) Write an equation expressing Kenya's population x years after 1983.

b) Project Kenya's population for the year 2015 if the growth rate remains the same.

c) Under this model, what was Kenya's population in 1850?

3.7 Üben – Festigen – Vertiefen

19. Auf ein Sparkonto wurde zum 1. 1. 2002 ein Betrag von k € einbezahlt. Die Zinsen wurden jeweils am Jahresende zum Kapital geschlagen. Die Tabelle zu Teilaufgabe a) zeigt den Kontostand (in €) zu Anfang und nach einem Jahr bzw. nach zwei, drei ... sechs Jahren. Übertragen Sie die Tabelle in Ihr Heft und ergänzen Sie sie dann dort.

	n	0	1	2	3	4	5	6
a)	Kontostand	2 000,00	2 056,00	2 113,57	2 172,75	2 233,58	2 296,13	2 360,42
b)	Kontostand	2 000,00	2 030,00	2 060,45				
c)	Kontostand	2 000,00	2 120,00	2 247,20				
d)	Kontostand		8 100,00	8 201,25				
e)	Kontostand			102,01	103,03			

(1) Beschreiben Sie jeweils den Kontostand in der Form $K(n) = K_0 \cdot \left(1 + \frac{p}{100}\right)^n$; $n \in \mathbb{N}_0$.
(2) Berechnen Sie jeweils den Kontostand nach zehn Jahren.
(3) Finden Sie heraus, in jeweils wie viel Jahren sich der Kontostand verdoppelt.
(4) Herr Schnell möchte sein Kapital in zwölf Jahren verdoppeln. Zu welchem Zinssatz muss er es dazu anlegen?

20. Finden Sie heraus, in wie viel Jahren sich ein Kapital verdoppelt, wenn es zu p% p. a. angelegt wird und die Zinsen jährlich zum Kapital geschlagen werden. Übertragen Sie dazu die Tabelle in Ihr Heft und ergänzen Sie sie dann dort.

p	1,0	1,5	2,0	2,5	3,0	3,5	4,0	4,5	5,0
Verdopplungszeit t (in a)	70	47							
p · t	70								

Finden Sie eine „Faustformel" zur Berechnung der Verdopplungszeit und geben Sie an, etwa für welche Zinssätze sie „gut" anwendbar ist.

21. Aufgrund der technischen Weiterentwicklung haben Computer eine hohe Wertminderungsrate von etwa 50% pro Jahr. Sophie kauft ein Notebook für 1 200 €. Welchen Wert hat es am Ende ihrer Schulzeit, also nach zweieinhalb Jahren?

22. In einem See nimmt die Lichtintensität pro Meter Tiefe um 15% ab. Bis zu welcher Tiefe kann eine Unterwasserkamera gute Aufnahmen machen, die 35% des Tageslichts benötigt?

23. Der pH-Wert eines Stoffs ist definiert als der „negative Logarithmus" (d. h. als der mit −1 multiplizierte Zehnerlogarithmus) der Oxoniumionenkonzentration c in diesem Stoff: pH-Wert = − log c.

Oxonium: H_3O^+

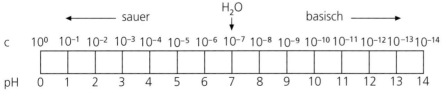

a) Die in der Natur auftretenden pH-Werte sind positiv. Finden Sie heraus, was dies bedeutet.
b) Reines Wasser hat einen pH-Wert von 7; bei einem Regenfall wurde ein pH-Wert von 5,8 festgestellt. Geben Sie an, wievielmal so hoch wie in reinem Wasser die Oxoniumionenkonzentration bei diesem „sauren Regen" war.

3.7 Üben – Festigen – Vertiefen

24. Beim Durchgang von Licht durch eine Scheibe der Dicke d einer bestimmten Glassorte sinkt die Lichtintensität auf 96% des ursprünglichen Werts.

a) Licht geht durch einen Stapel aus drei Scheiben dieser Glassorte, die jeweils die Dicke d besitzen. Finden Sie heraus, auf wie viel Prozent des ursprünglichen Werts die Lichtintensität dadurch sinkt.

b) Welche Gesamtdicke müsste ein Stapel aus Scheiben (Dicke jeweils d) dieser Glassorte besitzen, damit die Lichtintensität auf die Hälfte des ursprünglichen Werts sinkt?

25. Ein Badesee wurde durch eine Chemikalie verunreinigt; dabei wurde eine Schadstoffkonzentration von 100 ppm (ppm bedeutet **p**arts **p**er **m**illion) gemessen. Der Verunreinigungsgrad nimmt pro Woche um 15% ab. Finden Sie heraus, wann das Badeverbot wieder aufgehoben werden kann, wenn der gesundheitlich unbedenkliche Wert für diese Chemikalie bei höchstens 20 ppm liegt.

26. Die Industrienationen haben sich auf der Weltklimakonferenz von Kyoto verpflichtet, ihren Ausstoß an Treibhausgasen bis zum Jahr 2012 gegenüber dem Stand von 1990 um 5,2% zu senken. Finden Sie heraus, ob dieses Ziel mit einer jährlichen prozentualen Abnahme von 0,25% erreicht werden kann.

G 27. Laura und Lucas haben – unter möglichst großer Schaumentwicklung – einen Maßkrug mit alkoholfreiem Bier „gefüllt", und zwar so, dass der Schaumrand gerade noch unterhalb des Glasrands war. Anschließend haben sie alle 10 Sekunden die Höhe h der Schaumkrone gemessen und ihre Messergebnisse tabelliert:

Zeit (in s)	0	10	20	30	40	50	60	70	80	90	100
h (in cm)	16,8	13,7	11,2	9,2	7,5	6,1	5,0	4,1	3,3	2,7	2,2

Bestimmen Sie mithilfe der Wertepaare (0 | 16,8) und (60 | 5,0) die Werte der Parameter a und b in der Zerfallsgleichung $h = a \cdot b^t$ und untersuchen Sie, wie gut diese Gleichung den Schaumzerfall beschreibt. Etwa wie groß war die Halbwertszeit der Schaumhöhe?

$t_1 = 0\,s$
$h_1 = 16,8\,cm$
$t_2 = 60\,s$
$h_2 = 2,7\,cm$
$h = 16,8\,cm \cdot 0{,}97^{t^*}$

G 28. Gregor und Sophie haben den in Aufgabe 27. beschriebenen Versuch mit einer anderen alkoholfreien Biersorte wiederholt.

a) Untersuchen Sie, ob die von Gregor und Sophie angegebene Zerfallsgleichung rechnerisch richtig ermittelt ist (verstrichene Zeit: t* Sekunden; $t^* \in \mathbb{R}_0^+$).

b) Zeichnen Sie ein t-h-Diagramm.

c) Führen Sie mit Ihrem Freund / Ihrer Freundin einen entsprechenden Versuch durch und stellen Sie Ihre Ergebnisse der Klasse vor.

29. Informieren Sie sich z. B. im Internet, was man unter der *Halbwertszeit des Wissens* versteht, und stellen Sie die Ergebnisse Ihrer Recherche der Klasse vor.

1 ha = ■ m²
1 km² = ■ a
$\frac{a^2}{4} - \left(\frac{a}{4}\right)^2 = ?$

W1 Wann erreicht der Sprinter Jens seine Höchstgeschwindigkeit v_{max}, wenn $v(t) = 4t - 0{,}3t^2$ (t: Zeit in Sekunden) ist?

W2 Wie groß ist die Wahrscheinlichkeit, mit einem Laplace-Spielwürfel bei vier Würfen mindestens einmal eine 1 zu werfen?

W3 Welche Höhe h hat der First, welche Länge l hat der Kehlbalken des symmetrischen Dachbodens?

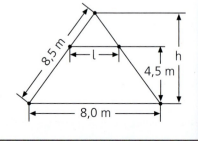

explore – get more

I. Finden Sie heraus, für welche Basis x die Gleichung $\log_a(a^2) - \log_{a^2} a = \log_x a^3$ durch jeden Wert von $a \in \mathbb{R}^+\setminus\{1\}$ erfüllt wird.

II. Bestimmen Sie jeweils die Lösungsmenge des Gleichungssystems.
   a) (1) $2^{x+y} = 8$ (2) $\log(x-y) = -1$ **b)** (1) $3^{x-y} = 81$ (2) $\log(x+y) = 2$

III. Es ist $4^x = 18$ und $18^y = 256$. Ermitteln Sie den Wert des Produkts xy, *ohne* vorher den Wert von x bzw. von y zu berechnen.

IV. Ermitteln Sie jeweils die Lösungsmenge der Gleichung über der Grundmenge $\mathbb{R}^+$.
   a) $100^{\log x} = 0{,}1$ **b)** $y^{\log y} = 10$ **c)** $10^{x \log x} = x^{\log x}$

V. Für welche reelle(n) Zahl(en) $x > 20$ ist $\dfrac{\log_7 \sqrt{3x-35}}{\log_7 \sqrt[3]{x-20}} = 3$?

VI. Frau Lindemann nimmt gegen ihre Magenschmerzen das Medikament Dolicert ein. Sie beginnt die Behandlung mit der Einnahme einer 500-mg-Tablette am Montagmorgen um 7 Uhr; t Stunden ($0 \leq t < 8$) nach der ersten Einnahme (also t Stunden nach 7 Uhr am Montagmorgen) hat die Menge dieses Medikaments exponentiell auf $m(t) = 500 \text{ mg} \cdot 2{,}7^{-0{,}1 \cdot t}$ abgenommen.

a) Geben Sie von Stunde zu Stunde die nach Einnahme der ersten Tablette jeweils noch vorhandene Restmenge Dolicert an und stellen Sie m(t) für $0 \leq t < 8$ graphisch dar. Übertragen Sie dazu die Tabelle in Ihr Heft und ergänzen Sie sie dann dort.

Uhrzeit am Montag	7 Uhr	8 Uhr	9 Uhr	10 Uhr	11 Uhr	12 Uhr	13 Uhr	14 Uhr	(kurz vor 15 Uhr)
Stunden nach der Ersteinnahme	0	1	2						(≈ 8)
Restmenge (in mg)	500	453							(≈ 226)

b) Die ärztliche Verordnung lautet, dass Frau Lindemann alle acht Stunden eine 500-mg-Tablette Dolicert einnehmen soll. Berechnen Sie die Gesamtmenge des Medikaments unmittelbar nach Einnahme der zweiten Tablette (am Montag um 15 Uhr), also $m(8) = 500 \text{ mg} + 500 \text{ mg} \cdot 2{,}7^{-0{,}8}$, sowie unmittelbar nach Einnahme der dritten Tablette (am Montagabend um 23 Uhr), also m(16).

c) Das Medikament soll insgesamt höchstens vier Tage lang, also höchstens zwölfmal, eingenommen werden. In dieser gesamten Zeit darf die jeweilige Restmenge Dolicert die doppelte Anfangsdosis (also $2 \cdot 500 \text{ mg} = 1000 \text{ mg}$) nie überschreiten, soll aber 200 mg nie unterschreiten. Untersuchen Sie ggf. mithilfe eines Tabellenkalkulationsprogramms, ob dies bei der angegebenen Einnahmeform gewährleistet ist. Übertragen Sie dazu die Tabelle in Ihr Heft und ergänzen Sie sie dann dort.

Anzahl k der bereits eingenommenen Tabletten	1	2	3	4	5	6	7	8	9	10	11	12
Gesamtmenge Dolicert (in mg) unmittelbar nach Einnahme der k-ten Tablette	500	726										

Kann ich das?

Selbsttest

1. Geben Sie den Funktionsterm einer linearen Funktion f: $f(x) = mx + t$; $D_f = \mathbb{R}$, bzw. einer Exponentialfunktion g: $g(x) = a \cdot b^x$; $D_g = \mathbb{R}$, an, deren Graph durch die Punkte A (0 | 1) und B (2 | 4) verläuft.
   a) Zeichnen Sie G_f und G_g in ein Koordinatensystem (Einheit 1 cm) ein.
   b) Spiegeln Sie G_f an der x-Achse und G_g an der y-Achse und geben Sie die Funktionen f* bzw. g* an, deren Graphen die Spiegelbilder sind.
   c) Der Graph G_{f*} der Funktion f* aus Teilaufgabe b) schneidet die x-Achse im Punkt S. Berechnen Sie den Flächeninhalt und die Umfangslänge des Dreiecks BSB* mit B* (2 | g*(2)) sowie die Größen seiner Innenwinkel. Wie viel Prozent der Fläche dieses Dreiecks liegen im II. Quadranten?

2. Bestimmen Sie jeweils die Lösungsmenge über der angegebenen Grundmenge G.
   a) $3^{x+5} = 81$; $G = \mathbb{R}$ b) $2^y + 2^{2+y} = 20$; $G = \mathbb{R}_0^+$ c) $3 \cdot 5^x = 4^{2x}$; $G = \mathbb{R}$
   d) $3^{-y} + 3 = 0$; $G = \mathbb{R}$ e) $\log_3 x - \log_3(2 - x) = \log_3 9$; $G =]0; 2[$

3. Für welche reellen Werte von x gilt
   a) $1,5 < 2^x < 3,5$?   b) $0,5 < 10^x < 11$?   c) $-2 < \log x < 2$?

4. Ermitteln Sie graphisch die Lösung der Gleichung
   a) $2^x = 1,8$.   b) $0,2^x = 1,8$.

5. Vereinfachen Sie jeden der beiden Terme so weit wie möglich.
   a) $2 \cdot \log_3 \sqrt{x + 1} - \log_3[2(x + 1)]$; $x > -1$ b) $\log_2[\log_2(\log_2 256)]$

6. Herr Stein legt 5 000 € zu 4,5% p. a. an; dabei werden die Zinsen jeweils am Jahresende zum Kapital geschlagen.
   a) Berechnen Sie, auf welchen Betrag das Kapital in fünf Jahren anwächst.
   b) Nach wie viel Jahren hat sich das Kapital verdoppelt?
   c) Zu welchem Jahreszinssatz hätte Herr Stein das Kapital anlegen müssen, damit es sich bereits nach zehn Jahren verdoppelt?

7. a) Die Bevölkerung eines Staats (1995: 22,5 Millionen) nimmt jährlich um 2,5% zu. Berechnen Sie die Bevölkerungszahl im Jahr 2010. Finden Sie heraus, wann sich die Bevölkerungszahl bei gleich bleibender Zuwachsrate verdoppelt hat.
   b) Die Bevölkerung eines Staats (1995: 22,5 Millionen) nimmt jährlich um 0,25% ab. Berechnen Sie die Bevölkerungszahl im Jahr 2010. Finden Sie heraus, wann sich die Bevölkerungszahl bei gleich bleibender Abnahmerate halbiert hat.

8. Bei archäologischen Grabungen wurden Tierknochen gefunden. Der in ihnen enthaltene Kohlenstoff, der in „frischen" Knochen zu $1,5 \cdot 10^{-10}$ Prozent C 14 (Halbwertszeit 5 730 Jahre) ist, bestand nur noch zu $1,1 \cdot 10^{-10}$ Prozent aus C 14. Etwa wie alt waren die Knochen?

9. Eine Firma zahlt ihren langjährigen Mitarbeitern nach mindestens zehnjähriger Betriebszugehörigkeit eine Betriebsrente von 200 €; diese Rente soll jetzt durch Zuschläge ergänzt werden. Bei den Tarifverhandlungen stehen dafür zwei Vorschläge zur Diskussion.
   Vorschlag A: Mit jedem Jahr soll sich der Rentenanspruch um 20 € erhöhen.
   Vorschlag B: Mit jedem Jahr soll der Rentenanspruch um 7,5% steigen.
   Finden Sie heraus, welcher Vorschlag für die Arbeitnehmer vorteilhafter ist.

Lösungen unter www.ccbuchner.de (Eingabe „8260" im Suchfeld)

KAPITEL 4
Zusammengesetzte Zufallsexperimente

Thomas Bayes
geb. 1702 in London
gest. 1761 in Tunbridge Wells (Kent)
Geistlicher, Mathematiker

Thomas Bayes war presbyterianischer Geistlicher und leitete eine Pfarrei in der Nähe von London. Er beschäftigte sich aber auch mit mathematischen Fragen. Am bekanntesten sind seine Arbeiten zur Wahrscheinlichkeitstheorie; die Werke *Essays towards solving a problem in the doctrine of chance* und *A letter on asymptotic series* wurden erst 1763 posthum veröffentlicht. 1742 wurde er Mitglied der Royal Society.
Bayes untersuchte, wie aus empirisch gefundenen Daten auf die Wahrscheinlichkeit der zugrundeliegenden Ursachen geschlossen werden kann. Sind mehrere Ursachen am Zustandekommen eines Ereignisses beteiligt, so gibt die von Thomas Bayes publizierte **Bayes-Formel** den Anteil jeder einzelnen Ursache an.

4.1 Mehrstufige Zufallsexperimente

Lucas hat die grünen Spielfiguren und ist beim Würfeln an der Reihe.
Lucas: „Wie oft muss ich denn noch würfeln, um endlich herauszukommen?"

Arbeitsaufträge

- Schätzen Sie zuerst und ermitteln Sie dann die Wahrscheinlichkeit, dass Lucas gleich beim ersten (erst beim zweiten, dritten, ... zehnten) Wurf die erste Sechs wirft.
Beschreiben Sie die Wahrscheinlichkeit durch einen Term und veranschaulichen Sie die Termwerte durch ein Säulendiagramm.

- Schätzen Sie zuerst und finden Sie dann heraus, wie oft Lucas mindestens würfeln muss, um mit einer Wahrscheinlichkeit von mindestens 50% mindestens eine Sechs zu werfen.

Wenn beim n-ten Wurf die erste Sechs geworfen wurde, wurde bis dahin $(n-1)$-mal keine Sechs geworfen.

Nicht nur bei einem Spiel, sondern z. B. auch beim Testen eines Produkts interessiert man sich dafür, mit welcher Wahrscheinlichkeit ein Ereignis erst beim n-ten Versuch eintritt.
Beispiel:
Ein Laplace-Spielwürfel wird n-mal geworfen ($n \in \mathbb{N}$).

- Die Wahrscheinlichkeit, dass beim n-ten Wurf die erste Sechs geworfen wird, ist
$P_n(6) = \left(\frac{5}{6}\right)^{n-1} \cdot \frac{1}{6}$.

- Die Wahrscheinlichkeit, dass frühestens beim n-ten Wurf die erste Sechs geworfen wird, ist $P_n^*(6) = \left(\frac{5}{6}\right)^{n-1} \cdot 1 = \left(\frac{5}{6}\right)^{n-1}$.

*Lucas: „**Mindestens eine Sechs**" bedeutet „nicht keine Sechs".*

- Wie oft muss der Laplace-Spielwürfel mindestens geworfen werden, damit mit einer Wahrscheinlichkeit von mindestens p Prozent ($0 < p < 100$) mindestens einmal eine Sechs geworfen wird?
P („mindestens eine Sechs") $= 1 - \left(\frac{5}{6}\right)^n \geq \frac{p}{100}$; Auflösen der Ungleichung nach n ergibt $n \geq \frac{\log\left(1 - \frac{p}{100}\right)}{\log \frac{5}{6}}$.

Beispiele

- Das Laplace-Glücksrad wird dreimal gedreht. Mit welcher Wahrscheinlichkeit weist der Zeiger
  a) dreimal auf eine ungerade Primzahl?
  b) abwechselnd auf eine gerade und eine ungerade natürliche Zahl?
  c) beim dritten Drehen zum ersten Mal auf die Zahl 6?
  d) frühestens beim dritten Drehen auf die Zahl 6?
  Lösung:
  a) Ungerade Primzahlen: 3; 5 und 7; Anteil $0,3 = 30\%$
  P(„dreimal eine ungerade Primzahl") $= 0,3^3 = 2,7\%$
  b) G: gerade natürliche Zahl; U: ungerade natürliche Zahl
  P(G; U; G) + P(U; G; U) $= 0,4 \cdot 0,5 \cdot 0,4 + 0,5 \cdot 0,4 \cdot 0,5 = 0,08 + 0,10 = 0,18 = 18\%$
  c) Der Zeiger zeigt die ersten beiden Male nicht auf die Zahl 6 und erst beim dritten Mal auf die Zahl 6:
  $P(\overline{6}; \overline{6}; 6) = \frac{9}{10} \cdot \frac{9}{10} \cdot \frac{1}{10} = \frac{81}{1000} = 8,1\%$
  d) $P(\overline{6}; \overline{6}; 6 \text{ oder } \overline{6}) = \frac{9}{10} \cdot \frac{9}{10} \cdot 1 = \frac{81}{100} = 81\%$

4.1 Mehrstufige Zufallsexperimente

● Bei einem rechteckigen Werkstück werden Länge und Breite überprüft. Erfahrungsgemäß liegen diese mit einer Wahrscheinlichkeit von 15% (Länge) bzw. 10% (Breite) außerhalb der Toleranzgrenzen. Jedes Werkstück, bei dem mindestens eines der beiden Maße außerhalb der Toleranzgrenzen liegt, ist **A**usschuss. Finden Sie heraus, mit welcher Wahrscheinlichkeit ein kontrolliertes Werkstück **A**usschuss ist.

Lösung:

$\overline{A}$: das Maß liegt nicht außerhalb der Toleranzgrenzen

A: das Maß liegt außerhalb der Toleranzgrenzen

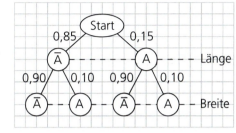

P(Ausschuss)
= 0,85 · 0,10 + 0,15 · (0,90 + 0,10)
= 0,085 + 0,15 = 0,235 = 23,5%

● Wie oft muss man einen Laplace-Spielwürfel mindestens werfen, um mit einer Wahrscheinlichkeit von mindestens 90% mindestens einmal eine 6 zu werfen? Lösen Sie die Aufgabe mithilfe eines Baumdiagramms

a) durch Überlegen und Probieren.

b) durch Rechnung.

Lösung:

a)

Anzahl der Würfe	1	2	3	...	n
Wahrscheinlichkeit, keine 6 zu werfen	$\frac{5}{6}$	$\left(\frac{5}{6}\right)^2$	$\left(\frac{5}{6}\right)^3$	...	$\left(\frac{5}{6}\right)^n$
Wahrscheinlichkeit, mindestens eine 6 zu werfen	$1 - \frac{5}{6} \approx 17\%$	$1 - \left(\frac{5}{6}\right)^2 \approx 31\%$	$1 - \left(\frac{5}{6}\right)^3 \approx 42\%$	...	$1 - \left(\frac{5}{6}\right)^n$

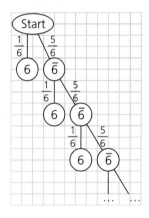

P(„bei n Würfen mindestens eine 6") = $1 - \left(\frac{5}{6}\right)^n$; $n \in \mathbb{N}$

$1 - \left(\frac{5}{6}\right)^n \geq 0{,}90$; | -1 $-\left(\frac{5}{6}\right)^n \geq -0{,}10$; | $\cdot (-1)$ $\left(\frac{5}{6}\right)^n \leq 0{,}10$.

Durch Probieren mithilfe des Taschenrechners findet man $n \geq 13$.

Probe: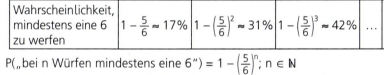

Man muss den Laplace-Spielwürfel mindestens 13-mal werfen.

b) Aus $\left(\frac{5}{6}\right)^n \leq 0{,}10$ [vgl. Teil a)] folgt durch Logarithmieren

$n \cdot \log \frac{5}{6} \leq \log 0{,}10$; | $: \log \frac{5}{6}$ und somit

$n \geq (\log 0{,}10) : \log \frac{5}{6} = 12{,}6 \ldots$, also (wegen $n \in \mathbb{N}$) $n \geq 13$.

[*Hinweis*: Da $\log \frac{5}{6}$ negativ ist, ändert sich beim Dividieren durch $\log \frac{5}{6}$ das Ungleichheitszeichen: aus $\leq$ wird $\geq$.]

Man muss den Laplace-Spielwürfel mindestens 13-mal werfen.

● Was bedeutet jeweils „Die Wahrscheinlichkeit ist a) mindestens 50% b) größer als 50% c) höchstens 50% d) weniger als 50%"?

● Die Wahrscheinlichkeit eines Ereignisses E ist P(E) = p mit $0 \leq p \leq 1$. Welchen Wert hat die Wahrscheinlichkeit P($\overline{E}$) des zugehörigen Gegenereignisses $\overline{E}$?

4.1 Mehrstufige Zufallsexperimente

Aufgaben

1. a) In einer Urne sind 5 **s**chwarze und 10 **w**eiße Kugeln. Es werden nacheinander zwei Kugeln ohne Zurücklegen gezogen.
   Vergleichen Sie P(**s**; **w**) und P(**w**; **s**).
   b) In einer Urne sind m **s**chwarze und n **w**eiße Kugeln (m, n ∈ ℕ\{1}). Es werden nacheinander zwei Kugeln ohne Zurücklegen gezogen.
   Vergleichen Sie P(**s**; **w**) und P(**w**; **s**).

	M	$\overline{M}$	
D			0,20
$\overline{D}$	0,24		
		0,64	

Der Prüfling besteht
- *in Mathematik: M*
- *in Deutsch: D*

2. An einem Einstellungstest, bei dem Prüfungen in Deutsch und in Mathematik abzulegen sind, nehmen 150 Personen teil. Besteht ein Prüfling sowohl in Mathematik wie auch in Deutsch den Test, wird er angenommen.
   Übertragen Sie die Vierfeldertafel in Ihr Heft und ergänzen Sie sie dann dort.
   a) Geben Sie an, wie viele Personen angenommen werden.
   b) Ermitteln Sie, wie viele Personen nicht angenommen werden, obwohl sie eine der beiden Prüfungen bestanden haben.

3. Lucas trainiert Jonglieren. Ein neuer Trick gelingt ihm mit einer Wahrscheinlichkeit von 20%. Mit welcher Wahrscheinlichkeit gelingt ihm dieser neue Trick
   a) bei jedem von fünf Versuchen?
   b) bei keinem von fünf Versuchen?
   c) bei genau einem von fünf Versuchen?
   d) beim fünften Versuch zum ersten Mal?
   e) frühestens beim fünften Versuch?
   f) spätestens beim fünften Versuch?
   g) bei fünf Versuchen genau viermal?

4. Jedem vierten Müsliriegel der neuen Sorte SUPERFIT liegt ein Gutschein für einen weiteren SUPERFIT-Müsliriegel bei. Gregor kauft fünf SUPERFIT-Müsliriegel und öffnet sie nacheinander.
   (1) Berechnen Sie die Wahrscheinlichkeit folgender Ereignisse.
   a) Keiner der fünf Müsliriegel enthält einen Gutschein.
   b) Jeder der fünf Müsliriegel enthält einen Gutschein.
   c) Nur der fünfte Müsliriegel enthält einen Gutschein.
   d) Genau einer der fünf Müsliriegel enthält einen Gutschein.
   e) Mindestens einer der fünf Müsliriegel enthält einen Gutschein.
   f) Einer der beiden ersten Müsliriegel und der dritte enthält je einen Gutschein, sonst aber kein weiterer.
   (2) Wie viele Müsliriegel müsste Gregor mindestens kaufen, um mit einer Wahrscheinlichkeit von mindestens 90% mindestens einen Gutschein zu erhalten?

5. Etwa 5% der 2-€-Münzen, die in Deutschland im Umlauf sind, sind ausländische 2-€-Münzen. Sophie sammelt ausländische 2-€-Münzen.
   a) Sie erhält im Supermarkt als Rückgeld drei 2-€-Münzen. Ermitteln Sie
      (1) die Wahrscheinlichkeit, dass alle drei 2-€-Münzen ausländische Münzen sind.
      (2) die Wahrscheinlichkeit, dass zwei der drei 2-€-Münzen ausländische Münzen sind.
   b) Wie viele 2-€-Münzen muss Sophie mindestens prüfen, bis sie mit mehr als 50% Wahrscheinlichkeit mindestens eine ausländische 2-€-Münze findet?

4.1 Mehrstufige Zufallsexperimente

6. Das Emmy-Noether-Gymnasium führt mit einer Schule in Sydney einen Schüleraustausch für die 60 Schüler und Schülerinnen der 10. Klassen durch. Es bewarben sich 75% aller **M**ädchen und 25% aller **J**ungen der 10. Jahrgangsstufe.
   a) Übertragen Sie die Vierfeldertafel in Ihr Heft und ergänzen Sie sie dann dort.
   b) Erklären Sie die ausgefüllte Vierfeldertafel. Geben Sie an, wie viel Prozent der Schüler/Schülerinnen der 10. Klassen sich für den Austausch bewarben.

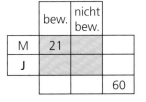

	bew.	nicht bew.	
M	21		
J			
			60

7. In einer Tanzschule melden sich 15 Jugendliche neu an, darunter auch Sophie und Gregor. Die 15 neu Angemeldeten werden zufällig auf drei Kurse aufgeteilt, sodass von ihnen fünf in den ersten Kurs, sechs in den zweiten Kurs und vier in den dritten Kurs kommen.
   Erstellen Sie ein Baumdiagramm und verwenden Sie es, um herauszufinden, mit welcher Wahrscheinlichkeit Sophie und Gregor in den gleichen Kurs kommen.

8. Im Rahmen einer Studie wurden 1 200 Personen danach befragt, ob sie sich vor dem letzten Winter gegen Grippe hatten impfen lassen und ob sie im letzten Winter an Grippe erkrankten. Übertragen Sie die Vierfeldertafel in Ihr Heft und ergänzen Sie sie dann dort. Geben Sie an, wie viel Prozent der Geimpften an Grippe erkrankten und wie viel Prozent der Nichtgeimpften nicht an Grippe erkrankten.

	geimpft	nicht geimpft	
erkrankt	146		633
nicht erkrankt		206	
			1 200

9. Untersuchungen haben gezeigt, dass in Großstädten etwa 5% der Fahrgäste ohne gültigen Fahrausweis fahren, also „Schwarzfahrer" sind. Finden Sie zum Vergleich damit heraus, wie hoch der Anteil der Schwarzfahrer an allen Fahrgästen mindestens sein muss, damit unter 100 Fahrgästen mit einer Wahrscheinlichkeit von mindestens 90% mindestens ein Schwarzfahrer ist.

10. In einem Jugendclub sind 24 Mädchen und 26 Jungen, darunter Laura und Lucas. Durch Los wird ermittelt, welche zwei Jugendlichen zum nächsten Treffen je einen Kuchen mitbringen. Finden Sie heraus, mit welcher Wahrscheinlichkeit das Los
    a) sowohl Laura wie auch Lucas trifft.
    b) weder Laura noch Lucas trifft.
    c) zwar Laura, aber nicht Lucas trifft.
    d) zwar Lucas, aber nicht Laura trifft.
    e) irgendein Mädchen und irgendeinen Jungen trifft.
    f) irgendwelche zwei Jungen trifft.
    g) irgendwelche zwei Mädchen (darunter aber nicht Laura) trifft.

W1 Was bedeutet $E_1 \cap E_2$, wenn $E_1 = \{1; 3; 6; 10; 15\}$ und $E_2 = \{1; 3; 6; 9; 12\}$ ist?

W2 Welches ist die Lösungsmenge der Ungleichung
$-2(x + 6) > 4(3 + 2x)$ über $G = \,]-5; 5[\,$?

W3 Welche Größen haben die spitzen Winkel eines rechtwinkligen Dreiecks, dessen Katheten 4 cm bzw. 6 cm lang sind?

$\tan 45° = ?$
$\log_9 3 = ?$
$\log_2 1 + \log_2 2 + \log_2 4 = ?$

Alte und moderne Zufallsgeräte

In allen Epochen und in allen Kulturen haben sich die Menschen mit Glücksspielen beschäftigt; schon in der Antike waren vor allem Würfelspiele sehr beliebt. In den französischen Salons des 17. und 18. Jahrhunderts erfreuten sich Glücksspiele besonderer Beliebtheit. Dabei wurden bei der Diskussion der Gewinnchancen auch Mathematiker wie J. Bernoulli, Fermat und Pascal um Rat gefragt.

Zu allen Zeiten und in allen Kulturkreisen hat der Staat Glücksspiele zu reglementieren versucht und oft auch völlig verboten; Plutarch (griechischer Schriftsteller um 100 n. Chr.) bezeichnete Glücksspiele sogar als „Zerstreuung der Verbrecher in den Gefängnissen". Ungeachtet der Verbote gab es zu allen Zeiten Glücksspiele, die mit verschiedenen Zufallsgeräten veranstaltet wurden.

Antike Zufallsgeräte und Glücksspiele

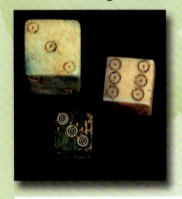

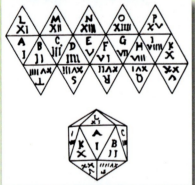
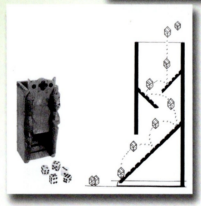

Moderne Zufallsgeräte und Glücksspiele

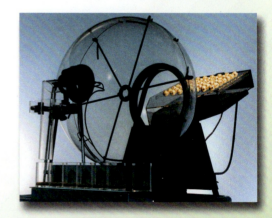

Die Klasse von Gregor, Laura, Lucas und Sophie führt ein **Projekt** zum Thema *Alte und moderne Zufallsgeräte* durch; dabei wird auch das Thema *Legale und illegale Glücksspiele* behandelt.
Bei der Vorbereitung wird u. a. auch eine **Internetrecherche** eingesetzt.

Alte und moderne Zufallsgeräte

Projekt
Alte und moderne Zufallsgeräte - Legale und illegale Glücksspiele

Zielsetzung
Es sollen zum einen alte und moderne Zufallsgeräte vorgestellt werden. Dabei geht es auch um geschichtliche Aspekte, also um einen Einblick in das kulturelle Leben in verschiedenen Epochen und in unterschiedlichen Kulturkreisen.
Zum andern geht es um Informationen über die Rechtslage, also um eine Antwort z. B. auf die Frage, was man unter legalen Glückspielen versteht, oder auf die Frage, ab welchem Alter sich Jugendliche an legalen Glücksspielen beteiligen dürfen.

Arbeitsmethode
Die Bearbeitung erfolgt in Teams; jedes Teammitglied trägt zum Gelingen bei. Abschließend werden dann die Ergebnisse der einzelnen Teams den anderen Teams vorgestellt.

Ablauf
Phase 1 Einführung und Wahl der Einzelthemen
In das Thema wird die gesamte Klasse durch Schüler/Schülerinnen oder durch die Lehrkraft eingeführt. Dabei werden Themenvorschläge von der Lehrkraft und/oder von den Schülern/Schülerinnen gemacht.
Phase 2 Arbeit in Gruppen
Es bilden sich Arbeitsgruppen; jede Gruppe wählt ihr Einzelthema. Die Arbeit in den Teams sollte arbeitsteilig erfolgen: Jedes Teammitglied ist für das Gelingen der Arbeit mitverantwortlich; manchmal empfiehlt es sich, einen Teamsprecher/eine Teamsprecherin zur Koordination zu wählen.
Phase 3 Vorbereitung der Präsentationen
Alle Teams bringen ihre Ergebnisse in eine geeignete Präsentationsform (z. B. Präsentation auf einem Poster, Bau von Modellen). Die Darstellung soll die wesentlichen Ergebnisse der Arbeit wiedergeben, den Betrachter aber nicht überfordern (der Gefahr der Überfrachtung vor allem bei Texten widerstehen; „ein Bild sagt mehr als tausend Worte").
Phase 4 Vorstellung im Plenum
Die Einzelteams stellen ihre Ergebnisse zu einem von der Klasse und der Lehrkraft festgelegten Zeitpunkt der Klasse vor; dabei ist den Teams die Wahl der Präsentationsform freigestellt.
Phase 5 Evaluation
Beurteilung der Ergebnisse durch die Klasse und durch die Lehrkraft; selbstkritischer Rückblick

Internetrecherche
Alte und moderne Zufallsgeräte – Legale und illegale Glücksspiele
Im Internet ist eine Fülle von Informationen abgelegt; allerdings gibt es noch kein „Inhaltsverzeichnis", das die Suche nach geeignetem Material erleichtern würde. Die Suche nach passenden Quellen erfolgt deshalb mithilfe von **Suchmaschinen**. Diese durchsuchen entweder national oder weltweit die Dokumente, die auf verschiedenen Servern abgelegt sind, nach den eingegebenen Begriffen.

Vorgehensweise
Phase 1 Festlegung passender Begriffe und Aufteilung der Informationsbeschaffung
Phase 2 Information über die Adressen von Suchmaschinen
Phase 3 Online-Suche
- Suchmaschine im Internet aufrufen
- Suchbegriff eingeben
- Ergebnisse sichten; ggf. Suchbegriff präzisieren
- Ausdrucken oder Download der ausgewählten Dokumente

Gregor: „Ich habe bei GOOGLE als Suchbegriff *Glücksspiele* eingegeben. Bei einem der Hits habe ich einen Link zum Jugendschutz gefunden."

Phase 4 Auswertung der ausgedruckten oder abgespeicherten Dokumente

Ehrliche Antworten auf „indiskrete" Fragen

Auf „indiskrete" Fragen wie z. B.

| Sind Sie schon einmal betrunken gewesen? ☐ ja ☐ nein | Sind Sie schon einmal „schwarzgefahren"? ☐ ja ☐ nein |

| Haben Sie schon einmal die Schule „geschwänzt"? ☐ ja ☐ nein | Haben Sie schon einmal eine „Raubkopie" hergestellt? ☐ ja ☐ nein |

| Haben Sie bei der letzten Mathematikschulaufgabe „gespickt"? ☐ ja ☐ nein | Haben Sie schon einmal „geklaut"? ☐ ja ☐ nein |

wird die befragte Person nur selten ehrlich antworten; man kann also davon ausgehen, dass bei einer **direkten Befragung** der tatsächliche Ja-Anteil unterschätzt wird. Um bei solchen Umfragen trotzdem möglichst viele ehrliche Antworten zu erhalten, verwendet man **Verschlüsselungsmethoden**. So kann man dieses Problem z. B. durch **RRT**-Umfragen (**R**andomized-**R**esponse-**T**echnik) mit geringem Aufwand lösen: Um die Anonymität bei der Befragung zu gewährleisten, wird die Aussage mit einem Zufallsexperiment (z. B. dem Werfen einer Münze, dem Drehen eines Glücksrads …) gekoppelt, dessen Ergebnis **nur** der Befragte (**nicht aber** der Fragende) kennt.

Erstes Verschlüsselungsverfahren
Beispiel: **Umfrage zum Drogenkonsum:**

| Haben Sie schon einmal Drogen (Haschisch, Heroin, Kokain, LSD …) genommen? ☐ ja ☐ nein |

Information für die befragte Person:

> Um Ihre Anonymität bei dieser Befragung, bei der es um eine „heikle Frage" geht, zu gewährleisten, werfen Sie zunächst einmal verdeckt eine Münze, sodass *nur Sie* sehen können, welche Seite der Münze erscheint.
> - Zeigt Ihre Münze **W**appen, so antworten Sie auf jeden Fall mit ja (egal, ob Sie schon einmal Drogen genommen haben oder nicht).
> - Zeigt Ihre Münze **Z**ahl, so beantworten Sie die Frage wahrheitsgemäß.

Aus dem Baumdiagramm ergibt sich
P(„ja") = $\frac{1}{2} \cdot 1 + \frac{1}{2} \cdot p$;

p: (unbekannter) Anteil der Personen der Versuchsgruppe, die schon einmal Drogen genommen haben.

Man ersetzt P(„ja") durch die relative Häufigkeit $h_n = \frac{k}{n}$ von „ja" und erhält $p^* = 2h_n - 1$ als Schätzwert für den gesuchten Anteil p.

n: Anzahl der befragten Personen;
k: Anzahl der „ja"-Antworten

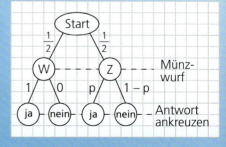

Ehrliche Antworten auf „indiskrete" Fragen

1. Gregor und Sophie haben in den achten und neunten Klassen ihres Gymnasiums eine Umfrage nach dem ersten Verschlüsselungsverfahren durchgeführt und dabei 207 Schüler und Schülerinnen befragt.

> **Umfrage**
> Hast du schon einmal ein falsches Alter angegeben (z. B., um in eine Disko gehen zu können)?
> Um die Anonymität bei dieser Befragung zu gewährleisten, wirf zuerst eine Münze.
> - Zeigt die Münze **W**appen, so antworte auf jeden Fall mit „**ja**"
>   (egal, ob du schon einmal ein falsches Alter angegeben hast oder nicht).
> - Zeigt die Münze **Z**ahl, so beantworte stattdessen die obige Frage wahrheitsgemäß.
> ☐ ja   ☐ nein

Bei dieser Umfrage war 141-mal „ja" angekreuzt. Berechnen Sie hieraus einen Schätzwert p^* für den Anteil p der Schüler/Schülerinnen, die schon einmal ein falsches Alter angegeben haben.

Zweites Verschlüsselungsverfahren
Hier verwendet man, um die Anonymität der befragten Personen zu gewährleisten, zwei Glücksräder und zwei Aussagen, die in keinem Zusammenhang miteinander stehen. *Beispiel:*

> **Umfrage**
> Sind Sie schon einmal „schwarzgefahren"?
> Drehen Sie zuerst „verdeckt" das 1. Glücksrad.
> - Zeigt der Zeiger auf das Feld 1, dann beantworten Sie die 1. Frage wahrheitsgemäß.
> - Zeigt der Zeiger dagegen auf das Feld 2, dann drehen Sie stattdessen das 2. Glücksrad und beantworten dann die 2. Frage wahrheitsgemäß.
> 1. Frage: Sind Sie schon einmal „schwarzgefahren"?
> 2. Frage: Weist der Zeiger des 2. Glücksrads auf Rot?
> ☐ ja   ☐ nein

Glücksräder

1. Glücksrad

2. Glücksrad

Aus dem Baumdiagramm ergibt sich
$P(\text{„ja"}) = \frac{3}{4} \cdot p + \frac{1}{4} \cdot \frac{2}{3}$;
p: (unbekannter) Anteil der Personen der Versuchsgruppe, die schon einmal „schwarzgefahren" sind.
Man ersetzt $P(\text{„ja"})$ durch die relative Häufigkeit $h_n = \frac{k}{n}$ von „ja" und erhält $p^* = \frac{4}{3} \cdot \left(h_n - \frac{1}{6}\right)$ als Schätzwert für den gesuchten Anteil p.
n: Anzahl der befragten Personen;
k: Anzahl der „ja"-Antworten

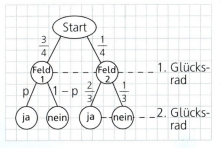

2. Laura und Lucas haben in der Unterstufe ihres Gymnasiums eine Umfrage nach dem zweiten Verschlüsselungsverfahren durchgeführt. Bei dieser Umfrage haben sie 480 Schüler/Schülerinnen befragt und 316 „ja"-Antworten erhalten. Ermitteln Sie einen Schätzwert für den Anteil der Schüler/Schülerinnen, die manchmal bei „ROT" über die Straße gehen.

> 1. Manchmal gehe ich bei „ROT" über die Straße.
> 2. Der Zeiger des zweiten Glücksrads weist auf Rot.
> ☐ ja   ☐ nein

3. Führen Sie eine Umfrage zu einem Thema Ihrer Wahl nach dem ersten **und** nach dem zweiten Verschlüsselungsverfahren durch und vergleichen Sie die beiden Schätzwerte für p miteinander.

4.2 Bedingte Wahrscheinlichkeit

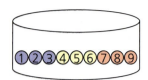

Gregor entnimmt der nebenstehend abgebildeten Urne „blind" eine Kugel, sagt: „Die Zahl auf der Kugel ist mit einer Wahrscheinlichkeit von etwa 44% gerade." und legt die Kugel wieder in die Urne zurück.
Sophie entnimmt hierauf der Urne „blind" eine Kugel und prüft deren Farbe. Sie stellt fest, dass sie eine gelbe Kugel gezogen hat, und überlegt sich dann, mit welcher Wahrscheinlichkeit auf dieser Kugel eine gerade Zahl steht.

Arbeitsauftrag

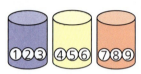

- Finden Sie heraus, mit welcher Wahrscheinlichkeit die Zahl auf der von Sophie gezogenen gelben Kugel gerade ist. Stellen Sie sich dazu vor, dass die Kugeln gleicher Farbe jeweils in einer eigenen Urne liegen, und betrachen Sie Sophies Vorgehen als zweistufiges Zufallsexperiment: Man „zieht" zuerst „blind" eine Farburne; dann zieht man aus ihr „blind" eine Kugel. Ermitteln Sie die Wahrscheinlichkeit, dass die Zahl auf der von Sophie „blind" gezogenen gelben Kugel gerade ist.

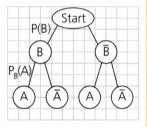

Lucas: Zusatzinformationen verändern die Wahrscheinlichkeit.

Bei einem Zufallsexperiment interessiert man sich für die Wahrscheinlichkeit P(A), dass ein bestimmtes Ereignis A eintritt (im *Beispiel*: die gezogene Zahl ist gerade). Erhält man die Information, dass – noch ehe das Ereignis A eintritt – schon das Ereignis B (im *Beispiel*: das Ziehen einer gelben Kugel) eingetreten ist, dann sind nur noch **die** Ergebnisse von A von Bedeutung, die unter der Voraussetzung „B ist eingetreten" eintreten. Es fallen somit alle Ergebnisse des zweistufigen Zufallsexperiments weg, die nicht zu B gehören (im *Beispiel*: das Ziehen einer blauen oder einer roten Kugel), und für das Ereignis A sind nur noch **die** Ergebnisse günstig, die der Menge A ∩ B angehören.
Die zugehörige Wahrscheinlichkeit $P_B(A)$ (gelesen: „Wahrscheinlichkeit von A unter der Bedingung B") für das Ereignis A heißt **bedingte Wahrscheinlichkeit**.
Darunter versteht man also die Wahrscheinlichkeit, mit der das Ereignis A unter der Voraussetzung, dass B bereits eingetreten ist, eintritt; für sie gilt $\mathbf{P_B(A)} = \dfrac{P(A \cap B)}{P(B)}$.

Beispiele

- Aus einer Urne, die vier weiße und sechs rote Kugeln enthält, werden nacheinander (ohne Zurücklegen) zwei Kugeln gezogen.
  Ermitteln Sie mithilfe eines Baumdiagramms die Wahrscheinlichkeit dafür, dass
  a) die erste Kugel rot ist.
  b) beide Kugeln rot sind.
  c) die zweite Kugel rot ist unter der Voraussetzung, dass bereits die erste Kugel rot war.
  d) die zweite Kugel rot ist unter der Voraussetzung, dass die erste Kugel weiß war.

  Lösung:
  a) P(erste Kugel rot) = $\dfrac{6}{10}$ = 60%
  b) P(beide Kugeln rot) = $\dfrac{6}{10} \cdot \dfrac{5}{9} = \dfrac{1}{3} \approx 33\%$
  c) $P_{\text{erste Kugel rot}}$ (zweite Kugel rot) = $\dfrac{5}{9} \approx 56\%$
  d) $P_{\text{erste Kugel weiß}}$ (zweite Kugel rot) =
   = $\dfrac{6}{9} = \dfrac{2}{3} \approx 67\%$

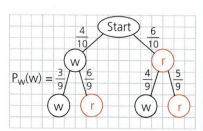

4.2 Bedingte Wahrscheinlichkeit

- Von den 120 Mitgliedern der Leichtathletikabteilung eines Sportvereins haben 50 das **D**eutsche Sportabzeichen, 25 das **B**ayerische Sportabzeichen und 15 beide Sportabzeichen.
  a) Erstellen Sie eine Vierfeldertafel und ein Baumdiagramm.
  b) Wie groß ist die Wahrscheinlichkeit, dass ein zufällig ausgewähltes Mitglied der Leichtathletikabteilung das **B**ayerische Sportabzeichen besitzt?
  c) Wie groß ist die Wahrscheinlichkeit, dass ein zufällig ausgewähltes Mitglied der Leichtathletikabteilung, das das **D**eutsche Sportabzeichen besitzt, auch das **B**ayerische Sportabzeichen hat?
  d) Wie groß ist die Wahrscheinlichkeit, dass ein zufällig ausgewähltes Mitglied der Leichtathletikabteilung, das das **B**ayerische Sportabzeichen besitzt, auch das **D**eutsche Sportabzeichen hat?

Lösung:

a)

	B	$\bar{B}$	
D	15	35	50
$\bar{D}$	10	60	70
	25	95	120

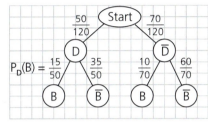

b) $P(\mathbf{B}) = \frac{25}{120} \approx 21\%$ bzw. $P(\mathbf{B}) = \frac{50}{120} \cdot \frac{15}{50} + \frac{70}{120} \cdot \frac{10}{70} = \frac{25}{120} \approx 21\%$

c) Unter den 50 Personen, die das **D**eutsche Sportabzeichen besitzen, gibt es 15, die auch das **B**ayerische Sportabzeichen besitzen; mithilfe der Vierfeldertafel ergibt sich also $P_D(\mathbf{B}) = \frac{15}{50} = 30\%$.
Aus dem Baumdiagramm ergibt sich direkt $P_D(\mathbf{B}) = \frac{15}{50} = 30\%$.

d) Unter den 25 Personen, die das **B**ayerische Sportabzeichen besitzen, gibt es 15, die auch das **D**eutsche Sportabzeichen besitzen; mithilfe der Vierfeldertafel ergibt sich also $P_B(\mathbf{D}) = \frac{15}{25} = 60\%$.
Aus dem Baumdiagramm ergibt sich

$$P_B(\mathbf{D}) = \frac{P(\mathbf{D} \cap \mathbf{B})}{P(\mathbf{B})} = \frac{\frac{50}{120} \cdot \frac{15}{50}}{\frac{50}{120} \cdot \frac{15}{50} + \frac{70}{120} \cdot \frac{10}{70}} = \frac{\frac{15}{120}}{\frac{25}{120}} = \frac{15}{25} = 60\%.$$

Anmerkung: Die Lösung zu d) hätte sich aus dem „inversen" Baumdiagramm („zuerst B, dann D") etwas einfacher ergeben.

- Können bedingte Wahrscheinlichkeiten den Wert 0 bzw. den Wert 1 annehmen?
- Kann $P_A(B) = P(B)$ sein?
- Was bedeutet $P_A(B) = P_B(A)$?

Aufgaben

1. In einer Schachtel sind 36 Ostereier mit Vollmilchschokolade und 24 Ostereier mit Bitterschokolade; 15 der Eier mit Vollmilchschokolade und 10 der Eier mit Bitterschokolade sind mit Marzipan gefüllt.
   a) Erstellen Sie eine Vierfeldertafel mit absoluten Häufigkeiten.
   b) Gregor greift „blind" in die Schachtel und nimmt ein Osterei. Geben Sie an, mit welcher Wahrscheinlichkeit es ein „Marzipanei" ist.
   c) Sophie hat aus der Schachtel ein Ei mit Vollmilchschokolade entnommen. Finden Sie heraus, mit welcher Wahrscheinlichkeit es kein „Marzipanei" ist.
   d) Erstellen Sie ein Baumdiagramm und beschriften Sie es.

4.2 Bedingte Wahrscheinlichkeit

2. In einem Haus ist eine Alarmanlage installiert. Beschreiben Sie folgende bedingte Wahrscheinlichkeiten mit eigenen Worten (es bedeutet A: „Die Alarmanlage springt an" und E: „Jemand versucht einzubrechen").
  a) $P_E(A)$ b) $P_E(\overline{A})$ c) $P_{\overline{E}}(A)$ d) $P_{\overline{A}}(E)$.
Erläutern Sie, welche dieser vier bedingten Wahrscheinlichkeiten möglichst groß und welche möglichst klein sein sollten.

Lucas erinnert sich: **Ziehen mit einem Griff** *ist gleichwertig mit* **Ziehen nacheinander ohne Zurücklegen**.

3. Die Urne A enthält 4 rote und 6 schwarze Kugeln; die Urne B enthält 7 rote und 3 schwarze Kugeln. Lucas wählt „blind" eine der Urnen aus und zieht dann aus ihr mit einem Griff „blind" drei Kugeln. Ermitteln Sie die Wahrscheinlichkeit, dass alle drei Kugeln rot sind. Wie ändert sich die Wahrscheinlichkeit für drei rote Kugeln, wenn Sie im Voraus wissen, aus welcher Urne gezogen wird?

4. Bei einer Umfrage zum Thema *Autowartung und Motorschaden* lautete
Frage 1: Brachten Sie Ihr Auto regelmäßig zur Wartung?
Frage 2: Hatten Sie im letzten Jahr einen Motorschaden?
Die Ergebnisse sind in nebenstehendem Baumdiagramm dargestellt.
Ermitteln Sie die Wahrscheinlichkeit,

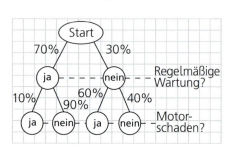

  a) dass jemand einen Motorschaden hatte.
  b) dass jemand einen Motorschaden hatte, obwohl sein Auto regelmäßig gewartet wurde.
  c) dass jemand weder regelmäßig bei der Wartung war noch einen Motorschaden hatte.

5. Bei einem Zufallsexperiment wird ein regelmäßiges Dodekaeder, dessen zwölf Flächen mit den natürlichen Zahlen von 1 bis 12 beschriftet sind, einmal geworfen. Als „Treffer" gilt, wenn entweder 1 oder 12 geworfen wird.
  a) Mit welcher Wahrscheinlichkeit wird ein Treffer erzielt?
  b) Laura kann erkennen, dass keine 5 geworfen wurde. Mit welcher Wahrscheinlichkeit kann Laura auf einen Treffer hoffen?
  c) Geben Sie eine Bedingung B an, so dass $P_B(\text{„1 oder 12 wird geworfen"}) = \frac{1}{3}$ ist.

Laura: Ein Skatspiel hat 32 Karten; die Hälfte davon sind rote Karten.

G 6. Gregor zieht verdeckt eine Karte aus einem Skatspiel.
  a) Wie groß ist die Wahrscheinlichkeit, dass Lucas sie sofort errät?
  b) Wenn Lucas die Karte nicht errät, gibt ihm Gregor *eine* der folgenden sechs Zusatzinformationen:

  ① Es ist eine rote Karte.   ② Es ist eine Bildkarte.   ③ Es ist keine Dame.
  ④ Es ist kein König.   ⑤ Es ist ein Bube.   ⑥ Es ist der Herzbube.

  Ermitteln Sie jeweils die Wahrscheinlichkeit, damit die Karte zu erraten.
  c) Finden Sie heraus, wie sich die Wahrscheinlichkeit, die Karte zu erraten, laufend ändert, wenn Gregor alle sechs Zusatzinformationen aus Teilaufgabe b) der Reihe nach preisgibt.

Bildkarten: Ass, Bube, Dame, König

4.2 Bedingte Wahrscheinlichkeit

7. Die deutschen Frauen haben im Durchschnitt 1,4 Kinder. Diejenigen von ihnen, die Kinder haben, haben im Durchschnitt 2,06 Kinder.
Wie viel Prozent der deutschen Frauen sind demnach kinderlos?

8. In einer Urne befinden sich 4 rote, 6 weiße und 8 schwarze Kugeln. Es werden nacheinander ohne Zurücklegen „blind" drei Kugeln entnommen.
   a) Wie groß ist die Wahrscheinlichkeit, dass die drei Kugeln drei verschiedene Farben haben?
   b) Die erste Kugel ist rot, die zweite nicht. Wie groß ist dann die Wahrscheinlichkeit, dass die drei Kugeln drei verschiedene Farben haben?
   c) Die ersten beiden Kugeln haben verschiedene Farben. Wie groß ist dann die Wahrscheinlichkeit, dass die drei Kugeln drei verschiedene Farben haben?

9. Durch einen Test, an dem 100 Personen teilnehmen, soll die Eignung für einen Ausbildungsberuf geprüft werden. Die Erfahrung hat gezeigt, dass 70% der Personen, die an diesem Test teilnehmen, die Berufseignung besitzen; 80% der Testteilnehmer/-teilnehmerinnen mit Berufseignung bestehen den Test. Insgesamt bestehen 60% aller Teilnehmer/Teilnehmerinnen den Test.
   a) Übertragen Sie die Vierfeldertafel in Ihr Heft und ergänzen Sie sie dann dort.
   b) Ermitteln Sie die Wahrscheinlichkeit, dass eine Person, die nicht für den Beruf geeignet ist, den Test besteht.

	geeignet	nicht geeignet	
bestanden			
nicht bestanden			
			100

10. Nach den Sterbetafeln der Bundesrepublik Deutschland für die Jahre 2002/2004 erreichte ein männliches Neugeborenes mit einer Wahrscheinlichkeit von 0,97 das 40. Lebensjahr (Ereignis A40) und mit einer Wahrscheinlichkeit von 0,87 das 60. Lebensjahr (A60). Ermitteln Sie die Wahrscheinlichkeit, dass ein 40-jähriger Mann mindestens 60 Jahre alt wird.

11. Zu Beginn des 21. Jahrhunderts waren in Europa etwa 0,01% aller Männer, die zu keiner Risikogruppe gehören, mit HIV infiziert.
Mithilfe eines HIV-Tests soll festgestellt werden, ob eine Infektion vorliegt. Wenn ein Mann mit HIV infiziert ist, dann fällt der Test mit 99,9% positiv aus. Wenn ein Mann nicht infiziert ist, dann beträgt die Wahrscheinlichkeit 99,99%, dass der Test bei ihm negativ ausfällt.
   a) Ermitteln Sie die Wahrscheinlichkeit, dass bei einem Mann, der keiner Risikogruppe angehört, ein positives Testergebnis vorliegt.
   b) Ein Arzt teilt einem Mann, der keiner Risikogruppe angehört, ein positives Testergebnis mit. Bestimmen Sie die Wahrscheinlichkeit, dass der Mann tatsächlich infiziert ist.

Wenn ein Test eine Erkrankung anzeigt, nennt man das Ergebnis „positiv", unabhängig davon, ob die Erkrankung vorliegt oder nicht.

W1 What is the slope of the line with the equation $y = -5 + 3x$?
W2 What does the term "half-life" mean?
W3 Which equation represents exponential decay?
   (1) $f_1(x) = \frac{1}{3}x$ (2) $f_2(x) = 3^x$ (3) $f_3(x) = \sqrt[3]{x}$ (4) $f_4(x) = \left(\frac{1}{3}\right)^x$;
   $D_{f_1} = D_{f_2} = D_{f_3} = D_{f_4} = \mathbb{R}_0^+$

$\log_2 0{,}5 = ?$
$\log_2 \sqrt{2} = ?$
$\log_2 256 = ?$

Das Ziegenproblem

Stellen Sie sich vor, Sie stehen während einer Fernseh-Spielshow vor drei geschlossenen Türen und erfahren vom Moderator, dass hinter einer der drei Türen als Gewinn ein Auto steht und hinter den beiden anderen Türen jeweils eine Ziege.

- Sie wählen eine Tür aus, die aber zunächst noch verschlossen bleibt.
- Daraufhin öffnet der Moderator, der weiß, hinter welcher Tür das Auto steht, eine der beiden von Ihnen nicht gewählten Türen, hinter der eine Ziege steht.
- Dann fragt der Moderator Sie, ob Sie bei der von Ihnen gewählten Tür bleiben oder ob Sie wechseln möchten.

1. Glauben Sie, dass es vorteilhaft ist, Ihre Entscheidung zu ändern, weil Sie der Ansicht sind, dass die Wahrscheinlichkeit, den Gewinn zu erhalten, größer wird, wenn Sie sich für die andere Tür entscheiden? Diskutieren Sie mit Ihren Mitschülern/Mitschülerinnen über dieses Problem.

2. Simulieren Sie die Show durch folgendes Spiel, das Sie mit zwei Mitschülern/ Mitschülerinnen [Moderator(in) M, Kandidat(in) A, Kandidat(in) B] durchspielen: Sie nehmen drei Spielkarten, z. B. als „Ziegenkarten" Kreuz-Ass und Pik-Ass und als „Gewinnkarte" Herz-Ass.

   - M mischt die drei Karten und legt sie dann verdeckt auf den Tisch. Kandidat(in) A zeigt auf eine der Karten. M, der (die) die Karten kennt, deckt eine nicht von A gewählte „Ziegenkarte" auf und fragt A, ob er (sie) wechseln möchte. A bleibt bei der getroffenen Wahl.

   - M legt die Karten neu gemischt verdeckt auf den Tisch. Kandidat(in) B zeigt auf eine der Karten. M, der (die) die Karten wieder kennt, deckt eine nicht von B gewählte „Ziegenkarte" auf und fragt B, ob er (sie) wechseln möchte. B wechselt.

   - Spielen Sie das Spiel zwanzigmal; dabei soll A nie wechseln, B jedoch stets wechseln.
     Legen Sie in Ihrem Heft eine Tabelle an, in die sie jedes „Spielergebnis" eintragen.

Spiel	„Nicht Wechseln" (A)		„Wechseln" (B)	
	Gewonnen	Verloren	Gewonnen	Verloren
1				
2				
...				
19				
20				

- Werten Sie das Spiel aus, indem Sie jeweils die absolute und die relative Häufigkeit der gewonnenen Spiele beim „Nichtwechseln" und beim „Wechseln" angeben.
- Vergleichen Sie das Ergebnis Ihrer Gruppe mit den Ergebnissen der anderen Gruppen. Was fällt Ihnen auf?

Das Ziegenproblem

3. Die Ergebnisse des Spiels aus Aufgabe 2. legen die Vermutung nahe, dass die Wahrscheinlichkeit, das Auto zu gewinnen, durch Wechseln größer wird. Diese Vermutung soll nun mithilfe eines Baumdiagramms untersucht werden. Nehmen Sie an, dass Sie bei dieser Spielshow die Tür 1 gewählt haben; übertragen Sie das Baumdiagramm in Ihr Heft und ergänzen Sie es dann dort unter dieser Voraussetzung.

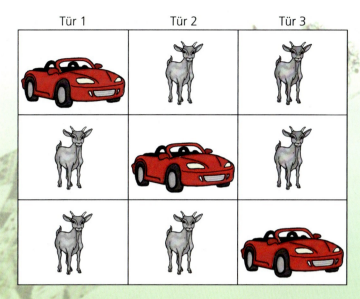

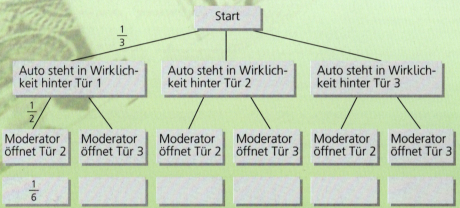

a) Berechnen Sie die Wahrscheinlichkeit, dass das Auto hinter der Tür 1 steht, unter der Vorbedingung, dass der Moderator die Tür 3 öffnet, d. h. die Wahrscheinlichkeit $P_{\text{Tür nicht wechseln}}(\text{Gewinn})$.

b) Berechnen Sie die Wahrscheinlichkeit, dass das Auto hinter der Tür 2 steht, unter der Vorbedingung, dass der Moderator die Tür 3 öffnet, d. h. die Wahrscheinlichkeit $P_{\text{Tür wechseln}}(\text{Gewinn})$.

c) Sophie behauptet: „Bei dieser Spielshow lohnt es sich, zu wechseln." Diskutieren Sie Sophies Behauptung und stellen Sie Ihr Diskussionsergebnis der Klasse vor.

4. Führen Sie die Überlegungen der Aufgabe 3 für den Fall durch, dass sich der Kandidat/die Kandidatin bei der ersten Wahl für die Tür 3 entscheidet.

5. Diskutieren Sie mit Ihrem Nachbarn/Ihrer Nachbarin Gregors Argumentation: „Wenn man bei der ersten Wahl bleibt, gewinnt man das Auto mit der Wahrscheinlichkeit $\frac{1}{3}$, denn alle drei Türen hatten die gleiche Wahrscheinlichkeit. Beim Wechseln wird genau dann gewonnen, wenn die erste Wahl falsch war, also mit der Wahrscheinlichkeit $\frac{2}{3}$."

4.3 Üben – Festigen – Vertiefen

Zu 4.1:
Aufgaben 1. bis 6.

> 20%; 25%; 27%;
> 39%; 61%; 73%
> *Lösungen zu 1.* **L**

1. In einer Urne sind eine gelbe Kugel und zwei rote sowie drei schwarze Kugeln. Es wird zweimal **a)** mit Zurücklegen **b)** ohne Zurücklegen je eine Kugel gezogen. Erstellen Sie zu a) und zu b) je ein Baumdiagramm und ermitteln Sie dann aus ihm die Wahrscheinlichkeit, dass
   (1) zwei schwarze Kugeln gezogen werden.
   (2) zwei gleichfarbige Kugeln gezogen werden.
   (3) zwei verschiedenfarbige Kugeln gezogen werden.

2. Im Jahr 2005 nahmen 300 Jugendliche an einer Abschlussprüfung im **IT**-Bereich (**I**nformations- und **T**elekommunikationstechnik) teil, darunter 75 Mädchen; 88% der **M**ädchen und 84% der **J**ungen schlossen diese Prüfung mit Erfolg ab. Übertragen Sie die Vierfeldertafel und die beiden Baumdiagramme in Ihr Heft und ergänzen Sie sie dann dort. Wie viel Prozent der Jugendlichen bestanden diese Prüfung nicht?

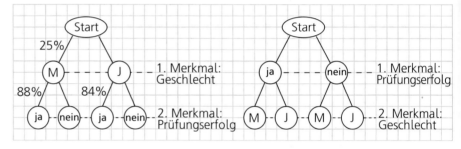

	Mädchen	Junge
bestanden		
nicht bestanden		
	25%	

> 6,2%; 12,3%; 36,9%;
> 43,3%; 56,7%
> *Lösungen zu 3.* **L**

3. Für eine Party haben Laura und Lucas 30 Brownies gebacken; fünf davon haben sie mit Senf und 25 mit Schokoladencreme gefüllt. Gregor nimmt nacheinander drei Brownies und legt sie auf seinen Teller. Finden Sie heraus, mit welcher Wahrscheinlichkeit von diesen drei Brownies
   a) keines ein „Senfbrownie" ist.
   b) nur das dritte ein „Senfbrownie" ist.
   c) genau eines ein „Senfbrownie" ist.
   d) genau zwei „Senfbrownies" sind.
   e) mindestens eines ein „Senfbrownie" ist.

4. Auf einem Volksfest schießen Gregor, Laura, Lucas und Sophie jeweils genau einmal auf eine Rose. Gregor trifft mit einer Wahrscheinlichkeit von 85%, Laura mit einer Wahrscheinlichkeit von 90%, Lucas mit einer Wahrscheinlichkeit von 80% und Sophie mit einer Wahrscheinlichkeit von 75%. Ermitteln Sie die Wahrscheinlichkeit, dass keine Rose getroffen wird.

> 4%, 15%; 30%; 44%;
> 70%
> *Lösungen zu 5.* **L**

5. Ein Laplace-Spielwürfel wird dreimal geworfen. Mit welcher Wahrscheinlichkeit kommt eine Augenanzahl größer als 4
   a) genau beim dritten Wurf?
   b) frühestens beim dritten Wurf?
   c) bei mindestens einem der drei Würfe?
   d) spätestens beim dritten Wurf?
   e) bei allen drei Würfen?
   f) bei keinem der drei Würfe?

4.3 Üben – Festigen – Vertiefen

6. Lucas verwandelt beim Fußball Elfmeterschüsse mit einer Wahrscheinlichkeit von etwa 60%.
Mit welcher Wahrscheinlichkeit ist er bei vier Elfmetern
a) mindestens einmal erfolgreich?
b) höchstens einmal erfolgreich?
c) genau einmal erfolgreich?
d) nur beim ersten und beim vierten Elfmeter erfolgreich?
e) genau dreimal erfolgreich?
Wie viele Elfmeter muss er mindestens schießen, um mit einer Wahrscheinlichkeit von mindestens 90% mindestens einmal erfolgreich zu sein?

> 6%; 15%; 18%; 35%; 97%
> Fünf der sechs Lösungen zu 6. **L**

Zu 4.2:
Aufgaben 7. bis 13.

7. Aus den natürlichen Zahlen von 1 bis 100 wird eine Zahl zufällig ausgewählt. Mit welcher Wahrscheinlichkeit ist diese Zahl
a) ein Vielfaches von 2, wenn man weiß, dass sie ein Vielfaches von 4 ist?
b) ein Vielfaches von 4, wenn man weiß, dass sie ein Vielfaches von 2 ist?
c) ein Vielfaches von 4, wenn man weiß, dass sie ein Vielfaches von 7 ist?
d) ein Vielfaches von 4, wenn man weiß, dass sie ein gemeinsames Vielfaches von 5 und von 6 ist?

> 21%; 33%; 50%; 100%
> Lösungen zu 7. **L**

8. Ein Tankstellenbesitzer weiß aus Erfahrung, dass 25% seiner Kunden Superbenzin tanken, wobei 30% derjenigen Kunden, die Superbenzin tanken, Sportwagen fahren; 45% seiner Kunden fahren weder Sportwagen noch tanken sie Superbenzin. Erstellen Sie eine Vierfeldertafel und geben Sie an, wie viel Prozent seiner Kunden Sportwagen fahren.

9. Zur Untersuchung der Wirksamkeit eines Grippemittels wurden von 1 000 Testpersonen 600 mit dem Mittel geimpft. Es stellte sich heraus, dass insgesamt 220 der Testpersonen an Grippe erkrankten und davon 60 geimpft waren. Stellen Sie die Daten in einer Vierfeldertafel zusammen und ermitteln Sie für die Ereignisse A: „Person ist geimpft" und B: „Person erkrankt" die Wahrscheinlichkeiten $P(B)$, $P(A \cap B)$, $P_A(B)$, $P_B(A)$, $P(\overline{A} \cap B)$ und $P_{\overline{A}}(B)$.
Formulieren Sie zu jedem einzelnen Ihrer sechs Ergebnisse eine Aussage.

10. Das Ada-Lovelace-Gymnasium besuchen 900 Schülerinnen und Schüler. Die monatlich erscheinende Schülerzeitung wird von 80% der Schüler und Schülerinnen gekauft. Von den Käufern der neuesten Ausgabe waren 75% Mädchen, von den Nichtkäufern nur 30%.
a) Finden Sie mithilfe eines Baumdiagramms heraus, wie viele Mädchen dieses Gymnasium besuchen.
b) Erstellen Sie eine Vierfeldertafel.
c) Ermitteln Sie die (bedingte) Wahrscheinlichkeit, dass ein zufällig ausgewählter Junge die neueste Ausgabe der Schülerzeitung gekauft hat.

11. Eine Fabrik hat zwei Maschinen zur Herstellung von CDs. Ihre Anteile an der Gesamtproduktion sind 30% bzw. 70%; 1% bzw. 5% ihrer Produktion sind Ausschuss. Der Gesamtproduktion wurde eine CD entnommen, die sich dann als defekt herausstellte. Finden Sie heraus, mit welcher Wahrscheinlichkeit sie von der Maschine mit dem kleineren Anteil an der Gesamtproduktion stammte.

4.3 Üben – Festigen – Vertiefen

12. In einem Großversuch wird ein Medikament zur schnelleren Heilung von Schnupfen getestet. Von 10 000 Personen, die unter Schnupfen leiden, erhält die eine Hälfte dieses **M**edikament und die andere Hälfte ein **P**lacebo. Das Ergebnis ist in nebenstehender Vierfeldertafel festgehalten.

	M	P	
W	4 375	2 385	6 760
keine W	625	2 615	3 240
	5 000	5 000	10 000

a) Stellen Sie die relativen Häufigkeiten in einer Vierfeldertafel dar und zeichnen Sie ein Baumdiagramm.

b) Wie groß ist die Wahrscheinlichkeit, dass das Medikament die gewünschte **W**irkung hat?

c) Wie groß ist die Wahrscheinlichkeit, bei Einnahme des Placebos schneller gesund zu werden?

d) Wie groß ist die Wahrscheinlichkeit, dass jemand, der schneller gesund wurde, das Placebo erhalten hatte?

13. Aus Statistiken geht hervor, dass die Wahrscheinlichkeit für einen Brand in einer Tiefgarage 1,5% ist. Eine Firma stellt Rauchmelder für Tiefgaragen her; sie lösen zu 3% Fehlalarm aus. Im Falle eines **B**rands lösen sie mit 96% Wahrscheinlichkeit **A**larm aus.

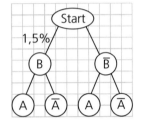

a) Übertragen Sie das Baumdiagramm in Ihr Heft und ergänzen Sie es dann dort.

b) Ermitteln Sie die Wahrscheinlichkeit, dass ein Brand die Ursache für einen Alarm ist.

Weitere Aufgaben

„Negativer Befund":
Die Untersuchung hat keinen Tumor nachgewiesen.

14. Brustkrebs-Screening
Untersuchungen zeigen, dass von 1 000 über fünfzigjährigen Frauen ohne Symptome im Durchschnitt 10 Frauen Brustkrebs haben. Bei einem Massenscreening würden 9 von diesen 10 Frauen einen positiven Befund erhalten („Sensitivität"). Eine der 10 Frauen mit Brustkrebs würde einen falsch negativen Befund erhalten, d. h. bei der Mammografie würde ihr Tumor nicht entdeckt. Von den 990 gesunden Frauen erhalten 90 Frauen einen positiven Befund, der jedoch falsch positiv ist. Schätzen Sie zuerst und berechnen Sie dann, mit welcher Wahrscheinlichkeit eine Frau wirklich Brustkrebs hat, wenn sie einen positiven Mammografiebefund erhält.

„Positiver Befund":
Es wurde Darmkrebs diagnostiziert.

15. Darmkrebs-Test
Bei über fünfzigjährigen Menschen ist Darmkrebs mit einer Grundrate von 0,3% verbreitet. Der Hämoccult-Test fällt bei 50% der Personen, die Darmkrebs haben, positiv aus, erkennt aber 50% der Darmkrebserkrankungen nicht. Die Rate der falsch positiven Befunde liegt bei etwa 3%. Schätzen Sie zuerst und berechnen sie dann, mit welcher Wahrscheinlichkeit eine über fünfzigjährige Person Darmkrebs hat, wenn bei ihr der Test positiv ausgefallen ist.

$\sqrt{2}^n = \frac{1}{32}$; n = ?

$\log_3 (x - 1) = 4$; x = ?

$\cos 270° = ?$

W1 **W**elches ist die Lösungsmenge des Gleichungssystems
I x + y + z = 3   II x − y − z = 1   III 2x + 5y + 3z = 7 ?

W2 **W**ie viele Punkte mit lauter ganzzahligen Koordinaten liegen auf dem Graphen G_f der Funktion f: $f(x) = \frac{12}{x+1}$; $D_f = \mathbb{R}$?

W3 **W**ie groß ist das Volumen eines 12 cm hohen geraden Kreiskegels, dessen Grundfläche eine Durchmesserlänge von 10 cm hat?

I. Erklären Sie zunächst die zweiteilige Abbildung und dann den Zusammenhang
$P(A) \cdot P_A(B) = P(A \cap B) = P(B) \cdot P_B(A)$.

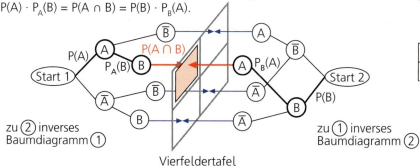

zu ② inverses
Baumdiagramm ①

Vierfeldertafel

zu ① inverses
Baumdiagramm ②

Zeigen Sie, dass $P_A(B) = \frac{P(A \cap B)}{P(A)}$ gilt, und stellen Sie $P_B(A)$ entsprechend dar.

II. Erstellen Sie zu der Vierfeldertafel die beiden (zueinander inversen) Baumdiagramme in Ihrem Heft. Formulieren Sie einen passenden Aufgabentext.

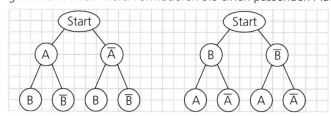

	A	$\bar{A}$	
B	0,12	0,48	0,60
$\bar{B}$	0,24	0,16	0,40
	0,36	0,64	1,00

III. Twenty percent of the employees of a company are college graduates. Of these, 75 percent are in a supervisory position. Of those employees who did not graduate from college, 20 percent are in a supervisory position. What is the probability that a randomly selected supervisor is a college graduate?

IV. Die Beliebtheit einer Fernsehsendung sollte überprüft werden. Eine Blitzumfrage dazu hatte folgendes Ergebnis: 40% der Zuschauer, die die Sendung gesehen hatten, waren 30 Jahre alt oder jünger. Von diesen hatten 50% und von den übrigen Zuschauern (über 30 Jahre alt) hatten 70% eine positive Meinung.

a) Stellen Sie diesen Sachverhalt in einer Vierfeldertafel dar.

b) Zeichnen Sie ein Baumdiagramm sowie das zu ihm inverse Baumdiagramm jeweils mit allen Teilpfadwahrscheinlichkeiten.

c) Finden Sie heraus, wie viel Prozent der Zuschauer, die eine positive Meinung über die Sendung hatten, älter als 30 Jahre waren.

V. Gregor hat in seiner linken Hosentasche zwei 1-€-Münzen und drei 50-Cent-Münzen. In seiner rechten Hosentasche hat er drei 1-€-Münzen und vier 50-Cent-Münzen. Er greift zufällig aus der linken Tasche zwei Münzen heraus und steckt sie, ohne sie anzuschauen, in die rechte Tasche. Danach nimmt er aus der rechten Tasche eine Münze heraus. Mit welcher Wahrscheinlichkeit ist es eine 1-€-Münze?
Hinweis: Betrachten Sie als erstes Zufallsexperiment das Umstecken von zwei Münzen; ihm folgt als zweites Zufallsexperiment das Herausnehmen einer Münze.

linke Tasche

rechte Tasche

Kann ich das?

1. Aus den Zahlen 1, 2, 3, ... 99, 100 wird eine Zahl zufällig ausgewählt. Mit welcher Wahrscheinlichkeit ist diese Zahl ein Vielfaches von 6,
   a) wenn man weiß, dass sie ein Vielfaches von 3 ist?
   b) wenn man weiß, dass sie ein Vielfaches von 12 ist?
   c) wenn man weiß, dass sie ein Vielfaches von 5 ist?
   d) wenn man weiß, dass sie ein Vielfaches von 5 und von 7 ist?

2. Von den Batterien der Marke „Blackout" fallen 20% vorzeitig aus. Ermitteln Sie die Wahrscheinlichkeit, dass von vier zufällig ausgewählten Blackout-Batterien
   a) mindestens eine vorzeitig ausfällt.
   b) frühestens die vierte vorzeitig ausfällt.
   c) nur die vierte vorzeitig ausfällt.
   d) genau zwei vorzeitig ausfallen.

3. In einem Bus sitzt eine Reisegruppe von 20 Personen; genau drei von ihnen (Franzi, Nico und Ron) haben Schmuggelgut im Gepäck. Der Zollbeamte holt zwei Personen zur Kontrolle aus dem Bus. Ermitteln Sie die Wahrscheinlichkeit, dass
   a) zwar Franzi, aber weder Nico noch Ron kontrolliert wird.
   b) Franzi und Nico kontrolliert werden.
   c) weder Ron noch Nico kontrolliert wird.
   d) mindestens einer der drei Schmuggler kontrolliert wird.
   e) genau einer der drei Schmuggler kontrolliert wird.

4. In einer Tierpopulation sind durchschnittlich 3% der Tiere infiziert.
   a) Ermitteln Sie die Mindestgröße einer Teilpopulation, in der mit einer Wahrscheinlichkeit von mindestens 95% mindestens ein Tier infiziert ist.
   b) Bei einem Schnelltest werden zwar 85% der infizierten Tiere als solche erkannt, aber auch 20% der nicht infizierten Tiere als infiziert eingestuft.
   Bei diesem Test wird ein Tier aus dieser Population als nicht infiziert eingestuft. Ermitteln Sie mithilfe eines Baumdiagramms die (bedingte) Wahrscheinlichkeit, dass dieses als gesund eingestufte Tier trotzdem infiziert ist.

5. Bei einer bundesweiten Umfrage im Jahr 2004 unter berufstätigen Frauen und Männern mit Kindern unter 18 Jahren gaben 58% der Befragten an, dass ihr Arbeitgeber auf ihre Bedürfnisse als Eltern Rücksicht nehme. Eine genauere Analyse dieser Umfrage ergab, dass 60% der Befragten Männer waren, von denen 75% angaben, dass ihr Arbeitgeber auf ihre Bedürfnisse als Eltern Rücksicht nehme. Berechnen Sie den Anteil der Frauen, die ihre Bedürfnisse als Eltern durch ihren Arbeitgeber nicht berücksichtigt sahen.

	Urne 1	Urne 2	
rot			
weiß			

6. In einer Urne sind 20 rote und 20 weiße Kugeln; in einer zweiten Urne sind 15 rote und 25 weiße Kugeln. Lucas wählt „blind" eine der Urnen und zieht aus ihr „blind" eine Kugel; sie ist rot.
   a) Zeichnen Sie ein Baumdiagramm und beschriften Sie es.
   b) Übertragen Sie die Vierfeldertafel in Ihr Heft und ergänzen Sie sie dann dort.
   c) Ermitteln Sie die Wahrscheinlichkeit, dass Lucas' rote Kugel aus der ersten Urne ist.
   d) Ermitteln Sie die Wahrscheinlichkeit, dass Lucas' rote Kugel aus der zweiten Urne ist.

Lösungen unter www.ccbuchner.de (Eingabe „8260" im Suchfeld)

Kapitel 5
Ganzrationale Funktionen

„Sie war ein großer Mensch, dessen einziger Fehler war, eine Frau zu sein. Eine Frau, die Newton übersetzte und deutete … mit einem Wort: ein wirklich großer Mensch."
Voltaire

Émilie du Châtelet
geb. 17. 12. 1706 in Paris
gest. 10. 8. 1749 in Lunéville

Gabrielle Émilie Marquise du Châtelet, geb. Le Tonnelier de Breteuil, war die Tochter von Louis Nicolas Le Tonnelier Baron de Breteuil, dem Protokollchef am Hof Ludwigs XIV., und seiner Frau Gabrielle-Anne de Froulay. In ihrer Familie erlebte sie ein intellektuell anregendes und offenes Milieu; sie erhielt eine vorzügliche klassische Bildung, lernte aber auch Englisch und Italienisch. Mit 19 Jahren wurde sie mit dem Marquis du Châtelet-Lomont verheiratet, mit dem sie drei Kinder hatte. Später lernte sie den Mathematiker de Mézières kennen, der ihr Interesse für Mathematik weckte. Ihre gesellschaftliche Stellung erlaubte es ihr, bedeutende Wissenschaftler wie die Mathematiker Pierre Louis de Maupertuis und Alexis Claude Clairaut als Privatlehrer zu gewinnen. Im Jahr 1733 lernte die Marquise den Schriftsteller Voltaire kennen, der 15 Jahre mit seiner „göttlichen Émilie" auf ihrem Schloss Cirey lebte. Dieses Schloss wurde zu einem Treffpunkt vor allem von Literaten und Mathematikern.

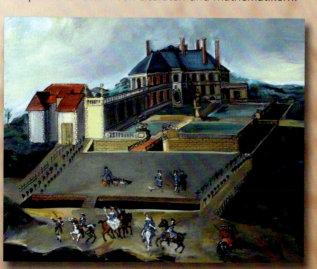

Schloss Cirey (1734)

Émilie du Châtelets größte wissenschaftliche Leistung war die Übersetzung von Newtons in Latein abgefasstem Hauptwerk *Philosophiae naturalis principia mathematica* ins Französische und vor allem die Kommentierung dieses Werks: Émilie du Châtelet hat den Inhalt in der Sprache der modernen Mathematik kommentiert und damit für die französischen Wissenschaftler des 18. und 19. Jahrhunderts erschlossen.

5.1 Potenzfunktionen mit natürlichen Exponenten

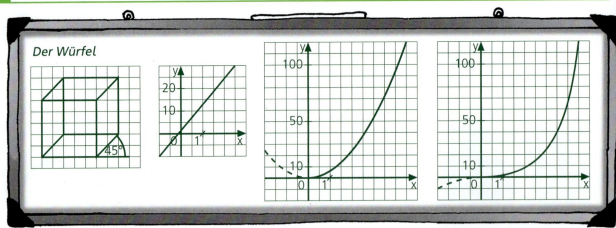

Der Würfel

Arbeitsaufträge

- Finden Sie heraus, welcher der drei Graphen den Zusammenhang $y = f_1(x)$ zwischen der Kantenlänge x cm eines Würfels und dem Oberflächeninhalt y cm² dieses Würfels veranschaulicht, und geben Sie den Funktionsterm $f_1(x)$ an.
- Finden Sie heraus, welcher der drei Graphen den Zusammenhang $y = f_2(x)$ zwischen der Kantenlänge x cm eines Würfels und dem Volumen y cm³ dieses Würfels veranschaulicht, und geben Sie den Funktionsterm $f_2(x)$ an.

Jede Funktion f: $f(x) = \mathbf{a} \cdot \mathbf{x^n}$; $a \in \mathbb{R}\setminus\{0\}$; $n \in \mathbb{N}$; $D_f = \mathbb{R}$, heißt **Potenzfunktion** (n-ten Grads), ihr Graph (für n > 1) **Parabel** (n-ter Ordnung).
Im Fall $a \in \mathbb{R}^+$ hat f für jeden geraden Wert von n die Wertemenge $\mathbb{R}_0^+$, für jeden ungeraden Wert von n die Wertemenge $\mathbb{R}$.

x	−2	−1	0	1	2
f(x) = x	−2	−1	0	1	2
f(x) = x²	4	1	0	1	4
f(x) = x³	−8	−1	0	1	8
f(x) = x⁴	16	1	0	1	16
f(x) = x⁵	−32	−1	0	1	32
f(x) = x⁶	64	1	0	1	64

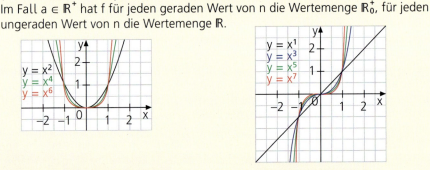

Eigenschaften der Graphen von Potenzfunktionen mit a = 1 und

geraden Exponenten n:
Der Funktionsgraph
- ist symmetrisch zur y-Achse.
- verläuft nur durch den I. und den II. Quadranten.
- verläuft durch die Punkte (−1 | 1), (0 | 0) und (1 | 1).

ungeraden Exponenten n:
Der Funktionsgraph
- ist punktsymmetrisch zum Ursprung.
- verläuft nur durch den I. und den III. Quadranten.
- verläuft durch die Punkte (−1 | −1), (0 | 0) und (1 | 1).

Beispiele

- Die Punkte $Q_1 (0 | y_1)$, $Q_2 (−2 | y_2)$, $Q_3 (x_3 | 27)$, $Q_4 (x_4 | 125)$ und $Q_5 (x_5 | 2^9)$ liegen auf dem Graphen der Funktion f: $f(x) = x^3$; $D_f = \mathbb{R}$.
  Ermitteln Sie jeweils die fehlende Koordinate.
  Lösung:
  $Q_1 (0 | 0)$, $Q_2 (−2 | −8)$, $Q_3 (3 | 27)$, $Q_4 (5 | 125)$ bzw. $Q_5 (2^3 | 2^9) = Q_5 (8 | 512)$

- Der Graph der Funktion f: $f(x) = x^3$; $D_f = \mathbb{R}$, wird an der y-Achse gespiegelt. Zeichnen Sie die Graphen G_f und G_{f*} der Funktion f bzw. ihrer „Spiegelfunktion" f*. Geben Sie f* an.
  Lösung:
  f*: $f*(x) = (−x)^3$; $D_{f*} = \mathbb{R}$, also f*: $f*(x) = −x^3$; $D_{f*} = \mathbb{R}$

5.1 Potenzfunktionen mit natürlichen Exponenten

- Finden Sie die Nullstelle x_N der Funktion f: $f(x) = x^3 + 8$; $D_f = \mathbb{R}$, durch Überlegen und machen Sie die Probe.
  Lösung:
  $x_N = -2 \in D_f$ \qquad Probe: $f(-2) = (-2)^3 + 8 = -8 + 8 = 0$ ✓

- Beschreiben Sie den Graphen der Funktion f: $f(x) = 3x^0$; $x \in \mathbb{R}\setminus\{0\}$.
- Wie verändert sich bei der Funktion f: $f(x) = x^n$; $n \in \mathbb{N}$; $D_f = \mathbb{R}^+$, der Funktionswert, wenn man den Wert von x verdoppelt?
- Beschreiben Sie den Graphen der Potenzfunktion f: $f(x) = ax^3$; $D_f = \mathbb{R}$, für $-1 < a < 0$.

Aufgaben

1. Zeichnen Sie jeweils zunächst den Graphen G_f der Funktion f in Ihr Heft. Kontrollieren Sie dann Ihre Zeichnung, indem Sie G_f von einem Funktionsplotter zeichnen lassen.
   a) f: $f(x) = 0{,}1x^3$; $D_f = \mathbb{R}$ \quad b) f: $f(x) = -\frac{1}{4}x^4$; $D_f = \mathbb{R}$ \quad c) f: $f(x) = 0{,}01x^5$; $D_f = \mathbb{R}$

   Lucas: Am besten erstellt man zuerst eine Wertetabelle.

2. Zeigen Sie rechnerisch, dass die drei Punkte R (–3 | –9), O (0 | 0) und T (3 | 9) sämtlich sowohl auf derselben Geraden g wie auch auf dem Graphen G_f der Potenzfunktion f: $f(x) = \frac{x^3}{3}$; $D_f = \mathbb{R}$, liegen, und geben Sie eine Gleichung von g an.

3. a) Der Punkt P ($0{,}5$ | y_P) liegt auf dem Graphen der Potenzfunktion f: $f(x) = -0{,}5x^4$; $D_f = \mathbb{R}$. Ermitteln Sie y_P.
   b) Der Punkt P (x_P | 0) liegt auf dem Graphen der Funktion f: $f(x) = 0{,}01(x - 1)^6$; $D_f = \mathbb{R}$. Ermitteln Sie x_P.
   c) Der Punkt P (3 | 27) liegt auf dem Graphen der Funktion f: $f(x) = x^n$; $D_f = \mathbb{R}$. Ermitteln Sie n.

4. Der Graph G_f der Potenzfunktion f: $f(x) = ax^n$; $D_f = \mathbb{R}$, verläuft durch die Punkte A und B. Bestimmen Sie die Werte von $a \in \mathbb{R}\setminus\{0\}$ und $n \in \mathbb{N}$ für
   a) A (0 | 0), B (1 | 3). \quad b) A (2 | 4), B (–1 | 0,25). \quad c) A (–10 | 20 000), B (5 | –625).

   Laura: Nicht alle Aufgaben haben genau eine Lösung.

5. Finden Sie heraus, für welche reellen Werte von x
   a) $x^5 = x^4$ ist. \quad b) $\frac{x^6}{49} = x^4$ ist. \quad c) $x^3 = x$ ist. \quad d) $x = 2x^2$ ist.

6. In einer Spraydose (Innendurchmesserlänge: $d_1 = 4{,}8$ cm) befinden sich noch etwa $V_1 = 0{,}32$ Liter Raumdeo.
   a) Welchen Flächeninhalt A_1 hat die (freie) Flüssigkeitsoberfläche in der (senkrecht gehaltenen) Spraydose?
   b) Wie viele kugelförmige Tröpfchen (mit $r_2 = 2{,}5$ μm) entstehen, wenn man ein Viertel des Doseninhalts versprüht?
   c) Welchen Oberflächeninhalt A_2 hat jedes der Tröpfchen aus Teilaufgabe b)? Welchen gesamten Oberflächeninhalt A_3 haben alle Tröpfchen zusammen?
   d) Das Wievielfache von A_1 aus a) ist A_3 aus c)? Welchen Zweck hat diese Vergrößerung der Oberfläche, also das feine Zerstäuben der Deoflüssigkeit?

   Lucas' Hinweise: 1 μm ist ein Millionstel Meter. Jede Kugel mit Radiuslänge r hat das Volumen $V = \frac{4}{3}r^3\pi$ und den Oberflächeninhalt $A = 4r^2\pi$.

W1 Welche positive reelle Zahl ist gleich dem 25-Fachen (Doppelten, Vierfachen) ihres Kehrwerts?

W2 Welche der folgenden fünf Gleichungen sind zwar über $\mathbb{Z}$, aber nicht über $\mathbb{N}$ lösbar?
   a) $x - 4 = 0$ \quad b) $2x + 6 = 0$ \quad c) $x(x + 5) = 0$ \quad d) $7x + 14 = 0$ \quad e) $15x - 31 = 1 - x$

W3 Wie viel Prozent der fünf Gleichungen sind zwar über $\mathbb{R}$, aber nicht über $\mathbb{Q}$ lösbar?
   a) $x^2 = 1$ \quad b) $x^2 - 2 = 0$ \quad c) $100 - 5x^2 = 0$ \quad d) $13x^2 + 1 = x^2 + 37$ \quad e) $x + 6 = 12$

$12 : (2^2 - 4^2) = ?$
$(6^2 - 6^3) : 6^2 = ?$
$\sqrt{54} : \sqrt{6} = ?$

5.2 Lösungsmethoden für algebraische Gleichungen

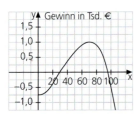

Lucas: „Aus der Abbildung kann man die Höhe der fixen Kosten ablesen."
Gregor: „Man kann auch erkennen, bei etwa welchen Stückzahlen x die Firma in den schwarzen Zahlen ist."
Laura: „Durch gezieltes Probieren kann man den Gewinnbereich genauer angeben."

Gewinnfunktion: $f: f(x) = -0{,}01x^3 + x^2 + 3x - 720$; $D_f = \mathbb{N}_0$

Arbeitsauftrag

- Finden Sie möglichst genau heraus, für welche Stückzahlen die Firma einen Gewinn erzielt; geben Sie die Nutzungsschwelle, die -grenze und das -optimum an.

$ax^2 + bx + c = 0$; $a \neq 0$

$x_{1,2} = \dfrac{-b \pm \sqrt{b^2 - 4ac}}{2a}$

Lucas: Die Lösung muss Teiler des konstanten Glieds, also hier: von 8, sein.

Terme der Form
$ax + b$
$ax^2 + bx + c$
$ax^3 + bx^2 + cx + d$ usw.,
$a\ (\neq 0), b, c, d, \ldots \in \mathbb{R}$,
nennt man **Polynome** 1., 2., 3. usw. Grads. Gleichungen der Form „Polynom = 0" mit $a\ (\neq 0), b, c, d, \ldots \in \mathbb{Z}$ heißen **algebraische Gleichungen**.

Für **lineare Gleichungen** und für **quadratische Gleichungen** kennen Sie bereits Lösungsverfahren.
Für **Gleichungen dritten Grads** und für **Gleichungen vierten Grads** gibt es keine einfachen Lösungsformeln. Jedoch lassen sich …

- … bei Gleichungen dritten Grads, von denen man bereits eine Lösung kennt, die übrigen Lösungen mithilfe von **Polynomdivision** finden.
  Beispiel:
  Ermitteln Sie die Lösungsmenge der Gleichung $x^3 - 5x^2 - 4x + 8 = 0$; $G = \mathbb{R}$.
  1. Schritt: Finden einer Lösung durch gezieltes Probieren:
  $x_1 = 1 \in G$ ist Lösung der Gleichung, da $1^3 - 5 \cdot 1^2 - 4 \cdot 1 + 8 = 1 - 5 - 4 + 8 = 0$ ist.
  2. Schritt: Abspalten eines Linearfaktors: Da $x_1 = 1$ Lösung ist, gilt
  $(x^3 - 5x^2 - 4x + 8) = (x - 1) \cdot g(x)$; $g(x) = (x^3 - 5x^2 - 4x + 8) : (x - 1)$
  Polynomdivision (erfolgt analog zum Divisionsverfahren für natürliche Zahlen):
  $(x^3 - 5x^2 - 4x + 8) : (x - 1) = x^2 - 4x - 8\ [= g(x)]$
  $\underline{-(x^3 - x^2)}$
  $-4x^2 - 4x$
  $\underline{-(-4x^2 + 4x)}$
  $-8x + 8$
  $\underline{-(-8x + 8)}$
  0
  3. Schritt: Bestimmen der übrigen Lösungen:
  $g(x) = 0$; $x^2 - 4x - 8 = 0$;
  $x_{2,3} = \dfrac{4 \pm \sqrt{(-4)^2 - 4 \cdot 1 \cdot (-8)}}{2 \cdot 1} = \dfrac{4 \pm 4\sqrt{3}}{2}$; $x_2 = 2 + 2\sqrt{3} \in G$; $x_3 = 2 - 2\sqrt{3} \in G$
  4. Schritt: Angeben der Lösungsmenge:
  $L = \{2 - 2\sqrt{3};\ 1;\ 2 + 2\sqrt{3}\}$

Sophie: Wenn es eine ganzzahlige Lösung gibt, ist ihr Betrag sicher ein Teiler der Zahl 12.

- … manche Gleichungen vierten Grads mithilfe einer **Substitution** auf quadratische Gleichungen zurückführen.
  Beispiel:
  Lösen Sie die Gleichung vierten Grads $x^4 - x^2 - 12 = 0$; $G = \mathbb{R}$.
  Man setzt (substituiert) $x^2 = u$ und erhält die in u quadratische Gleichung
  $u^2 - u - 12 = 0$, die man z. B. mithilfe von Linearfaktorzerlegung lösen kann:
  $(u + 3)(u - 4) = 0$: $u_1 = -3$; $u_2 = 4$.   Da $x^2 = u$ ist, folgt
  $x_1^2 = -3$ (keine reellen Lösungen) bzw. $x_2^2 = 4$; $x_{21} = 2 \in G$; $x_{22} = -2 \in G$.
  Also lautet die Lösungsmenge $L = \{-2;\ 2\}$.

Beispiele

- Geben Sie die Lösungsmenge der Gleichung $3x^3 - 7x^2 + 4 = 0$ über $G = \mathbb{R}$ an.
  Lösung:
  1. Schritt: $x_1 = 2 \in G$ ist Lösung der Gleichung, da $3 \cdot 2^3 - 7 \cdot 2^2 + 4 = 0$ ist.

5.2 Lösungsmethoden für algebraische Gleichungen

2. Schritt: Polynomdivision und Faktorisieren:
$(3x^3 - 7x^2 + 4) : (x - 2) = 3x^2 - x - 2$; d. h.: $3x^3 - 7x^2 + 4 = (x - 2)(3x^2 - x - 2)$
$\underline{-(3x^3 - 6x^2)}$
$\quad -x^2 + 0 \cdot x$
$\quad \underline{-(-x^2 + 2x)}$
$\qquad -2x + 4$
$\qquad \underline{-(-2x + 4)}$
$\qquad \qquad 0$

3. Schritt: Bestimmen weiterer Lösungen:
$3x^2 - x - 2 = 0$; $x_{2,3} = \dfrac{1 \pm \sqrt{(-1)^2 - 4 \cdot 3 \cdot (-2)}}{2 \cdot 3} = \dfrac{1 \pm 5}{6}$; $x_2 = 1 \in G$; $x_3 = -\dfrac{2}{3} \in G$

4. Schritt: Angeben der Lösungsmenge: $L = \{-\dfrac{2}{3}; 1; 2\}$

● Ermitteln Sie die Lösungsmenge der Gleichung $x^4 - 13x^2 + 36 = 0$ über $G = \mathbb{R}$.
Lösung:
Man ersetzt (substituiert) $x^2 = u$ und löst die quadratische Gleichung
$u^2 - 13u + 36 = 0$ z. B. mithilfe von Linearfaktorzerlegung: $(u - 4)(u - 9) = 0$.
Aus $u_1 = 4$ folgt $x_1 = 2 \in G$ und $x_2 = -2 \in G$; aus $u_2 = 9$ folgt $x_3 = 3 \in G$ und
$x_4 = -3 \in G$. Lösungsmenge: $L = \{-3; -2; 2; 3\}$

● Kann eine Gleichung dritten Grads drei gleiche positive Lösungen besitzen?
● Welche ganzen Zahlen könnten Lösungen der Gleichung $x^3 - 9x^2 + 23x - 15 = 0$ sein?

Aufgaben

1. Führen Sie die Polynomdivisionen durch.
a) $(x^3 - 10x^2 + 31x - 30) : (x - 3)$ b) $(x^3 - x^2 - 19x - 5) : (x - 5)$
c) $(x^3 + 2x^2 + 25x + 50) : (x + 2)$ d) $(x^3 - 7x + 6) : (x - 1)$
e) $(x^3 - 3x - 2) : (x + 1)$ f) $(x^4 + 2x^2 + 1) : (x^2 + 1)$

2. Ermitteln Sie jeweils die Lösungsmenge über der Grundmenge $G = \mathbb{R}$.
a) $x^3 - x^2 - 12x = 0$ b) $x^4 - 2x^2 + 1 = 0$ c) $x^3 + 3x^2 + 2x = 0$
d) $x + \sqrt{x} = 12$; $x \geq 0$ e) $x^4 - 35x^2 + 216 = 0$ f) $x^3 - 9x = 0$
g) $x^3 - 2x^2 + x - 2 = 0$ h) $9x^2 - 0,75x^3 = 0$ i) $x^4 + 4x^2 + 4 = 0$

Lucas' Tipp: Manchmal ist Ausklammern günstig.

3. Geben Sie jeweils eine Gleichung dritten Grads mit der Lösungsmenge L an.
a) $L = \{-2; 0; 1\}$ b) $L = \{-0,5; -0,25; 4\}$ c) $L = \{2; 3\}$ d) $L = \{1\}$

4. Ermitteln Sie jeweils die Koordinaten aller gemeinsamen Punkte von G_f und G_g.
a) f: $f(x) = x^3 - 2x^2 + 3$; $D_f = \mathbb{R}$; g: $g(x) = -2x^2 + 11$; $D_g = \mathbb{R}$
b) f: $f(x) = 0,5x^3$; $D_f = \mathbb{R}$; g: $g(x) = 13 - (x - 5)^2$; $D_g = \mathbb{R}$
c) f: $f(x) = x^3 - 3x^2 + 4$; $D_f = \mathbb{R}$; g: $g(x) = x + 1$; $D_g = \mathbb{R}$
d) f: $f(x) = x^3$; $D_f = \mathbb{R}$; g: $g(x) = x$; $D_g = \mathbb{R}$
e) f: $f(x) = x^4 + x^2$; $D_f = \mathbb{R}$; g: $g(x) = 2$; $D_g = \mathbb{R}$
f) f: $f(x) = (x - 1)^3 \cdot (x + 3)$; $D_f = \mathbb{R}$; g: $g(x) = (x - 1)(x + 3)$; $D_g = \mathbb{R}$
Kontrollieren Sie Ihre Ergebnisse mit einem Funktionsplotter.

$(-6 | -108)$; $(-3 | 0)$;
$(-1 | -1)$; $(-1 | 0)$;
$(-1 | 2)$; $(0 | -3)$;
$(0 | 0)$; $(1 | 0)$; $(1 | 1)$;
$(1 | 2)$; $(2 | 3)$; $(2 | 4)$;
$(2 | 5)$; $(3 | 4)$

Koordinaten zu 4. **L**

W1 Wie lang ist die Verbindungsstrecke [AB] der Punkte A (0 | 3) und B (−4 | 0)?
W2 Was versteht man unter betragsgroßen negativen Werten von x?
W3 Welche Koordinaten besitzt der Scheitel der Parabel P: $y = -0,25x^2 - 2x + 6$?

$\sqrt[3]{\sqrt[3]{a^{18}}} = ?$
$\sqrt[3]{a^{12}} = ?$
$x^5 = -32$; $x = ?$

Gleichungen dritten Grads

Die Entdeckung der Lösungsformeln für algebraische Gleichungen dritten Grads (**kubische** Gleichungen) im 16. Jahrhundert stellte einen bedeutenden Schritt über die Errungenschaften der antiken Mathematik hinaus dar.

Der Mathematikprofessor **Scipione del Ferro** (etwa 1465 bis 1526) hat um 1515 die algebraische Lösung einer kubischen Gleichung gefunden; er hat sie dann an seine Schüler weitergegeben.
Einer von ihnen, **Antonio Maria Fiore**, forderte 1535 den Rechenmeister **Niccolò Tartaglia** (etwa 1506 bis 1557), der aus ärmlichen Verhältnissen stammte und sich sein Wissen selbstständig angeeignet hatte, zu einem öffentlichen Wettbewerb heraus, bei dem dreißig Aufgaben zu lösen waren.
Tartaglia selbst hat berichtet, dass er erst in der Nacht zuvor den Lösungsweg für bestimmte kubische Gleichungen entdeckt hatte und so den Wettbewerb gewann. Zwei der Wettbewerbsaufgaben waren:

Niccolò Tartaglia

Finde mir eine Zahl derart, dass, wenn sie zu ihrem Kubus addiert wird, das Resultat 6 ist:
$x^3 + x = 6$

Finde mir zwei Zahlen in doppelter Proportion derart, dass, wenn das Quadrat der größeren Zahl mit der kleineren Zahl multipliziert wird und wenn dieses Produkt dann zur Summe der beiden ursprünglichen Zahlen addiert wird, das Ergebnis 40 ist:
$(x + 2x) + (2x)^2 \cdot x = 40$, also
$4x^3 + 3x = 40$

Die Nachricht von Tartaglias Erfolg erreichte auch den berühmten Mathematiker und Arzt **Girolamo Cardano** (1501 bis 1576). Auf Cardanos Drängen hin teilte Tartaglia ihm 1539 in Gedichtform Lösungsformeln für spezielle kubische Gleichungen mit. Cardano versprach, Tartaglias Verfahren niemandem zu verraten, hielt sich jedoch nicht daran und veröffentlichte die Lösungsmethode 1545 in seinem Buch *Ars magna sive de regulis algebraicis*. Wegen dieses Vertrauensbruchs entbrannte nach der Veröffentlichung der *Ars magna* ein wütender Streit zwischen Tartaglia und Cardano, der in die Mathematikgeschichte eingegangen ist. Bei einem weiteren Wettbewerb im Jahr 1548 unterlag Tartaglia dem Cardano-Schüler Ferrari, der dadurch bekannt wurde, während Tartaglia immer mehr in Vergessenheit geriet. 1557 starb Tartaglia einsam und verbittert.

Girolamo Cardano

Gleichungen dritten Grads

Formeln zur Lösung von Gleichungen dritten Grads
Jede kubische Gleichung $z^3 + pz^2 + qz + r = 0$ (p, q, r $\in \mathbb{R}$) lässt sich durch die Substitution $z = x - \frac{p}{3}$ in eine Gleichung der (reduzierten) Form $x^3 + ax + b = 0$ mit a, b $\in \mathbb{R}$ überführen.
Am Beispiel der reduzierten kubischen Gleichung $x^3 + ax + b = 0$ (I) wird im Folgenden gezeigt, mithilfe welcher Formeln *eine reelle* Lösung einer kubischen Gleichung gefunden werden kann.

1. Schritt:
Man substituiert $x = u + v$ (II) und erhält $(u + v)^3 + a(u + v) + b = 0$, d. h.
$u^3 + 3u^2v + 3uv^2 + v^3 + a(u + v) + b = 0$, also $u^3 + v^3 + 3uv(u + v) + a(u + v) + b = 0$
und somit $u^3 + v^3 + (3uv + a)(u + v) + b = 0$ (III).
Die Gleichung (III) ist sicher erfüllt, wenn u und v so gewählt werden, dass
$u^3 + v^3 = -b$ (IV) und dass $3uv + a = 0$, also $uv = -\frac{a}{3}$ (V) ist. Dann gilt
$(u^3 - v^3)^2 = (u^3 + v^3)^2 - 4u^3v^3 = (-b)^2 - 4 \cdot \left(-\frac{a}{3}\right)^3 = b^2 + \frac{4a^3}{27}$,

also, falls $b^2 + \frac{4a^3}{27} \geq 0$ ist, $u^3 - v^3 = \pm \sqrt{b^2 + \frac{4a^3}{27}}$ (VI).

$(u^3 - v^3)^2 = u^6 - 2u^3v^3 + v^6$;
$(u^3 + v^3)^2 - 4u^3v^3 =$
$= u^6 + 2u^3v^3 + v^6 - 4u^3v^3 =$
$= u^6 - 2u^3v^3 + v^6$

2. Schritt:
Man löst das Gleichungssystem (IV), (VI) nach u^3 und v^3 auf:

(IV) + (VI) $2u^3 = -b \pm \sqrt{b^2 + \frac{4a^3}{27}}$; | : 2   also mit dem *oberen Zeichen* (+):

$u^3 = -\frac{b}{2} + \sqrt{\left(\frac{b}{2}\right)^2 + \left(\frac{a}{3}\right)^3}$; $u = \sqrt[3]{-\frac{b}{2} + \sqrt{\left(\frac{b}{2}\right)^2 + \left(\frac{a}{3}\right)^3}}$, falls $u^3 \geq 0$ ist.

(IV) − (VI) $2v^3 = -b - \sqrt{b^2 + \frac{4a^3}{27}}$; | : 2

$v^3 = -\frac{b}{2} - \sqrt{\left(\frac{b}{2}\right)^2 + \left(\frac{a}{3}\right)^3}$; $v = \sqrt[3]{-\frac{b}{2} - \sqrt{\left(\frac{b}{2}\right)^2 + \left(\frac{a}{3}\right)^3}}$, falls $v^3 \geq 0$ ist.

Sophie: Wenn man der Quadratwurzel stattdessen das negative Zeichen gibt, werden einfach nur u und v ausgetauscht; $x = u + v$ ändert sich also nicht.

3. Schritt:
Einsetzen in die Gleichung $x = u + v$ (II) ergibt

$x = \sqrt[3]{-\frac{b}{2} + \sqrt{\left(\frac{b}{2}\right)^2 + \left(\frac{a}{3}\right)^3}} + \sqrt[3]{-\frac{b}{2} - \sqrt{\left(\frac{b}{2}\right)^2 + \left(\frac{a}{3}\right)^3}}$ **(Cardano-Formel)**

Beispiel:
Bei der kubischen Gleichung $x^3 + 9x + 26 = 0$ erhält man wegen a = 9 und b = 26:
$u^3 = -13 + \sqrt{169 + 27} = -13 + \sqrt{196} = -13 + 14 = 1$, also u = 1,
und $v^3 = -13 - \sqrt{169 + 27} = -13 - \sqrt{196} = -13 - 14 = -27$, also v = −3.
In die Gleichung (II) eingesetzt: $x = u + v = 1 - 3 = -2$.
Probe: L. S. : $(-2)^3 + 9 \cdot (-2) + 26 = -8 - 18 + 26 = 0 =$ R. S. ✓
Hinweis: Die Gleichung $x^3 + 9x + 26 = (x + 2)(x^2 - 2x + 13) = 0$ hat keine weitere reelle Lösung.

1. Lösen Sie die beiden kubischen Gleichungen
   a) $x^3 - 9x + 28 = 0$ und
   b) $x^3 - 12x + 16 = 0$,
   indem Sie jeweils zunächst die Werte von u^3 und v^3, dann die Werte von u und v und schließlich $x = u + v$ ermitteln.

2. Gegeben ist die kubische Gleichung $x^3 - 9x^2 + 26x - 24 = 0$. Substituieren Sie $x = y + 3$ und zeigen Sie, dass dadurch die (reduzierte) Gleichung $y^3 - y = 0$ entsteht. Lösen Sie diese reduzierte Gleichung und geben Sie dann die Lösungsmenge der ursprünglichen kubischen Gleichung über der Grundmenge $\mathbb{R}$ an.

5.3 Ganzrationale Funktionen und ihre Nullstellen

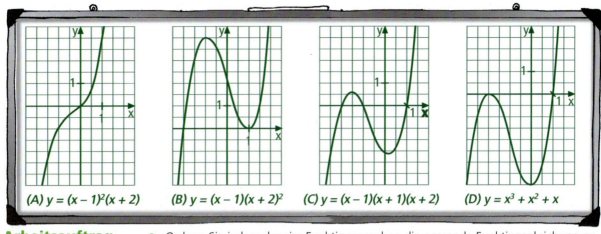

(A) $y = (x - 1)^2(x + 2)$ (B) $y = (x - 1)(x + 2)^2$ (C) $y = (x - 1)(x + 1)(x + 2)$ (D) $y = x^3 + x^2 + x$

Arbeitsauftrag
- Ordnen Sie jedem der vier Funktionsgraphen die passende Funktionsgleichung zu und erklären Sie Ihr Vorgehen.

Lucas erinnert sich: Bei den Methoden zum Lösen algebraischer Gleichungen kam der Begriff „Polynom" schon vor.

Jede Funktion f mit $f(x) = a_n x^n + a_{n-1} x^{n-1} + \ldots + a_3 x^3 + a_2 x^2 + a_1 x + a_0$; $n \in \mathbb{N}_0$; $a_n \in \mathbb{R}\setminus\{0\}$; $a_{n-1}, \ldots a_3, a_2, a_1, a_0 \in \mathbb{R}$, heißt **ganzrationale Funktion n-ten Grads**; sie wird auch als **Polynomfunktion** und ihr Funktionsterm f(x) als **Polynom** (n-ten Grads) bezeichnet. Ihre über der Grundmenge $\mathbb{R}$ maximale Definitionsmenge ist die Menge $\mathbb{R}$ der reellen Zahlen. Die Zahlen a_n, a_{n-1}, …, a_3, a_2, a_1 und a_0 heißen **Koeffizienten** des Polynoms f(x).
Um die **Nullstellen** einer Funktion f zu bestimmen, muss man die Gleichung f(x) = 0 lösen. Eine ganzrationale Funktion n-ten Grads hat höchstens n verschiedene Nullstellen. Ist x_1 eine Nullstelle einer ganzrationalen Funktion f vom Grad n, dann kann man f(x) faktorisieren: $f(x) = (x - x_1) \cdot g(x)$. Den Term g(x), ein Polynom vom Grad n – 1, findet man durch Polynomdivision.
Nullstellen können einfach oder auch mehrfach sein. Ist der Funktionsterm f(x) soweit wie möglich faktorisiert, so kann man die Nullstellen von f und ihre Vielfachheit ablesen.

Beispiele:
$f_1(x) = (x + 2)(x - 1)$ $x_1 = -2$ und $x_2 = 1$: zwei (einfache) Nullstellen
$f_2(x) = (x - 3)^2$ $x_{1,2} = 3$: eine (doppelte) Nullstelle
$f_3(x) = (x - 1)^3$ $x_{1,2,3} = 1$: eine (dreifache) Nullstelle

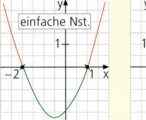
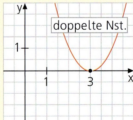
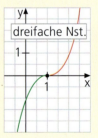

Hat f an der Stelle x = a eine **k-fache Nullstelle**, dann ist diese im Fall

k = 1 eine *einfache* Nullstelle,	k = 2 eine *doppelte* Nullstelle,	k = 3 eine *dreifache* Nullstelle,
und f(x) wechselt an der Stelle a das Vorzeichen „von + nach –" oder „von – nach +".	und f(x) wechselt an der Stelle a das Vorzeichen nicht.	und f(x) wechselt an der Stelle a das Vorzeichen „von + nach –" oder „von – nach +".

Allgemein: Ist k **gerade**, so **wechselt** f(x) an der Stelle x = a das Vorzeichen **nicht**. Ist k **ungerade**, so **wechselt** f(x) an der Stelle x = a das Vorzeichen.

5.3 Ganzrationale Funktionen und ihre Nullstellen

Beispiele

● Ermitteln Sie die Nullstellen der Funktion
a) f: $f(x) = x^3 - 2x^2 - 2x - 3$; $D_f = \mathbb{R}$,
b) g: $g(x) = x^4 - x^3 - 2x^2$; $D_g = \mathbb{R}$,
und stellen Sie den Funktionsterm in möglichst weitgehend faktorisierter Form dar.

Lösung:

a) $f(x) = x^3 - 2x^2 - 2x - 3$
$x_1 = 3$ ist eine Nullstelle, da
$3^3 - 2 \cdot 3^2 - 2 \cdot 3 - 3 = 0$ ist.
Polynomdivision:
$(x^3 - 2x^2 - 2x - 3) : (x - 3) = x^2 + x + 1$
$\underline{-(x^3 - 3x^2)}$
$\quad\quad x^2 - 2x$
$\quad\quad \underline{-(x^2 - 3x)}$
$\quad\quad\quad\quad x - 3$
$\quad\quad\quad\quad \underline{-(x - 3)}$
$\quad\quad\quad\quad\quad\quad 0$

Also ist $f(x) = (x - 3) \cdot (x^2 + x + 1)$.
Die Funktion f hat nur die (einfache) Nullstelle $x_1 = 3$, da die Gleichung $x^2 + x + 1 = 0$ wegen $D = 1 - 4 = -3 < 0$ keine reelle Lösung besitzt.

b) $g(x) = x^4 - x^3 - 2x^2$
Durch Ausklammern von x^2 ergibt sich $g(x) = x^2(x^2 - x - 2)$
und weiter
$g(x) = x^2(x - 2)(x + 1)$.
Die Funktion g hat die doppelte Nullstelle $x_{1,2} = 0$ sowie die beiden einfachen Nullstellen $x_3 = 2$ und $x_4 = -1$.

● Die Funktion f: $f(x) = (x + 1)(x - 2)^2$; $D_f = \mathbb{R}$, hat die Nullstellen $x_1 = -1$ und $x_{2,3} = 2$. Übertragen Sie die Tabelle in Ihr Heft und ergänzen Sie sie dann dort.

x	$x < -1$	$x = -1$	$-1 < x < 2$	$x = 2$	$x > 2$
Wert des Terms $x + 1$					
Wert des Terms $(x - 2)^2$					
Wert des Terms $f(x)$					

Erläutern Sie außerdem, durch welche der sechs „Felder" G_f verläuft, zeichnen Sie G_f und beschreiben Sie anhand Ihrer Zeichnung, in welchen Bereichen der Funktionswert zunimmt und wo er abnimmt.

Lösung:

x	$x < -1$	$x = -1$	$-1 < x < 2$	$x = 2$	$x > 2$
Wert des Terms $x + 1$	< 0	0	> 0	> 0	> 0
Wert des Terms $(x - 2)^2$	> 0	> 0	> 0	0	> 0
Wert des Terms $f(x)$	< 0	0	> 0	0	> 0

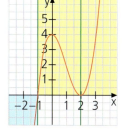

Aus der Zeichnung kann man entnehmen, dass f(x) für x < 0 sowie für x > 2 zunimmt und für 0 < x < 2 abnimmt.

● Finden Sie jeweils eine ganzrationale Funktion f dritten Grads mit $D_f = \mathbb{R}$, deren Graph G_f die y-Achse im Punkt T (0 | 8) schneidet und die
a) die Nullstellen $x_1 = -1$; $x_2 = 1$ und $x_3 = 2$ besitzt.
b) die Nullstellen $x_1 = x_2 = 1$ und $x_3 = 4$ besitzt.

Lösung:
a) $f(x) = a(x + 1)(x - 1)(x - 2)$; da $f(0) = 8$ ist, ergibt sich $a \cdot 1 \cdot (-1) \cdot (-2) = 8$, also $2a = 8$, d. h. $a = 4$. Es ist somit
f: $f(x) = 4(x + 1)(x - 1)(x - 2) = 4(x^2 - 1)(x - 2) = 4x^3 - 8x^2 - 4x + 8$; $D_f = \mathbb{R}$.
b) $f(x) = a(x - 1)^2(x - 4)$; da $f(0) = 8$ ist, ergibt sich $a \cdot (-1)^2 \cdot (-4) = 8$, also $-4a = 8$, d. h. $a = -2$. Es ist somit f: $f(x) = -2(x - 1)^2(x - 4)$; $D_f = \mathbb{R}$.

5.3 Ganzrationale Funktionen und ihre Nullstellen

- Können die Koeffizienten des Funktionsterms einer ganzrationalen Funktion irrational sein?
- Erklären Sie, welche ganzen Zahlen als Lösungen der Gleichung $x^3 - 9x^2 + 26x - 24 = 0$ in Frage kommen. Finden Sie eine Verallgemeinerung dieses Sachverhalts.
- Welche der Zahlen 0,5; 1 000; −10 000; 5; 0,7; −100 sind „groß", welche sind „betragsgroß"?

Aufgaben

1. Ermitteln Sie jeweils alle Nullstellen der gegebenen Funktion f.
   a) f: $f(x) = 0{,}4 - 0{,}5x$; $D_f = \mathbb{R}$
   b) f: $f(x) = \sqrt{2}(\sqrt{3} - x\sqrt{3})$; $D_f = \mathbb{R}$
   c) f: $f(x) = 0{,}4 - 0{,}5x^2$; $D_f = \mathbb{R}_0^+$
   d) f: $f(x) = 2x^2 + 2x - 4$; $D_f = [-3; 2]$
   e) f: $f(x) = -0{,}5(2 - 0{,}5x)^2$; $D_f =]-1; 8]$
   f) f: $f(x) = x^4 - 3x^2 - 4$; $D_f = [-5; 1[$
   g) f: $f(x) = x^2(1 - x)(x + 1)$; $D_f = \mathbb{R}$
   h) f: $f(x) = 2x(2x + 1)(1 - 2x)$; $D_f = \mathbb{R}_0^+$
   i) f: $f(x) = 0{,}25x^4 + 4x^2$; $D_f = \mathbb{R}$
   j) f: $f(x) = 0{,}25x^4 - 4x^2$; $D_f = [-4; 3]$
   k) f: $f(x) = x(x + 1)^2(x - 1)^2$; $D_f = \mathbb{R}$
   l) f: $f(x) = (x + 1)(x - 2)(x + 3)$; $D_f = \mathbb{R}^-$

2. Bestätigen Sie jeweils, dass die ganzrationale Funktion f mit dem Funktionsterm f(x) und mit $D_f = \mathbb{R}$ die angegebene Nullstelle x_1 besitzt, und ermitteln Sie die weiteren Nullstellen von f.
   a) $f(x) = x^3 + 2x^2 - 29x + 42$; $x_1 = 2$
   b) $f(x) = x^3 - 9x^2 - x + 9$; $x_1 = -1$
   c) $f(x) = x^3 - 0{,}8x^2 + 0{,}17x - 0{,}01$; $x_1 = 0{,}5$

3. Finden Sie bei jeder der sechs Funktionen g mit dem Funktionsterm g(x) und mit $D_g = \mathbb{R}$ eine Nullstelle und untersuchen Sie dann g auf weitere Nullstellen.
   a) $g(x) = x^3 - 2x^2 + x$
   b) $g(x) = -x^3 - 2x + x$
   c) $g(x) = x^3 + x^2 - x - 1$
   d) $g(x) = -0{,}1(x^3 + 3x^2 + 4x + 12)$
   e) $g(x) = 0{,}1x^3 - 0{,}7x^2 - 0{,}9x + 6{,}3$
   f) $g(x) = x^6 - 3x^4 + 2x^2$

   $-3; -\sqrt{2}; -1; 0;$
   $1; \sqrt{2}; 3; 7$
   Nullstellen zu 3. **L**

4. Finden Sie jeweils alle Werte von x, für die die Funktion f mit dem Funktionsterm f(x) und mit $D_f = \mathbb{R}$ den Wert a annimmt.
   a) $f(x) = x^3 - x^2 - 2x + 3$; $a = 1$
   b) $f(x) = x^3 - x^2 - 2x$; $a = 40$
   c) $f(x) = x^4 - 6x^3 + x - 10$; $a = -4$
   d) $f(x) = 5x^4 + x^3 - 5x^2 - x$; $a = 0$

5. Die Zahlen x_1, x_2 und ggf. x_3 sowie x_4 sind die Nullstellen der Funktion f. Stellen Sie für jede der Teilaufgaben die Achsenpunkte von G_f im Koordinatensystem (Einheit 1 cm) dar und finden Sie heraus, durch welche „Felder" G_f verläuft.
   a) f: $f(x) = x(x + 2)(x - 1)$; $D_f = \mathbb{R}$
   b) f: $f(x) = 0{,}5x^2(x + 1)$; $D_f = \mathbb{R}$
   c) f: $f(x) = (x + 3)(x - 1)(x - 4)$; $D_f = \mathbb{R}$
   d) f: $f(x) = x^3 - 2x^2 - 11x + 12$; $D_f = \mathbb{R}$
   e) f: $f(x) = x^4 - 1$; $D_f = \mathbb{R}$
   f) f: $f(x) = 0{,}5(x + 2)^2(x - 1)^2$; $D_f = \mathbb{R}$
   g) f: $f(x) = x^3 - 3x^2 + 4$; $D_f = \mathbb{R}$
   h) f: $f(x) = x^2(x - 1{,}5)^2$; $D_f = \mathbb{R}$
   Zeichnen Sie bei den Teilaufgaben a), b), f) und g) im Bereich $x \in [-3; 4]$ den Graphen G_f in das Koordinatensystem ein und beschreiben Sie anhand Ihrer Zeichnung, in welchen Bereichen der Graph steigt und in welchen er fällt. Kontrollieren Sie Ihre Zeichnungen mit einem Funktionsplotter.

6. Bestimmen Sie die Werte der Parameter a, b und c so, dass die Funktion f: $f(x) = x^3 + ax^2 + bx + c$; $D_f = \mathbb{R}$, die Nullstelle(n)
   a) $x_1 = 0$, $x_2 = 1$ und $x_3 = 5$ hat.
   b) $x_1 = -4$, $x_2 = 2$ und $x_3 = 4$ hat.
   c) $x_1 = x_2 = x_3 = 3$ hat.
   d) $x_1 = 1$, $x_2 = -1$ und $x_3 = 5$ hat.

5.3 Ganzrationale Funktionen und ihre Nullstellen

7. Veranschaulichen Sie mithilfe eines Funktionsplotters die Graphen der vier Funktionen
$f_1: f_1(x) = 0{,}5(x-1)(x-3)$; $D_{f_1} = \mathbb{R}$, $f_2: f_2(x) = 0{,}5(x-1)^2(x-3)$; $D_{f_2} = \mathbb{R}$,
$f_3: f_3(x) = 0{,}5(x-1)^3(x-3)$; $D_{f_3} = \mathbb{R}$, und $f_4: f_4(x) = 0{,}5(x-1)^4(x-3)$; $D_{f_4} = \mathbb{R}$.
Welchen Einfluss hat die Vielfachheit der Nullstelle $x_1 = 1$ auf den Verlauf des
Funktionsgraphen in der Umgebung des Achsenpunkts $S(1 \mid 0)$?

8. Stellen Sie bei jeder der Funktionen in einer Tabelle dar, für welche Werte von x
der Funktionswert gleich null, größer als null bzw. kleiner als null ist. Überlegen
Sie dann, durch welche „Felder" G_f verläuft, und skizzieren Sie G_f.

Lucas' Tipp: Ans Faktorisieren denken!

a) $f: f(x) = (x+2)x(x-4)$; $D_f = \mathbb{R}$ b) $f: f(x) = (x-4)^4$; $D_f = \mathbb{R}$
c) $f: f(x) = -x^3 + 10x^2$; $D_f = \mathbb{R}$ d) $f: f(x) = 0{,}5(x-1)^2(x-3)^2$; $D_f = \mathbb{R}$
e) $f: f(x) = x^5 + x^4$; $D_f = \mathbb{R}$ f) $f: f(x) = x^3 - 4x$; $D_f = \mathbb{R}$

9. Zeigen Sie, dass die Graphen G_f und G_g miteinander den Punkt P gemeinsam
haben, und finden Sie heraus, ob die beiden Graphen weitere gemeinsame
Punkte besitzen; kontrollieren Sie Ihre Ergebnisse mit einem Funktionsplotter.

a) $f: f(x) = x(x-2)(x-4)$; $g: g(x) = -x$; $D_f = \mathbb{R} = D_g$: $P(0 \mid 0)$
b) $f: f(x) = x^3 - 3x$; $g: g(x) = 3x^2 - 6x + 1$; $D_f = \mathbb{R} = D_g$: $P(1 \mid -2)$

10. Ermitteln Sie die Koordinaten des gemeinsamen Punkts (bzw. der gemeinsamen
Punkte) der Funktionsgraphen G_f und G_g. Kontrollieren Sie Ihre Ergebnisse mit
einem Funktionsplotter.

Gregor: Bei der Teilaufgabe 10. b) kann man zwei Lösungen direkt ablesen.

a) $f: f(x) = -x^2 + 2x - 1$; $g: g(x) = x^3 - 2x^2 + x$; $D_f = \mathbb{R} = D_g$
b) $f: f(x) = x(x-2)(x-4)$; $g: g(x) = 2x(x-1)(x-2)$; $D_f = \mathbb{R} = D_g$

11. Begründen Sie, dass eine ganzrationale Funktion zweiten Grads höchstens zwei,
eine ganzrationale Funktion dritten Grads höchstens drei, eine ganzrationale
Funktion n-ten ($n \in \mathbb{N}$) Grads höchstens n verschiedene Nullstellen besitzt.

12. Finden Sie heraus, welche der vier Funktionen f_1, f_2, f_3 und f_4 mit
$f_1(x) = 2x^3 - x^2 + 3$; $D_{f_1} = \mathbb{R}$, $f_2(x) = 2x + 2$; $D_{f_2} = \mathbb{R}$, $f_3(x) = 3x^2 + 1$; $D_{f_3} = \mathbb{R}$,
bzw. $f_4(x) = 3 - 2x + 2 + x^3$; $D_{f_4} = \mathbb{R}$, die sechs Bedingungen
(1) $f(0) > 0$,   (2) $f(1) = 4$,   (3) $f(100) > 1\,000$,   (4) $f(-100) < -1\,000$,
(5) $f(-2) < 0$ und   (6) $f(-1) = 0$ alle erfüllt (erfüllen).

13. Einem 12 cm hohen geraden Kreiskegel (Durchmesserlänge 24 cm) ist ein gerader Kreiszylinder (Radiuslänge r, Höhe h) einbeschrieben.

a) Ermitteln Sie das Zylindervolumen in Abhängigkeit von r ($0 < r < 12$ cm).
b) Zeigen Sie, dass der Zylinder für $r = h$ ein Volumen von 216π cm³ besitzt.
c) Untersuchen Sie, ob es andere Werte von r (und h) als die in b) gefundenen gibt, für die der Zylinder ebenfalls ein Volumen von 216π cm³ besitzt.

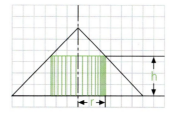

W1 Wie lässt sich das Produkt $(a + \sqrt{2ab} + b)(a - \sqrt{2ab} + b)$ vereinfachen? ($a, b \in \mathbb{R}_0^+$)
W2 Welche Koordinaten hat der Spiegelpunkt P* (bzw. P**) des Punkts $P(3 \mid 5)$, den Sie erhalten, wenn Sie P an der y-Achse (bzw. am Ursprung O) spiegeln?
W3 Welches ist der größte Wert, den die Funktion $f: f(x) = -2(x+5)^2 + 18$; $D_f = \mathbb{R}$, annimmt?

$x \in \mathbb{R}_0^+$:
$x^{\frac{2}{3}} = 36$; $x = ?$
$x^{\frac{2}{3}} = 100$; $x = ?$
$x^{\frac{2}{3}} = 2$; $x = ?$

5.4 Weitere Eigenschaften ganzrationaler Funktionen

Arbeitsauftrag an die Klasse 10A

Beschreiben Sie das Verhalten der Graphen folgender Funktionen für betragsgroße Werte von x und stellen Sie Ihre Ergebnisse auf einem Poster dar:

a) $f: f(x) = x^3 + x^2$; $D_f = \mathbb{R}$
b) $g: g(x) = -x^3 + 10x^2 + 11$; $D_g = \mathbb{R}$
c) $h: h(x) = x^5 + x^3 + x$; $D_h = \mathbb{R}$
d) $i: i(x) = -2x^4 + 100$; $D_i = \mathbb{R}$

Arbeitsauftrag

- Finden Sie z. B. anhand der vier Funktionen des Arbeitsauftrags an die Klasse 10A heraus, wovon das Verhalten ganzrationaler Funktionen für betragsgroße Werte von x abhängt.

Um Aussagen über das Verhalten einer Funktion bzw. über den Verlauf ihres Funktionsgraphen zu erhalten, untersucht man neben ihren Nullstellen weitere Eigenschaften.

Ganzrationale Funktionen und ihr Verhalten für x → ∞ bzw. für x → –∞

Wird x unbeschränkt größer, so schreibt man x → ∞ (und liest dies „x strebt gegen unendlich"). Wird x unbeschränkt kleiner, so schreibt man x → –∞ (und liest dies „x strebt gegen minus unendlich"). Das Verhalten einer ganzrationalen Funktion n-ten Grads für betragsgroße Werte von x wird durch den Summanden $a_n x^n$ bestimmt.

Beispiele:
$f: f(x) = -2x^3 + 3x$; $D_f = \mathbb{R}$
Für x → ∞ gilt f(x) → –∞; für x → –∞ gilt f(x) → ∞.
$g: g(x) = x^4 – 2x^2 + 1$; $D_g = \mathbb{R}$
Für x → ∞ gilt g(x) → ∞; für x → –∞ gilt g(x) → ∞.

Symmetrieverhalten des Funktionsgraphen G_f

- **Punktsymmetrie zum Ursprung**
- **Achsensymmetrie zur y-Achse**

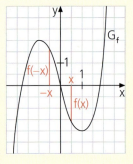
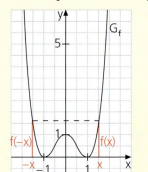

Ist für jeden Wert von $x \in D_f$ stets **f(–x) = –f(x)**, so ist der Graph G_f **punktsymmetrisch zum Ursprung**.

Beispiel:
$f: f(x) = x^3 – 3x$; $D_f = \mathbb{R}$
Für jeden Wert von $x \in \mathbb{R}$ gilt
$f(-x) = (-x)^3 - 3(-x) =$
$-x^3 + 3x = -(x^3 - 3x) = -f(x)$;
G_f ist also punktsymmetrisch zum Ursprung.

Ist für jeden Wert von $x \in D_f$ stets **f(–x) = f(x)**, so ist der Graph G_f **achsensymmetrisch zur y-Achse**.

Beispiel:
$f: f(x) = x^4 – 2x^2 + 1$; $D_f = [-2; 2]$
Für jeden Wert von $x \in D_f$ gilt
$f(-x) = (-x)^4 - 2(-x)^2 + 1 =$
$x^4 - 2x^2 + 1 = f(x)$;
G_f ist also achsensymmetrisch zur y-Achse.

5.4 Weitere Eigenschaften ganzrationaler Funktionen

Beispiele

● Die Abbildung zeigt den Graphen einer ganzrationalen Funktion
   a) f dritten Grads.
   b) g vierten Grads.

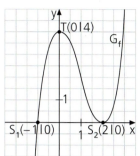
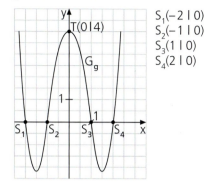

Ermitteln Sie jeweils den Funktionsterm.

Lösung:

a) Da f die einfache Nullstelle $x_1 = -1$ und die doppelte Nullstelle $x_{2,3} = 2$ besitzt, ist $f(x) = a(x + 1)(x - 2)^2$.
Ferner ist $f(0) = 4$, also $4 = a \cdot 1 \cdot (-2)^2$; hieraus folgt $a = 1$.
Somit ist $f(x) = 1 \cdot (x + 1)(x - 2)^2 = (x + 1)(x - 2)^2 = x^3 - 3x^2 + 4$.

b) Da g die einfachen Nullstellen $x_1 = -2$, $x_2 = -1$, $x_3 = 1$ und $x_4 = 2$ besitzt, ist
$g(x) = a(x + 2)(x + 1)(x - 1)(x - 2)$.
Ferner ist $g(0) = 4$, also $4 = a \cdot 2 \cdot 1 \cdot (-1) \cdot (-2)$; hieraus folgt $4 = 4a$ und weiter $a = 1$. Somit ist $g(x) = 1 \cdot (x^2 - 1)(x^2 - 4) = x^4 - 5x^2 + 4$.

● a) Zeigen Sie, dass der Graph G_f der Funktion $f: f(x) = 3x^3 - x$; $D_f = \mathbb{R}$, punktsymmetrisch zum Ursprung ist.

b) Begründen Sie, dass sich $f(x) = 3x^3 - x$ für betragsgroße Werte von x ebenso verhält wie $3x^3$. Was folgt daraus für das Verhalten von f(x) für $x \to \infty$ bzw. für $x \to -\infty$?

c) Verallgemeinern Sie die Ergebnisse von b): Zeigen Sie, dass sich
$f(x) = a_n x^n + a_{n-1} x^{n-1} + \ldots + a_1 x + a_0$ ($a_n \neq 0$) für betragsgroße Werte von x ebenso verhält wie $a_n x^n$, und untersuchen Sie das Verhalten von f(x) für $x \to \infty$ und für $x \to -\infty$.

Lösung:

a) Für jeden Wert von $x \in \mathbb{R}$ gilt $f(-x) = 3 \cdot (-x)^3 - (-x) = -3x^3 + x = -(3x^3 - x) = -f(x)$.
Also ist G_f punktsymmetrisch zum Ursprung.

b) Klammert man im Funktionsterm $3x^3 - x$ den Faktor x^3 ($x \neq 0$) aus, so ergibt sich
$f(x) = x^3 \left(3 - \frac{1}{x^2}\right)$. Für betragsgroße Werte von x nimmt $-\frac{1}{x^2}$ Werte nahe null an;
der Term $3 - \frac{1}{x^2}$ hat also Werte nahe 3. Somit ist dort $f(x) \approx 3x^3$.
Für $x \to \infty$ strebt $3x^3$ [und damit auch f(x)] gegen unendlich; für $x \to -\infty$ strebt $3x^3$ [und damit auch f(x)] gegen $-\infty$.

c) Klammert man im Funktionsterm $f(x) = a_n x^n + a_{n-1} x^{n-1} + \ldots + a_1 x + a_0$, $a_n \neq 0$,
den Faktor x^n ($x \neq 0$) aus, so ergibt sich $f(x) = x^n \cdot \left(a_n + \frac{a_{n-1}}{x} + \ldots + \frac{a_1}{x^{n-1}} + \frac{a_0}{x^n}\right)$.
Für betragsgroße Werte von x nimmt $\frac{a_{n-1}}{x} + \ldots + \frac{a_1}{x^{n-1}} + \frac{a_0}{x^n}$ Werte nahe null an;
der Term $a_n + \frac{a_{n-1}}{x} + \ldots + \frac{a_1}{x^{n-1}} + \frac{a_0}{x^n}$ hat also Werte nahe a_n. Somit ist dort
$f(x) \approx a_n x^n$, und für das Verhalten von f(x) „im Unendlichen" folgt:

5.4 Weitere Eigenschaften ganzrationaler Funktionen

n	x	$a_n > 0$	$a_n < 0$
gerade	$x \to \infty$	$f(x) \to \infty$	$f(x) \to -\infty$
ungerade	$x \to \infty$	$f(x) \to \infty$	$f(x) \to -\infty$
gerade	$x \to -\infty$	$f(x) \to \infty$	$f(x) \to -\infty$
ungerade	$x \to -\infty$	$f(x) \to -\infty$	$f(x) \to \infty$

● Der Graph der Funktion f: $f(x) = \frac{1}{4}(x^2 - 4)^2$; $D_f = \mathbb{R}$, ist G_f.

a) Ermitteln Sie die Koordinaten aller Punkte, die G_f mit den Koordinatenachsen gemeinsam hat.

b) Zeigen Sie, dass G_f achsensymmmetrisch zur y-Achse ist.

c) Untersuchen Sie das Verhalten von f(x) für $x \to \infty$ und für $x \to -\infty$.

d) Zeichnen Sie G_f für $x \in [-3; 3]$ mithilfe einer Wertetabelle.

Lösung:

a) Schnittpunkt von G_f mit der y-Achse: $f(0) = \frac{1}{4}(-4)^2 = 4$; T (0 | 4)
Gemeinsame Punkte von G_f mit der x-Achse: f(x) = 0; $\frac{1}{4}(x^2 - 4)^2 = 0$ | · 4
$[(x + 2)(x - 2)]^2 = 0$; $x_{1,2} = -2 \in D_f$ und $x_{3,4} = 2 \in D_f$ sind doppelte Nullstellen von f. G_f hat mit der x-Achse die Punkte S_1 (−2 | 0) und S_2 (2 | 0) gemeinsam.

b) Für jeden Wert von $x \in \mathbb{R}$ gilt $f(-x) = \frac{1}{4}[(-x)^2 - 4]^2 = \frac{1}{4}[x^2 - 4]^2 = f(x)$; also ist G_f symmetrisch zur y-Achse.

c) Für betragsgroße Werte von x gilt $f(x) \approx \frac{1}{4}x^4$. Für $x \to \infty$ wie für $x \to -\infty$ gilt deshalb $f(x) \to \infty$.

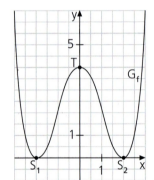

d)

x	0	±0,5	±1	±1,5	±2	±2,5	±3
f(x)	4,00	≈ 3,50	2,25	≈ 0,77	0,00	≈ 1,27	6,25

● Kann der Graph einer ganzrationalen Funktion vierten Grads durch den Ursprung verlaufen, kann er punktsymmetrisch zum Ursprung sein?
● Kann der Graph einer ganzrationalen Funktion dritten Grads achsensymmetrisch zur y-Achse sein, muss er durch den Ursprung verlaufen?
● Warum wird bei ganzrationalen Funktionen der Graph nicht auf Symmetrie zur x-Achse untersucht?

Aufgaben

1. Entscheiden Sie jeweils, ob f ganzrational ist, und geben Sie ggf. den Grad an.

a) f: $f(x) = 3 + x\sqrt{3}$; $D_f = \mathbb{R}$
b) f: $f(x) = (3 - x)(3 + x) + 7$; $D_f = \mathbb{R}$
c) f: $f(x) = 3 + 3\sqrt{|x|}$; $D_f = \mathbb{R}$
d) f: $f(x) = (x + 1)^2(x - 1)^2$; $D_f = \mathbb{R}$
e) f: $f(x) = 3 + \sqrt{3x^2}$; $D_f = \mathbb{R}$
f) f: $f(x) = \frac{x^3(x^2 + 4)}{x^2 + 4}$; $D_f = \mathbb{R}$

Zeichnen Sie bei den Teilaufgaben a) und e) den Funktionsgraphen. Was fällt Ihnen auf?

G 2. Finden Sie heraus, welche der neun ganzrationalen Funktionen f mit dem angegebenen Funktionsterm f(x) und mit $D_f = \mathbb{R}$ Graphen besitzen, die punktsymmetrisch zum Ursprung sind bzw. achsensymmetrisch zur y-Achse verlaufen.

a) $f(x) = 4x^4 + 2x^2$
b) $f(x) = -x^3 - 2x$
c) $f(x) = x^3 - 2x^2$
d) $f(x) = x^2(x^2 - 4)$
e) $f(x) = x^3(x^2 - 4)$
f) $f(x) = (x - 1)^2(x^3 + x)$
g) $f(x) = \frac{(x^2 + x)(x^3 + 1)}{x^2 + 1}$
h) $f(x) = x^5 + x^3 + x$
i) $f(x) = x^4 + x^2 + 1$

Ermitteln Sie bei den Funktionen, deren Graph symmetrisch zur y-Achse ist, dessen Schnittpunkt mit der y-Achse.

5.4 Weitere Eigenschaften ganzrationaler Funktionen

3. Geben Sie jeweils eine möglichst einfache Funktion g an, die das Verhalten der Funktion f für betragsgroße Werte von x wiedergibt.

a) f: $f(x) = -0{,}25x^4 + x^2 - 2x$; $D_f = \mathbb{R}$
b) f: $f(x) = \frac{1}{3}x + 6x^3$; $D_f = \mathbb{R}$
c) f: $f(x) = -x + 4x^2 + 8x^3$; $D_f = \mathbb{R}$
d) f: $f(x) = 2x^4 + x^5$; $D_f = \mathbb{R}$
e) f: $f(x) = \sqrt{2}\,x^3 + \sqrt{6}\,x$; $D_f = \mathbb{R}$
f) f: $f(x) = 0{,}1x^6 + 0{,}1x^3$; $D_f = \mathbb{R}$

Bei welchen dieser sechs Funktionen f gilt
(1) $f(x) \to \infty$, wenn $x \to \infty$?
(2) $f(x) \to -\infty$, wenn $x \to \infty$?
(3) $f(x) \to \infty$, wenn $x \to -\infty$?
(4) $f(x) \to -\infty$, wenn $x \to -\infty$?

4. Untersuchen Sie jeweils das Verhalten von f(x) für $x \to \infty$ und für $x \to -\infty$.

a) f: $f(x) = x^4 - x^2$; $D_f = \mathbb{R}$
b) f: $f(x) = -4x^3 + 8x^2$; $D_f = \mathbb{R}$
c) f: $f(x) = -x^6 + x^5$; $D_f = \mathbb{R}$
d) f: $f(x) = 5x^3 + 5x$; $D_f = \mathbb{R}$

5. From Mary's Maths Textbook:
Graphs of cubic functions may have any one of the four kinds of shapes I to IV.

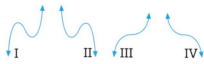

Using your function plotter, find a cubic function
a) with three x-intercepts whose graph looks like I.
b) with three x-intercepts whose graph looks like II.
c) with one x-intercept whose graph looks like III.
d) with one x-intercept whose graph looks like IV.

6. Eine ganzrationale Funktion vierten Grads, deren Graph G_f achsensymmetrisch zur y-Achse ist und durch den Punkt T (0 | –9) verläuft, hat die doppelte Nullstelle $x_{1,2} = -3$. Geben Sie weitere Eigenschaften von G_f an und skizzieren Sie G_f.

7. a) Ermitteln Sie diejenigen Werte des Parameters k, für die die Funktion f: $f(x) = x^3 + (k-1)x^2 - kx$; $D_f = \mathbb{R}$, eine doppelte Nullstelle besitzt.

b) Der Graph G_f der Funktion f: $f(x) = (k + 0{,}5)(x - k)(x^2 - 4)$; $D_f = \mathbb{R}$, schneidet die y-Achse im Punkt T (0 | 6). Ermitteln Sie denjenigen Wert von k, für den f(x) für $x \to -\infty$ gegen unendlich strebt, und skizzieren Sie G_f für diesen Wert von k.

8. Begründen Sie, dass der Graph G_f der Funktion f: $f(x) = k(x - a)(x + a)$; $D_f = \mathbb{R}$; $a \in \mathbb{R}^+$; $k \in \mathbb{R}$, symmetrisch zur y-Achse ist. Ermitteln Sie die Werte der Parameter a und k, für die G_f die y-Achse im Punkt T (0 | 3) schneidet und das Dreieck mit den Eckpunkten A (–a | 0), S (a | 0) und T den Flächeninhalt 18 FE besitzt.

9. Die Gerade g mit der Gleichung y = x + 1 schneidet den Graphen der Funktion f: $f(x) = x^3 - 3x^2 + 4$; $D_f = \mathbb{R}$, in den Punkten P_1, P_2 und P_3 (vgl. die Abbildung). Ermitteln Sie die Koordinaten dieser drei Punkte und die Längen der Strecken $[P_1P_2]$ und $[P_2P_3]$.
Was fällt Ihnen auf? Welche Vermutung haben Sie?

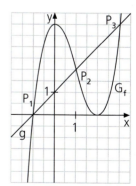

10. a) Gegeben ist f_a: $f_a(x) = -\frac{1}{3}x^3 - \frac{1}{a}x$; $D_{f_a} = \mathbb{R}$; $a \in \mathbb{R}\setminus\{0\}$.
Ermitteln Sie die Anzahl der Nullstellen von f_a in Abhängigkeit von a.

b) Der Graph G_f einer ganzrationalen Funktion f dritten Grads mit $D_f = \mathbb{R}$ ist punktsymmetrisch zum Ursprung O und verläuft durch die Punkte U (3 | 0) und F (2 | $\frac{10}{3}$). Ermitteln Sie den Funktionsterm f(x), zeichnen Sie G_f und berechnen Sie den Flächeninhalt des Dreiecks UFO sowie die Größen seiner Innenwinkel.

5.4 Weitere Eigenschaften ganzrationaler Funktionen

G 11. a) Ordnen Sie den Funktionen f_1 bis f_6 die Graphen ① bis ⑥ zu. Begründen Sie Ihr Vorgehen.

$f_1: f_1(x) = x^2 - 4$; $D_{f_1} = \mathbb{R}$, $f_2: f_2(x) = (x-1)^3$; $D_{f_2} = \mathbb{R}$, $f_3: f_3(x) = x^4 - 5x^2 + 4$; $D_{f_3} = \mathbb{R}$, $f_4: f_4(x) = -x^3 - 1$; $D_{f_4} = \mathbb{R}$, $f_5: f_5(x) = x^3 - 3x^2 + 4$; $D_{f_5} = \mathbb{R}$, $f_6: f_6(x) = x(x-2)^3$; $D_{f_6} = \mathbb{R}$

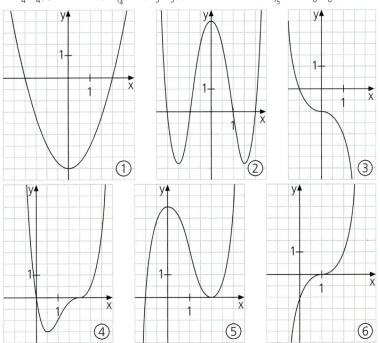

b) Jeder der sechs Graphen aus Teilaufgabe a), der nicht durch alle vier Quadranten verläuft, wird an der y-Achse gespiegelt. Geben Sie jeweils den Funktionsterm der zugehörigen „Spiegelfunktion" an.

c) Die Graphen derjenigen Funktionen aus Teilaufgabe a), die eine mehrfache Nullstelle besitzen, werden an der x-Achse gespiegelt. Geben Sie jeweils den Funktionsterm der zugehörigen „Spiegelfunktion" an.

12. From Mary's Maths Textbook:
The polynomial function A defined by $A(x) = -0.015x^3 + 1.058x$ together with $D_A = \{x \in \mathbb{R}_0^+ \mid A(x) \geq 0\}$ gives the approximate alcohol concentration (in tenths of a percent) in an average person's bloodstream x hours after drinking about 8 ounces of 100 proof whisky.

Gregor: Ich kontrolliere meine Ergebnisse mit einem Funktionsplotter.

a) Graph the function A.

b) From the graph G_A, estimate the number of hours necessary for the alcohol concentration to revert back to 0.

c) Check your answer to part b) by solving the equation $A(x) = 0$.

d) Using G_A, estimate the time at which the alcohol concentration is highest.

$T_{12} = ?$
$T_{12} \cap T_{15} = ?$
$T_6 \cup T_5 = ?$

W1 Welches ist die Lösungsmenge der Gleichung $\log_{10}(4x^2 + 1) = 0$ über $G = \mathbb{R}$?

W2 Welches ist die Lösungsmenge der Gleichung $\sin x = \sin\left(x + \frac{\pi}{2}\right)$ über der Grundmenge $G = [-2; 1[$?

W3 Welches ist die Lösungsmenge des Gleichungssystems
I $a + b + c = 6$ II $a = b + c$ III $a + c = 2b$?

Kreis und Ellipse

Kreis und Kreisgleichung

Für die Koordinaten aller Punkte P (x | y), die vom Ursprung O (0 | 0) die gleiche Entfernung r besitzen, also zusammen die **Kreis**linie k mit **Mittelpunkt** O und **Radiuslänge** r bilden, gilt $x^2 + y^2 = r^2$ (**Kreisgleichung**).

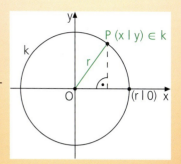

1. a) Beschreiben Sie die (Punkte der) Kreislinie k mit Mittelpunkt O und Radiuslänge 1 (2; $\sqrt{10}$; 4) durch eine Gleichung.
   b) Zeichnen Sie in einem Koordinatensystem (Einheit 1 cm) den Kreis k mit Mittelpunkt M (2 | 3) und Radiuslänge 4 cm. Erklären Sie geometrisch, dass k die Gleichung $(x - 2)^2 + (y - 3)^2 = 16$ hat. Begründen Sie, dass k kein Funktionsgraph ist.
   c) Beschreiben Sie die Kreislinie k mit Mittelpunkt M (1 | −2) und Radiuslänge r (1; 2; $\sqrt{10}$; 4) durch eine Gleichung.

2. Die Gleichung $(x - 1)^2 + (y - 4)^2 = 25$ beschreibt einen Kreis k. Ermitteln Sie die Koordinaten seines Mittelpunkts M und seine Radiuslänge r. Tragen Sie k in ein Koordinatensystem (Einheit 1 cm) ein und finden Sie heraus, welche der vier Punkte V (5 | 7), I (4 | 8), E (1 | 9) und R (0 | −3) auf k liegen.

Zeichnen einer Ellipse

- Die Punkte einer Ellipse besitzen eine besondere Eigenschaft, die es ermöglicht, die Ellipse mit einfachen Hilfsmitteln zu zeichnen: Alle Punkte P (x | y), für die die Summe $\overline{PF_1} + \overline{PF_2}$ ihrer Entfernungen von den festen Punkten F_1 und F_2 den gleichen Wert hat, ergeben zusammen eine **Ellipse** mit den **Brennpunkten** F_1 und F_2.

Lucas zeichnet eine Ellipse mithilfe von zwei Pinn-Nadeln, einem Faden und einem Bleistift:

 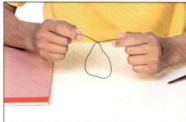 

Zuerst steckt er die Pinn-Nadeln in einen festen Karton.

Aus (nicht zu dünnem) Faden knotet er dann eine Schlaufe, die so lang sein muss, dass sie sich locker um die beiden Nadeln legen lässt.

Jetzt spannt Lucas mit einem Bleistift den Faden und bewegt den Bleistift so um die beiden Nadeln herum, dass der Faden stets gespannt bleibt.

- Man kann eine Ellipse auch durch **Stauchen** (oder durch **Strecken**) eines **Kreises** erhalten.

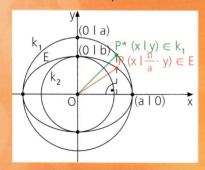

Die Ellipse E verläuft, wenn man von ihren vier Scheiteln (±a | 0) und (0 | ±b) absieht, zwischen den beiden konzentrischen Kreisen k_1 mit $r_1 = a$ und k_2 mit $r_2 = b < a$. Sie entsteht durch Stauchen des Kreises k_1 in y-Richtung im Verhältnis b : a.

3. Erklären Sie die Ermittlung der Ellipsenpunkte.
   Zeigen Sie, dass aus $y = \frac{b}{a}\sqrt{a^2 - x^2}$ folgt, dass $\frac{x^2}{a^2} + \frac{y^2}{b^2} = 1$ ist. (Ellipsengleichung)

4. Zeichnen Sie in einem Koordinatensystem (Einheit 1 cm) um den Mittelpunkt O (0 | 0) die konzentrischen Kreise k_1 und k_2 mit $r_1 = 4$ cm und $r_2 = 2$ cm. Tragen Sie dann 20 Punkte der Ellipse ein, die durch Stauchen des Kreises k_1 in y-Richtung im Verhältnis 1 : 2 entsteht. Geben Sie die Gleichung dieser Ellipse an.

5.5 Üben – Festigen – Vertiefen

Zu 5.1:
Aufgaben 1. bis 3.

1. a) Der Punkt A $(2 \mid y_A)$ liegt auf dem Graphen der Potenzfunktion f: $f(x) = -x^3$; $D_f = \mathbb{R}$. Ermitteln Sie y_A.
   b) Der Punkt B $(x_B < 0 \mid 8)$ liegt auf dem Graphen der Potenzfunktion f: $f(x) = 0{,}5x^4$; $D_f = \mathbb{R}$. Ermitteln Sie x_B.
   c) Der Punkt C $(2 \mid 8)$ liegt auf dem Graphen der Potenzfunktion f: $f(x) = \frac{1}{4}x^n$; $n \in \mathbb{N}$; $D_f = \mathbb{R}$. Ermitteln Sie den Exponenten n.
   d) Der Punkt D $(-3 \mid 8)$ liegt auf dem Graphen der Potenzfunktion f: $f(x) = ax^2$; $D_f = \mathbb{R}$. Ermitteln Sie den Wert des Koeffizienten a.

2. Bestimmen Sie jeweils die fehlende Koordinate p des Punkts P so, dass P auf dem Graphen G_f der Funktion f liegt. Geben Sie dann bei jeder der vier Teilaufgaben zwei Werte p* und p** an, für die der Punkt P* „unterhalb" von G_f und der Punkt P** „oberhalb" von G_f liegt.
   a) f: $f(x) = -4x$; $D_f = \mathbb{R}$; P $(2 \mid p)$
   b) f: $f(x) = 4x^3$; $D_f = \mathbb{R}$; P $(p \mid 13{,}5)$
   c) f: $f(x) = 2(x-3)^3$; $D_f = \mathbb{R}$; P $(4 \mid p)$
   d) f: $f(x) = \frac{1}{x}$; $D_f = \mathbb{R}\setminus\{0\}$; P $(p \mid 0{,}125)$

3. Finden Sie heraus, für welche reellen Werte von x
   a) $x^6 = x^4$ ist.
   b) $0{,}75x^2 = 1{,}5x^3$ ist.
   c) $3x^3 + 6x^2 = 0$ ist.
   d) $x^n - x^{n+2} = 0$; $n \in \mathbb{N}$, ist.
   e) $x^2(x^2 + 25) = 0$ ist.
   f) $x^n + x^{n+1} = 0$; $n \in \mathbb{N}$, ist.
   g) $(x-2)^3 = 2x - 4$ ist.
   h) $\frac{x^4}{125} = 8x$ ist.

Zu 5.2:
Aufgaben 4. bis 8.

4. Führen Sie jeweils die Polynomdivision durch.
   a) $(x^3 + 1) : (x + 1)$
   b) $(x^3 - 8) : (x - 2)$
   c) $(x^3 - 3x^2 - 2x + 6) : (x - 3)$
   d) $(5x^6 - 6x^4 + 1) : (x^2 - 1)$
   e) $(x^3 - 4x^2 - 3x + 12) : (x - 4)$
   f) $(x^3 - 21x + 20) : (x - 1)$

5. Ermitteln Sie jeweils die Lösungsmenge der Gleichung über der Grundmenge $G = \mathbb{R}$.
   a) $x(x+1)(x-4) = 0$
   b) $(x^2 + 3)(x^2 - 3) = 0$
   c) $x^3 + 7x^2 + 12x = 0$
   d) $x^4 - 16 = 0$
   e) $x^4 + x^2 + 4 = 0$
   f) $x^4 - 5x^2 + 4 = 0$
   g) $x^3 + 10x^2 + 31x + 30 = 0$
   h) $x^4 - 25x^2 + 60x - 36 = 0$
   i) $x^3 - 3x^2 + 4x - 2 = 0$
   j) $4x^3 - 11x^2 - 19x - 4 = 0$
   k) $x^3 - 21x - 20 = 0$
   l) $x^4 - 5x^2 = 36$
   m) $x^4 - 9\frac{1}{9}x^2 + 1 = 0$
   n) $(x^3 - 27)(x^3 + 1) = 0$

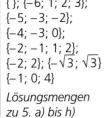

{ }; {−6; 1; 2; 3};
{−5; −3; −2};
{−4; −3; 0};
{−2; −1; 1; 2};
{−2; 2}; {−$\sqrt{3}$; $\sqrt{3}$}
{−1; 0; 4}

Lösungsmengen
zu 5. a) bis h)

6. Die Grundmenge ist jeweils $\mathbb{R}$, und alle Koeffizienten sollen ganzzahlig sein.
   a) Geben Sie eine lineare Gleichung mit der Lösungsmenge {−1,5} an.
   b) Geben Sie eine quadratische Gleichung mit der Lösungsmenge {2; −3} an.
   c) Geben Sie eine quadratische Gleichung mit der Lösungsmenge {−1,5} an.
   d) Geben Sie eine Gleichung dritten Grads mit der Lösungsmenge {0; 2; −5} an.
   e) Geben Sie eine Gleichung dritten Grads mit der Lösungsmenge {0; 2} an.
   f) Geben Sie eine Gleichung dritten Grads mit der Lösungsmenge {−1,5} an.

7. Zeigen Sie, dass die Graphen der beiden Funktionen f: $f(x) = x^3 - 1$; $D_f = \mathbb{R}$, und g: $g(x) = (x-1)^2$; $D_g = \mathbb{R}^+$, miteinander nur den Punkt S $(1 \mid 0)$ gemeinsam haben.

5.5 Üben – Festigen – Vertiefen

8. Ermitteln Sie jeweils die Koordinaten aller gemeinsamen Punkte von G_f und G_g.
  a) $f: f(x) = x - \frac{1}{8}x^3$; $D_f = \mathbb{R}$; $g: g(x) = \frac{1}{4}x^2$; $D_g = \mathbb{R}$
  b) $f: f(x) = x^3 - 27x + 54$; $D_f = \mathbb{R}$; $g: g(x) = x^3$; $D_g = \mathbb{R}$
  c) $f: f(x) = \frac{x+2}{x}$; $D_f = \mathbb{R}\setminus\{0\}$; $g: g(x) = 6 - 2x$; $D_g = \mathbb{R}$

9. Ermitteln Sie jeweils die Nullstellen der gegebenen Funktion.
  a) $f: f(x) = x^2(x - 1)$; $D_f = \mathbb{R}$
  b) $f: f(x) = \frac{1}{9}x^3(x - 4)$; $D_f = \mathbb{R}$
  c) $f: f(x) = x^4 - 15x^2 - 16$; $D_f = \mathbb{R}$
  d) $f: f(x) = x^3 - 6{,}5x^2 + 11x - 4$; $D_f = \mathbb{R}$

Zu 5.3: Aufgaben 9. bis 12.

10. Für welchen Wert (welche Werte) von $a \in \mathbb{Z}$ besitzt die Funktion
  $f: f(x) = (x - a)(x - a^2)(x - a^3)$; $D_f = \mathbb{R}$,
  a) genau eine Nullstelle?   b) genau zwei Nullstellen?

11. Bestimmen Sie die Werte der Parameter a, b und c so, dass die Funktion
  $f: f(x) = x^3 + ax^2 + bx + c$; $D_f = \mathbb{R}$, die Nullstellen x_1, x_2 und x_3 mit
  a) $x_1 = 0$; $x_2 = x_3 = 2{,}5$ hat.   b) $x_1 = -1$; $x_2 = 0{,}5$; $x_3 = 4$ hat.
  c) $x_1 = x_2 = -x_3 = 1$ hat.   d) $x_1 = 1$; $x_2 = 2x_1$; $x_3 = x_1 + x_2$ hat.

12. Stellen Sie bei jeder der drei Funktionen in einer Tabelle dar, für welche Werte von x der Funktionswert gleich null, größer als null bzw. kleiner als null ist. Überlegen Sie dann, durch welche „Felder" der Graph G_f nicht verläuft, und skizzieren Sie G_f.
  a) $f: f(x) = -0{,}5(x + 2)(x - 2)(x + 3)$; $D_f = \mathbb{R}$
  b) $f: f(x) = \frac{4}{3}x^3 - 3x$; $D_f = \mathbb{R}$
  c) $f: f(x) = x^3 - 3x^2 + 4$; $D_f = \mathbb{R}$

13. Finden Sie heraus, welche der neun Funktionen f mit dem angegebenen Funktionsterm f(x) und mit der Definitionsmenge $D_f = \mathbb{R}$ Graphen besitzen, die punktsymmetrisch zum Ursprung sind bzw. achsensymmetrisch zur y-Achse verlaufen.
  a) $f(x) = x - \frac{1}{4}x^2$ b) $f(x) = \frac{4}{x^2 + 1}$ c) $f(x) = x^3 - 6x + 7$
  d) $f(x) = x^3 - 6x$ e) $f(x) = x^3 - 6x^2$ f) $f(x) = x^4 - 6x^2$
  g) $f(x) = x^4 - 6$ h) $f(x) = x(x^2 + 1)$ i) $f(x) = x^2(x^2 + 1)$

Zu 5.4: Aufgaben 13. bis 15.

14. Von der Funktion f ist jeweils der Funktionsterm f(x) sowie $D_f = \mathbb{R}$ gegeben. Geben Sie möglichst viele Eigenschaften der Funktion f und ihres Graphen G_f an.
  a) $f(x) = x^3$ b) $f(x) = x^6$ c) $f(x) = x^4 + x^2$ d) $f(x) = -x^5$ e) $f(x) = x^3 + 6x^2 + 9x + 4$

15. Geben Sie jeweils eine möglichst einfache Funktion g an, die das Verhalten der Funktion f für betragsgroße Werte von x wiedergibt.
  a) $f(x) = 1 + x + x^2 + x^3$; $D_f = \mathbb{R}$ b) $f(x) = 3x^3 + 3x$; $D_f = \mathbb{R}$
  c) $f(x) = (x - 3)(4 - x)(2x - 1)$; $D_f = \mathbb{R}$ d) $f(x) = 4x^3 + 2x^5$; $D_f = \mathbb{R}$
  e) $f(x) = -0{,}5x(1 - x^2)$; $D_f = \mathbb{R}$ f) $f(x) = 4x^3 - 2x^5$; $D_f = \mathbb{R}$
  Für welche dieser sechs Funktionen gilt
  (1) $f(x) \to \infty$ für $x \to \infty$?   (2) $f(x) \to -\infty$ für $x \to \infty$?
  (3) $f(x) \to \infty$ für $x \to -\infty$?   (4) $f(x) \to -\infty$ für $x \to -\infty$?

Weitere Aufgaben

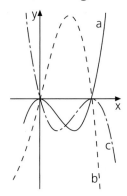

Lucas erkennt:
P hat den Scheitel
S (1 | 0) und ist kongru-
ent zur Normalparabel.

16. Durch $f_1: f_1(x) = -x^3 + 9x$; $D_{f_1} = \mathbb{R}$, $f_2: f_2(x) = -x(x-3)^2$; $D_{f_2} = \mathbb{R}$, und $f_3: f_3(x) = x^2(x-3)$; $D_{f_3} = \mathbb{R}$, sind drei Funktionen festgelegt.
    a) Ordnen Sie jedem der drei Graphen a, b und c eine dieser Funktionen zu und begründen Sie Ihre Entscheidung.
    b) Ermitteln Sie die Nullstellen der Funktion f: $f(x) = f_1(x) + f_2(x) + f_3(x)$; $D_f = \mathbb{R}$, und begründen Sie, dass man den Graphen G_f der Funktion f durch Spiegelung des Graphen einer der drei Funktionen f_1, f_2 bzw. f_3 erhalten kann.

17. a) Der Punkt P (3 | −27) liegt auf dem Graphen G_f der Funktion f: $f(x) = -\frac{1}{9}x^n$; $D_f = \mathbb{R}$. Ermitteln Sie $n \in \mathbb{N}$.
    b) Der Graph der Funktion f: $f(x) = x^3 + ax^2 + bx + c$; $D_f = \mathbb{R}$, verläuft durch die Punkte A (2 | 0), B (1 | −2) und C (−1 | 6). Ermitteln Sie die Werte der Koeffizienten a, b und c.
    c) Eine ganzrationale Funktion dritten Grads hat die doppelte Nullstelle 1 und die einfache Nullstelle −0,5; ihr Graph schneidet die y-Achse im Punkt T (0 | 2). Ermitteln Sie ihren Funktionsterm.
    d) Der Graph einer ganzrationalen Funktion vierten Grads ist achsensymmetrisch zur y-Achse und schneidet sie im Punkt T (0 | −4); 2 ist eine doppelte Nullstelle dieser Funktion. Ermitteln Sie ihren Funktionsterm und skizzieren Sie ihren Graphen.

18. Ermitteln Sie zunächst die Punkte, die der Graph G_f der Funktion f: $f(x) = x^3 - 2x^2 + x$; $D_f = \mathbb{R}$, mit der x-Achse gemeinsam hat. Teilen Sie dann das Koordinatensystem passend in „Felder" ein und finden Sie heraus, durch welche dieser „Felder" G_f verläuft. Zeichnen Sie G_f mithilfe einer Wertetabelle. Tragen Sie zusätzlich die Parabel P mit der Gleichung $y = -x^2 + 2x - 1$ in das Koordinatensystem ein. P hat mit G_f zwei Punkte gemeinsam; ermitteln Sie die Koordinaten dieser Punkte.

19. Die Durchbiegung einer einseitig eingeklemmten Blattfeder, auf deren freies Ende eine Kraft wirkt, kann näherungsweise durch den Funktionsterm $f(x) = ax^2(x - b)$ beschrieben werden.

    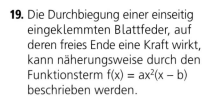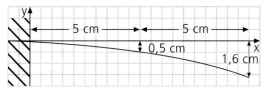

    a) Ermitteln Sie die Parameter a und b aus den Angaben der Abbildung.
    b) Wie groß ist die Durchbiegung an der Stelle x = 8 cm?

20. Finden Sie heraus, für welchen Wert von $x \in \mathbb{R}_0^+$ der Wert der Summe f(x) + g(x) minimal wird, wenn $f(x) = -x^3 + x^2 + 4$ und $g(x) = x^3 + x^2 - 2x + 2$ ist.

21. Ermitteln Sie die Nullstellen der Funktion f: $f(x) = -x^3 + 4x$; $D_f = \mathbb{R}$.
    a) Zeigen Sie, dass der Graph von f symmetrisch zum Ursprung ist.
    b) Ermitteln Sie die Koordinaten der Punkte, die die Gerade g mit der Gleichung $y = 3x$ mit G_f gemeinsam hat.
    c) Die Schnittpunkte S_1 ($x_{S_1} < 0$) und S_3 ($x_{S_3} > 0$) von G_f mit der x-Achse und der Punkt B (2 | 3) sind die Eckpunkte des Dreiecks $S_1 S_3 B$. Ermitteln Sie den Flächeninhalt A und die Umfangslänge U dieses Dreiecks.
    d) Begründen Sie, dass $f(x) \to -\infty$ für $x \to \infty$ und $f(x) \to \infty$ für $x \to -\infty$ gilt.

$x \in \mathbb{Z}$:
$14 - x^2 = x^2 - 58$; x = ?
$40 - x^3 = x^3 - 14$; x = ?
$4^{x-1} = 8^x$; x = ?

W1 Welcher geometrische Grundkörper hat 3 Flächen, 2 Kanten und keine Ecken?
W2 Welches Bogenmaß hat ein Winkel der Größe 30° (45°, 210°, 330°)?
W3 Wie lässt sich 8 : (x + 8) = 4 : 5 durch eine Strahlensatzfigur veranschaulichen?

I. **a)** Die Parabel G_f mit f: $f(x) = (x - 3)^2 + 1$; $D_f = \mathbb{R}$, ist achsensymmetrisch zur Geraden g mit der Gleichung $x = 3$. Sophie hat diese Aussage rechnerisch begründet:
$f(3 + h) = (3 + h - 3)^2 + 1 = h^2 + 1;\ h > 0$
$f(3 - h) = (3 - h - 3)^2 + 1 = (-h)^2 + 1 = h^2 + 1;\ h > 0$
Also ist stets $f(3 + h) = f(3 - h)$, und G_f ist symmetrisch zur Geraden g: $x = 3$.
Erklären Sie Ihrem Nachbarn / Ihrer Nachbarin Sophies Argumentation.

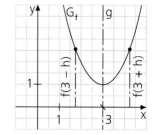

b) Zeichnen Sie den Graphen G_f der Funktion f: $f(x) = (x + 1)^4 - 6$; $D_f = \mathbb{R}$, und begründen Sie rechnerisch, dass er achsensymmetrisch zur Geraden g mit der Gleichung $x = -1$ ist.

II. Durch die Funktionsgleichung $y = 4(x - 1)^2 + a^2 - 6a$ ist eine Schar von Parabeln gegeben.

a) Geben Sie die Scheitelkoordinaten in Abhängigkeit von a an.

b) Finden Sie heraus, für welchen Wert a* des Parameters a der Scheitel S* der Parabel P* am tiefsten liegt. Ermitteln Sie die Koordinaten der Schnittpunkte S_1 und S_2 dieser Parabel P* mit der x-Achse und den Flächeninhalt A des Dreiecks mit den Eckpunkten S_1, S_2 und S*.

III. Ermitteln Sie jeweils die Lösungsmenge über der Grundmenge $G = \mathbb{R}\setminus\{0\}$ mithilfe einer Substitution.

a) $x^4 - 15x^2 - 16 = 0$ **b)** $x^2 - 2 + \frac{1}{x^2} = 0$ **c)** $\left(x + \frac{1}{x}\right)^2 - 4\left(x + \frac{1}{x}\right) + 4 = 0$

IV. Es ist f_k: $f_k(x) = x^4 - 18x^2 + 81 - k$; $D_{f_k} = \mathbb{R}$; $k \in \mathbb{R}$. Ermitteln Sie zunächst die Nullstellen von f_k für $k \in \{-16;\ 0;\ 1;\ 81;\ 121\}$ und dann allgemein die Anzahl der Nullstellen von f_k in Abhängigkeit von k.

V. Zeichnen Sie ein Koordinatensystem (Einheit 1 cm) und tragen Sie dann dort im Bereich $-4 \leq x \leq 4$ die Parabel P mit der Gleichung $y = -\frac{1}{4}x^2 + \frac{3}{2}$ sowie den Graphen G_f der Funktion f: $f(x) = \left(-\frac{1}{4}x^2 + \frac{3}{2}\right)^2$; $D_f = \mathbb{R}$, ein. Erläutern Sie Ihr Vorgehen.

a) Zeigen Sie rechnerisch, dass sowohl P wie auch G_f achsensymmetrisch zur y-Achse ist.

b) Ermitteln Sie die Koordinaten derjenigen Punkte V, I, E und R, die P und G_f miteinander gemeinsam haben. Berechnen Sie den Flächeninhalt des Vierecks mit den Eckpunkten V, I, E und R. Begründen Sie, dass dieses Viereck einen Umkreis besitzt, und geben Sie an, wie man dessen Mittelpunkt durch Konstruktion ermitteln könnte.

VI. Es ist f_1: $f_1(x) = (x + 1)(x - 2)^2$; $D_{f_1} = \mathbb{R}$, f_2: $f_2(x) = (x - 1)^2(x + 2)$; $D_{f_2} = \mathbb{R}$,
f_3: $f_3(x) = (x + 1)^2(x - 2)$; $D_{f_3} = \mathbb{R}$, und f_4: $f_4(x) = (x - 1)(x + 2)^2$; $D_{f_4} = \mathbb{R}$.

a) Die folgenden Terme stellen die ausmultiplizierte Form der vier Funktionsterme dar:
(1) $x^3 - 3x + 2$ (2) $x^3 - 3x - 2$ (3) $x^3 + 3x^2 - 4$ (4) $x^3 - 3x^2 + 4$
Ordnen Sie – ohne die Funktionsterme auszumultiplizieren – jedem der vier Terme (1) bis (4) den zugehörigen Funktionsterm zu. Erklären Sie Ihr Vorgehen.

b) Stellen Sie bei jeder der Funktionen in einer Tabelle dar, für welche Werte von x der Funktionswert gleich null bzw. größer als null bzw. kleiner als null ist. Veranschaulichen Sie dann, durch welche „Felder" der Funktionsgraph verläuft, und skizzieren Sie ihn.

c) Jeder der Funktionsgraphen verläuft durch einen der vier Quadranten *nicht*. Geben Sie bei jedem der vier Funktionsgraphen an, welcher Quadrant das ist.

d) Finden Sie heraus, für welchen Wert von x die Funktion g: $g(x) = f_1(x) - f_2(x)$; $D_g = \mathbb{R}$, ihren größten Wert (ihr „[absolutes] Maximum") annimmt.

Kann ich das?

1. Führen Sie jeweils die Polynomdivision durch.
   a) $(x^3 + 2x^2 + x + 2) : (x + 2)$ b) $(3x^3 + 4x^2 - 23x + 16) : (x - 1)$
   c) $(x^4 + x^3 - 9x^2 + x + 30) : (x + 3)$ d) $(x^3 + 1) : (x + 1)$

2. Ermitteln Sie jeweils die Lösungsmenge über der Grundmenge ℝ mithilfe einer Substitution.
   a) $2x^4 - 5x^2 - 12 = 0$ b) $x^4 - 109x^2 + 900 = 0$

3. Ermitteln Sie jeweils die Lösungsmenge über der Grundmenge ℝ.
   a) $0{,}5(x + 5)(x^2 - 4) = 0$ b) $x^4 + x^3 - 2x^2 = 0$ c) $x^3 - 2x^2 - 3x + 10 = 0$

4. Finden Sie heraus, welche der vier Funktionen f_1 bis f_4 mit
   $f_1(x) = x^3 - x^2 - x$; $D_{f_1} = \mathbb{R}$, $f_2(x) = x^2 - 2$; $D_{f_2} = \mathbb{R}$, $f_3(x) = x^3 - 3x$; $D_{f_3} = \mathbb{R}$, bzw.
   $f_4(x) = 2x - 2$; $D_{f_4} = \mathbb{R}$, alle fünf Bedingungen erfüllt (erfüllen):
   (1) $f(2) = 2$ (2) $f(x) \to -\infty$ für $x \to -\infty$ (3) $f(x) \to \infty$ für $x \to \infty$
   (4) $f(1) < 0$ (5) $f(-1) < 0$ Begründen Sie Ihr Vorgehen.

„f ist positivwertig" bedeutet „f(x) > 0 für jeden Wert von $x \in D_f$".

5. Es ist f eine positivwertige Funktion mit $D_f = \mathbb{R}$, für die $f(2) = 9$ und stets $f(x + y) = f(x) \cdot f(y)$ ist. Ermitteln Sie $f(0)$, $f(1)$, $f(3)$ und $f(4)$.

6. Geben Sie jeweils eine möglichst einfache Funktion an, die das Verhalten von f für betragsgroße Werte von x wiedergibt.
   a) f: $f(x) = 2x^3 + 4x^4$; $D_f = \mathbb{R}$ b) f: $f(x) = 10x^3 + 0{,}1x^5 + 0{,}2x^6$; $D_f = \mathbb{R}$
   c) f: $f(x) = x(2x^2 + 3)$; $D_f = \mathbb{R}$ d) f: $f(x) = (x + 1)(3 - x)(2x + 6)$; $D_f = \mathbb{R}$

7. Zeigen Sie, dass der Graph G_f der Funktion f: $f(x) = \frac{1}{9}x^3 - \frac{4}{3}x$; $D_f = \mathbb{R}$, punktsymmetrisch zum Ursprung O (0 | 0) ist.
   a) Ermitteln Sie die Nullstellen der Funktion f und untersuchen Sie das Verhalten von f für $x \to \infty$ und für $x \to -\infty$.
   b) Berechnen Sie die Koordinaten der Punkte, die die Gerade g mit der Gleichung $y = -\frac{1}{3}x$ und der Graph G_f miteinander gemeinsam haben.
   c) Übertragen Sie die Tabelle in Ihr Heft, ergänzen Sie sie dann dort und zeichnen Sie G_f für $|x| \leq 5$ sowie die Gerade g aus Teilaufgabe b).

x	0	±1	±2	±3	±4	±5
f(x)						

   d) Spiegeln Sie G_f an der y-Achse und geben Sie den Funktionsterm $f^*(x)$ und die Definitionsmenge D_{f^*} der „Spiegelfunktion" f* an.

8. Geben Sie die Nullstellen der Funktion f: $f(x) = 0{,}5(x + 3) \, x \, (x - 1)^2$; $D_f = \mathbb{R}$, an. Übertragen Sie dann die Tabelle in Ihr Heft und ergänzen Sie sie dort.

	x < -3	x = -3	-3 < x < 0			
x + 3	< 0	0				
x	< 0					
$(x - 1)^2$	> 0					
f(x)	> 0					

   Zeichnen Sie ein Koordinatensystem, teilen Sie es passend in „Felder" ein, geben Sie an, durch welche „Felder" G_f *nicht* verlaufen kann, und skizzieren Sie G_f.

Lösungen unter www.ccbuchner.de (Eingabe „8260" im Suchfeld)

Kapitel 6
Vertiefen der Funktionenlehre

Augustin Louis Cauchy
geb. 1789 in Paris
gest. 1857 in Sceaux bei Paris
Mathematiker

Augustin Louis Cauchy, dessen Vater hohe administrative Ämter innehatte, verlebte seine Jugendzeit in der Nähe der Güter von Laplace, der bald die mathematische Begabung Cauchys erkannte.

Durch seinen Vater lernte Cauchy auch den bedeutenden französischen Mathematiker Joseph Louis Lagrange kennen. Dieser riet, dem jungen Cauchy bis zu seinem 17. Lebensjahr keine Mathematikbücher zu geben, sonst würde er zwar ein großer Mathematiker werden, aber – *da der Eifer um die Mathematik einen Menschen ganz ausfüllen kann – vielleicht unfähig sein, seine eigene Sprache zu schreiben.* Cauchys Vater folgte diesem Rat und verschaffte seinem Sohn zunächst eine gute literarische Bildung. 1805 trat Cauchy dann in die École Polytechnique, zwei Jahre später in die staatliche Ingenieurschule ein.

Mit 22 Jahren veröffentlichte Cauchy eine viel beachtete Arbeit über Polyeder.

Cauchy war Professor an der École Polytechnique und wurde 1816 Mitglied der französischen Akademie der Wissenschaften.

Nach zweijähriger Lehrtätigkeit an der Universität Turin folgte er 1833 einer Einladung Karls X. nach Prag; dort wirkte er zwei Jahre lang als Erzieher des Thronfolgers. 1848 erhielt Cauchy den Lehrstuhl für Mathematische Astronomie an der Sorbonne in Paris. Cauchy war einer der produktivsten Mathematiker aller Zeiten; er publizierte 7 Bücher und mehr als 800 Abhandlungen.

Seine Lehrbücher wie *Cours d'analyse* und *Leçons sur le calcul infinitésimal* wurden in mehrere Sprachen übersetzt und gehörten für viele Jahrzehnte zu den Standardwerken der mathematischen Fachliteratur. Mit seinen Arbeiten schuf er neue strenge Grundlagen der Analysis.

6.1 Überblick über bekannte Funktionen

reelle Funktionen				
rationale Funktionen		nichtrationale Funktionen		
ganzrationale Funktionen	gebrochenrationale Funktionen	trigonometrische Funktionen	Exponentialfunktionen	Wurzelfunktionen, Logarithmusfunktionen...

Arbeitsaufträge

- Nennen Sie zu jedem der Funktionstypen in den fünf unteren Feldern mindestens zwei Beispiele. Finden Sie dann zu jeder von Ihnen angegebenen Funktion mindestens zwei Eigenschaften.
- Erstellen Sie zu einem der Funktionstypen in den fünf unteren Feldern ein Mind-Map und stellen Sie es der Klasse vor.

Wenn bei einer Funktion im Funktionsterm nur *rationale* Rechenoperationen (also die Grundrechenarten) vorkommen, spricht man von einer **rationalen Funktion**.
Unterteilung der rationalen Funktionen:

- **Ganzrationale Funktionen (Polynomfunktionen)**
  Der Funktionsterm jeder ganzrationalen Funktion ist ein Polynom.
  Die maximale Definitionsmenge ist die Menge $\mathbb{R}$ der reellen Zahlen.
  Beispiele:
  - lineare Funktionen (ganzrationale Funktionen 1. Grads)
  - quadratische Funktionen (ganzrationale Funktionen 2. Grads)
  - Potenzfunktionen mit natürlichen Exponenten

- **Gebrochenrationale Funktionen**
  Der Funktionsterm jeder gebrochenrationalen Funktion ist ein Bruchterm; er enthält die Variable entweder im Zählerterm (einem Polynom oder einer Zahl) *und* im Nennerterm (einem Polynom) oder nur im Nennerterm.
  Die maximale Definitionsmenge ist die Menge $\mathbb{R}$ der reellen Zahlen *ohne* die Nullstellen des Nennerpolynoms.
  Beispiele:
  - Die Funktionen der indirekten Proportionalität
  - Potenzfunktionen mit negativen ganzzahligen Exponenten

- Wie viele Nullstellen kann eine ganzrationale Funktion n-ten Grads höchstens besitzen?
- Kann der Graph einer ganzrationalen Funktion durch nur *einen* Quadranten verlaufen?
- Kann der Graph einer gebrochenrationalen Funktion durch nur *zwei* Quadranten verlaufen?
- Gibt es gebrochenrationale Funktionen, die weder Nullstellen noch Definitionslücken besitzen?
- Kann der Graph einer rationalen Funktion gleichzeitig punktsymmetrisch zum Ursprung und achsensymmetrisch zur y-Achse sein?
- Kann der Graph einer rationalen Funktion achsensymmetrisch zur x-Achse sein?

6.1 Überblick über bekannte Funktionen

Zu den nichtrationalen Funktionen zählen u.a. die **trigonometrischen Funktionen**. Im Alltag, in der Natur und in der Technik treten vielfach periodische Vorgänge auf; sie lassen sich mithilfe von trigonometrischen Funktionen beschreiben.

Beispiele:

Die Funktion f: f(x) = sin x; D_f = ℝ, heißt **Sinusfunktion**, ihr Graph **Sinuskurve**.
Die Funktion g: g(x) = cos x; D_g = ℝ, heißt **Kosinusfunktion**, ihr Graph **Kosinuskurve**.

Den **Graphen** der **Sinusfunktion** bzw. den **Graphen** der **Kosinusfunktion** erhält man, indem man auf der x-Achse den Winkel x im Bogenmaß und als y-Koordinate den zu x gehörenden Sinuswert bzw. den zu x gehörenden Kosinuswert abträgt:

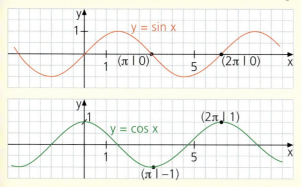

Zu den nichtrationalen Funktionen gehören neben den trigonometrischen Funktionen u. a. auch die **Exponentialfunktionen**, also die Funktionen, deren Funktionsterm die Form f(x) = a · b^x mit a ∈ ℝ\{0} und b ∈ ℝ⁺\{1} hat. Ihre maximale Definitionsmenge ist ℝ.

Die Graphen der beiden Exponentialfunktionen
f_1: $f_1(x) = b^x$; D_{f_1} = ℝ, und
f_2: $f_2(x) = \left(\frac{1}{b}\right)^x$; D_{f_2} = ℝ,
verlaufen symmetrisch zueinander bezüglich der y-Achse.

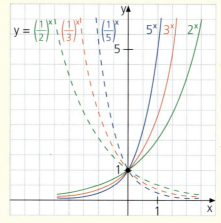

- Gibt es Winkel, deren Sinuswert gleich ihrem Kosinuswert ist?
- Für welche Werte von x (im Bogenmaß) ist tan x = $\frac{\sin x}{\cos x}$ nicht definiert?
- Erklären Sie, was man unter einer periodischen Funktion versteht.
- Wie kann man den Term 2^x in der Form 10^{kx} darstellen?
- Für welche Werte von n ∈ ℕ ist $1 - \left(\frac{5}{6}\right)^n \geq 0{,}9$? Formulieren Sie eine passende Aufgabe aus der Stochastik.
- Kann die Exponentialfunktion f: f(x) = $\left(\sqrt{3}\right)^x$; D_f = ℝ, rationale Werte annehmen?

6.1 Überblick über bekannte Funktionen

Beispiele

○ Ermitteln Sie die Nullstellen der Funktion f: $f(x) = -\frac{1}{8}(x^3 - 12x + 16)$; $D_f = \mathbb{R}$.

a) Geben Sie die Koordinaten derjenigen Punkte an, die der Graph G_f mit den Koordinatenachsen gemeinsam hat.

b) Übertragen Sie die Tabelle in Ihr Heft und ergänzen Sie sie dann dort. Erläutern Sie, durch welche „Felder" G_f verläuft.

Tipp: f(x) in faktorisierter Form angeben.

x	x < −4	x = −4	−4 < x < 2	x = 2	x > 2
Wert des Terms x + 4					
Wert des Terms $(x-2)^2$					
Wert des Terms $f(x) = -\frac{1}{8}(x+4)(x-2)^2$					

c) Zeichnen Sie G_f für −4,5 ≦ x ≦ 4 mithilfe einer Wertetabelle und beschreiben Sie anhand Ihrer Zeichnung, für welche Werte von x die Funktionswerte zunehmen und für welche Werte von x sie abnehmen.

d) Ermitteln Sie graphisch und rechnerisch die Koordinaten des Punkts P, den G_f mit dem Graphen G_g der Funktion g: $g(x) = -\frac{1}{8}x^3$; $D_g = \mathbb{R}$, gemeinsam hat.

Lösung:

a) Nullstellen der Funktion f: $-\frac{1}{8}(x^3 - 12x + 16) = 0$; $| \cdot (-8)$

$$x^3 - 12x + 16 = 0$$

Durch Überlegen findet man $x_1 = 2 \in D_f$.   Probe: $2^3 - 12 \cdot 2 + 16 = 0$ ✓

Polynomdivision: $(x^3 - 12x + 16) : (x - 2) = x^2 + 2x - 8$
$\underline{-(x^3 - 2x^2)}$
$\quad\quad 2x^2 - 12x$
$\quad\quad \underline{-(2x^2 - 4x)}$
$\quad\quad\quad\quad -8x + 16$
$\quad\quad\quad\quad \underline{-(-8x + 16)}$
$\quad\quad\quad\quad\quad\quad 0$

Durch Linearfaktorzerlegung erhält man $x^2 + 2x - 8 = (x + 4)(x - 2)$.
Faktorisierte Form des Funktionsterms: $f(x) = -\frac{1}{8}(x + 4)(x - 2)^2$
Die Funktion f hat also die Nullstellen $x_1 = x_2 = 2$ und $x_3 = -4 \in D_f$.
Der Graph G_f hat mit der x-Achse die Punkte $S_{1,2}$ (2 | 0) und S_3 (−4 | 0), mit der y-Achse den Punkt T (0 | −2) gemeinsam.

Schnittpunkt mit der y-Achse: T (0 | −2), da $f(0) = -\frac{1}{8} \cdot 16 = -2$ ist.

b)

x	x < −4	x = −4	−4 < x < 2	x = 2	x > 2
Wert des Terms x + 4	< 0	0	> 0	> 0	> 0
Wert des Terms $(x-2)^2$	> 0	> 0	> 0	0	> 0
Wert des Terms $f(x) = -\frac{1}{8}(x+4)(x-2)^2$	> 0	0	< 0	0	< 0

c) Wertetabelle:

x	−4,5	−4	−3	−2	−1	0	1	2	3	4
f(x)	2,6	0	−3,1	−4	−3,4	−2	−0,6	0	−0,9	−4

f(x) nimmt für etwa −2 < x < 2 zu und für etwa x < −2 sowie für x > 2 ab.

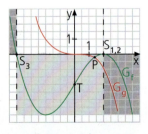

zu d) P (≈ 1,3 | ≈ −0,3)

6.1 Überblick über bekannte Funktionen

d) $f(x) = g(x); -\frac{1}{8}(x^3 - 12x + 16) = -\frac{1}{8}x^3; | \cdot (-8)$
$x^3 - 12x + 16 = x^3; | -x^3 - 16$
$-12x = -16; | : (-12)$
$x = 1\frac{1}{3} \in D_f = D_g$
$f(1\frac{1}{3}) = g(1\frac{1}{3}) = -\frac{8}{27}$; G_f und G_g haben den Punkt P $(1\frac{1}{3} | -\frac{8}{27})$ gemeinsam.

● Zeichnen Sie ein Koordinatensystem (Einheit 1 cm) und tragen Sie die Graphen G_f und G_g der Funktionen $f: f(x) = \frac{1}{x}$; $D_f = \mathbb{R}\setminus\{0\}$, und $g: g(x) = \frac{1}{x^2}$; $D_g = \mathbb{R}\setminus\{0\}$, für $|x| \leq 3$ ein.

a) Zeigen Sie rechnerisch, dass G_f punktsymmetrisch zum Ursprung O (0 | 0) und dass G_g achsensymmetrisch zur y-Achse ist.

b) Geben Sie an, für welche Werte von x die Ungleichung $g(x) > f(x)$ gilt, und deuten Sie diese Beziehung geometrisch.

c) Für welche Werte von x ist $f(x) - g(x) = \frac{1}{4}$?
Die Gerade h mit der Gleichung $x = 2$ schneidet G_f im Punkt A* und G_g im Punkt B*; G_f und G_g schneiden einander im Punkt S. Berechnen Sie den Flächeninhalt des Dreiecks B*A*S, ohne die Koordinaten von A* und B* zu ermitteln.

d) Die Gerade mit der Gleichung $x = a$ mit $a > 1$ schneidet den Graphen G_f im Punkt A, den Graphen G_g im Punkt B. Ermitteln Sie den Flächeninhalt des Dreiecks BAS und untersuchen Sie, ob ein Wert von $a > 1$ existiert, für den $A_{BAS} = 1$ ist.

Lösung:

a) Für jeden Wert von $x \in D_f$ gilt $f(-x) = \frac{1}{-x} = -\frac{1}{x} = -f(x)$;
also ist G_f punktsymmetrisch zum Ursprung O.
Für jeden Wert von $x \in D_g$ gilt $g(-x) = \frac{1}{(-x)^2} = \frac{1}{x^2} = g(x)$;
also ist G_g achsensymmetrisch zur y-Achse.

b) Für jeden Wert von $x \in D_g$ ist $g(x) > 0$.
Für jeden Wert von $x < 0$ ist $f(x) < 0$.
Für alle negativen Werte von x ist somit
$g(x) > f(x)$. $\frac{1}{x^2} > \frac{1}{x}; | \cdot x^2$ hieraus folgt $1 > x$;
also ist $g(x) > f(x)$ für jeden Wert von x mit $0 < x < 1$.
Es ist $g(1) = f(1) = 1$.

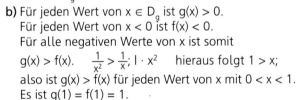

Die Graphen G_f und G_g haben den Punkt S (1 | 1) gemeinsam. Für alle negativen Werte von x und für alle Werte von x mit $0 < x < 1$ liegt der Graph G_g oberhalb des Graphen G_f; für alle Werte von $x > 1$ liegt der Graph G_g unterhalb des Graphen G_f.

c) $f(x) - g(x) = \frac{1}{4}$; $\frac{1}{x} - \frac{1}{x^2} = \frac{1}{4}$; $| \cdot 4x^2$ $4x - 4 = x^2$; $| -x^2$ $-x^2 + 4x - 4 = 0$; $| \cdot (-1)$
$x^2 - 4x + 4 = 0$; $(x - 2)^2 = 0$; $x = 2$: (Nur) für $x = 2$ ist also $f(x) - g(x) = \frac{1}{4}$.
Um den Flächeninhalt des Dreiecks B*A*S zu ermitteln, ist es nicht nötig, die Koordinaten der Punkte A* und B* anzugeben:
Es ist $\overline{B^*A^*} = \frac{1}{4}$; die zugehörige Dreieckshöhe ist $x_{A^*} - x_S = 2 - 1 = 1$.
Somit ist $A_{B^*A^*S} = \frac{1}{2} \cdot \frac{1}{4} \cdot 1 = \frac{1}{8}$.

d) Für $a > 1$ gilt $A_{BAS} = \frac{1}{2} \cdot \left(\frac{1}{a} - \frac{1}{a^2}\right) \cdot (a - 1) = \frac{1}{2} \cdot \frac{a-1}{a^2} \cdot (a-1) = \frac{(a-1)^2}{2a^2}$.
$\frac{(a-1)^2}{2a^2} = 1; | \cdot 2a^2$ $a^2 - 2a + 1 = 2a^2$; $| -2a^2$ $-a^2 - 2a + 1 = 0$; $| \cdot (-1)$
$a^2 + 2a - 1 = 0$; $a_{1,2} = \frac{-2 \pm \sqrt{2^2 + 4}}{2} = \frac{-2 \pm 2\sqrt{2}}{2} = -1 \pm \sqrt{2}$: da sowohl $a_1 < 1$ wie auch $a_2 < 1$ ist, existiert kein Wert von $a > 1$, für den $A_{BAS} = 1$ ist; sogar für $a \to \infty$ strebt A_{BAS} nur gegen $\frac{1}{2} < 1$.

6.1 Überblick über bekannte Funktionen

● Gegeben sind die Funktionen f: f(x) = sin x; $D_f = \mathbb{R}$, und g: g(x) = cos x; $D_g = \mathbb{R}$.
  a) Tragen Sie G_f und G_g für $-2\pi \leq x \leq 2\pi$ in ein Koordinatensystem (Einheit 1 cm) ein.
  b) Erklären Sie den Begriff *periodische Funktion* und geben Sie die Wertemenge W_f und die Wertemenge W_g an.
  c) Erklären Sie anhand Ihrer Zeichnung, bezüglich welcher Geraden der Graph der Sinusfunktion bzw. der Graph der Kosinusfunktion achsensymmetrisch ist und bezüglich welcher Punkte der Graph der Sinusfunktion bzw. der Graph der Kosinusfunktion punktsymmetrisch ist.
  d) Beschreiben Sie anhand Ihrer Zeichnung, in welchen Teilbereichen von $[-2\pi; 2\pi]$ die Sinuskurve G_f steigt und in welchen Teilbereichen die Kosinuskurve G_g fällt.
  e) Im Bereich $[-2\pi; 2\pi]$ schneiden die Graphen G_f und G_g einander viermal. Ermitteln Sie die Koordinaten der vier Schnittpunkte U, F, E und R ($x_U < x_F < x_E < x_R$) sowie die Länge des Streckenzugs UFER (auf mm gerundet).
  Um wie viel Prozent ist der Streckenzug UFER länger als die Strecke [UR]?

Lösung:

a)

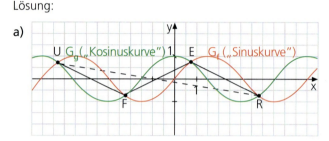

b) Periodizität: Eine Funktion f heißt periodisch mit der Periode p, wenn für jeden Wert von $x \in D_f$ stets f(x + p) = f(x) ist; die Sinus- und die Kosinusfunktion haben beide die Periode p = 2π.
Wertemengen: $W_f = [-1; 1]$; $W_g = [-1; 1]$.

c) Gleichungen der Symmetrieachsen des Graphen der
  • Sinusfunktion: $x = n \cdot \frac{\pi}{2}$, wobei n eine ungerade ganze Zahl ist.
  • Kosinusfunktion: $x = n \cdot \pi$, wobei n eine ganze Zahl ist.
Koordinaten der Symmetriezentren des Graphen der
  • Sinusfunktion: $Z_{sin}(n\pi \mid 0)$, wobei n eine ganze Zahl ist.
  • Kosinusfunktion: $Z_{cos}(n \cdot \frac{\pi}{2} \mid 0)$, wobei n eine ungerade ganze Zahl ist.

d) G_f steigt für $x \in [-2\pi; -\frac{3\pi}{2}[$, für $x \in]-\frac{\pi}{2}; \frac{\pi}{2}[$ und für $x \in]\frac{3\pi}{2}; 2\pi]$;
G_g fällt für $x \in]-2\pi; -\pi[$ und für $x \in]0; \pi[$.

e) Für die x-Koordinate der Schnittpunkte gilt sin x = cos x.
Diese Gleichung ist im Bereich $x \in [-2\pi; 2\pi]$ erfüllt für $x_E = \frac{\pi}{4}$, für $x_U = \frac{\pi}{4} - 2\pi = -\frac{7\pi}{4}$, für $x_F = \frac{\pi}{4} - \pi = -\frac{3\pi}{4}$ und für $x_R = \frac{\pi}{4} + \pi = \frac{5\pi}{4}$.
Die gemeinsamen Punkte von G_f und G_g sind $U(-\frac{7\pi}{4} \mid \frac{\sqrt{2}}{2})$, $F(-\frac{3\pi}{4} \mid -\frac{\sqrt{2}}{2})$, $E(\frac{\pi}{4} \mid \frac{\sqrt{2}}{2})$ und $R(\frac{5\pi}{4} \mid -\frac{\sqrt{2}}{2})$.
Länge des Streckenzugs UFER:
$3 \cdot \sqrt{(x_E - x_F)^2 + (y_E - y_F)^2}$ cm $= 3 \cdot \sqrt{\left[\frac{\pi}{4} - \left(-\frac{3\pi}{4}\right)\right]^2 + \left[\frac{\sqrt{2}}{2} - \left(-\frac{\sqrt{2}}{2}\right)\right]^2}$ cm
$= 3\sqrt{\pi^2 + 2}$ cm $\approx 10{,}3$ cm
Länge der Strecke [UR]:
$\sqrt{(x_R - x_U)^2 + (y_R - y_U)^2}$ cm $= \sqrt{\left[\frac{5\pi}{4} - \left(-\frac{7\pi}{4}\right)\right]^2 + \left[-\frac{\sqrt{2}}{2} - \frac{\sqrt{2}}{2}\right]^2}$ cm
$= \sqrt{9\pi^2 + 2}$ cm $\approx 9{,}5$ cm
Der Streckenzug UFER ist um $\frac{3\sqrt{\pi^2 + 2} - \sqrt{9\pi^2 + 2}}{\sqrt{9\pi^2 + 2}} \approx 8\%$ länger als die Strecke [UR].

6.1 Überblick über bekannte Funktionen

● Zeichnen Sie den Graphen G_f der Funktion f: $f(x) = (2^x - 1)^2$; $D_f = \mathbb{R}$, für $-3 \leq x \leq 1{,}5$ und kontrollieren Sie Ihre Zeichnung mit einem Funktionsplotter.

a) Begründen Sie, dass der Ursprung der tiefste Punkt von G_f ist.

b) Es ist $\lim\limits_{x \to -\infty} f(x) = a$. Ermitteln Sie den Grenzwert a sowie die Koordinaten des Punkts P*, den G_f und die Gerade g mit der Gleichung y = a miteinander gemeinsam haben. Was fällt Ihnen auf?

c) Berechnen Sie die Umfangslänge des Dreiecks mit den Eckpunkten T (–1 | f(–1)), O (0 | 0) und P (1 | f(1)). Zeigen Sie, dass es ein stumpfwinkliges Dreieck ist.

Lösung:

a) Für jeden Wert von $x \in D_f$ gilt $(2^x - 1)^2 \geq 0$; nur für $2^x = 1$, also nur für x = 0, gilt f(x) = 0.
Somit ist O (0 | 0) der tiefste Punkt von G_f.

b) Für $x \to -\infty$ gilt $2^x \to 0$, d. h. $(2^x - 1)^2 \to (0 - 1)^2 = 1$.
Also ist $\lim\limits_{x \to -\infty} f(x) = 1$, d. h. a = 1.

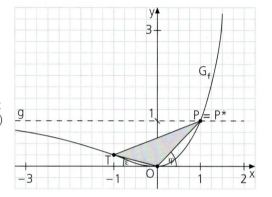

Gemeinsamer Punkt von G_f und g: $(2^x - 1)^2 = 1$; $2^x - 1 = \pm 1$;
$2^{x_1} - 1 = 1$; | +1 $2^{x_1} = 2$; $x_1 = 1$ P* (1 | f(1)) = P* (1 | 1)
$2^{x_2} - 1 = -1$; | +1 $2^{x_2} = 0$: keine Lösung, da stets $2^x > 0$.
Es fällt auf, dass G_f und die Asymptote g von G_f einen Punkt gemeinsam haben.

c) $f(-1) = (2^{-1} - 1)^2 = (-0{,}5)^2 = 0{,}25$; T (–1 | 0,25);
f(1) = 1; P (1 | f(1)) = P (1 | 1) = P*
Umfangslänge:
$\overline{TO} = \sqrt{[0-(-1)]^2 + (0-0{,}25)^2}$ LE = $\sqrt{1 + 0{,}0625}$ LE = $\sqrt{1{,}0625}$ LE ≈ 1,03 LE
$\overline{OP} = \sqrt{(1-0)^2 + (1-0)^2}$ LE = $\sqrt{1+1}$ LE = $\sqrt{2}$ LE ≈ 1,41 LE
$\overline{PT} = \sqrt{[(-1)-1]^2 + (0{,}25-1)^2}$ LE = $\sqrt{4+0{,}5625}$ LE = $\sqrt{4{,}5625}$ LE ≈ 2,14 LE
$U_{TOP} ≈ 1{,}03$ LE + 1,41 LE + 2,14 LE = 4,58 LE
Winkel: $\varphi = 45°$; $\tan \varepsilon = \frac{0{,}25}{1} = 0{,}25$; $\varepsilon \approx 14{,}0°$; $\angle$ POT ≈ 180° – (45° + 14°) = 180° – 59° = 121° > 90°; also ist das Dreieck TOP stumpfwinklig.

● Der Kaiser Kung Fu hatte im Großen See (Fläche: 1,5 km²) seines Palastgartens am Mittag (12 Uhr) des 1. Juni eine wundersame Blume pflanzen lassen, die dann jeweils innerhalb eines Tags (24 Stunden) ihre Fläche verdoppelte. Genau 30 Tage später, also am Mittag des 1. Juli, bedeckte sie den See vollständig.

a) Finden Sie heraus, wann der See (1) zur Hälfte, (2) zu einem Viertel, (3) zu einem Achtel bedeckt war.

b) Ermitteln Sie, wie groß die Pflanze beim Setzen war und welchen Bruchteil des Sees sie am 27. Juni um 18 Uhr bedeckte.

Lösung:

a) (1) Am Mittag des 30. Juni um 12 Uhr war der See zur Hälfte bedeckt,
(2) am Mittag des 29. Juni um 12 Uhr zu einem Viertel und
(3) am Mittag des 28. Juni um 12 Uhr zu einem Achtel.

b) Das Wachstum der Blume lässt sich durch den Exponentialfunktionsterm $f(x) = a \cdot b^x$ mit $x \in [0; 30]$, $a \in \mathbb{R}^+$ und $b \in \mathbb{R}^+\setminus\{1\}$ beschreiben (a bedeutet den zum Zeitpunkt x = 0 [d. h. am Mittag des 1. Juni] bedeckten Anteil des Sees, b den Wachstumsfaktor und x die Anzahl der Tage seit Einpflanzen der Blume).
Es ist I $f(30) = a \cdot b^{30} = 1$ und   II $f(29) = a \cdot b^{29} = \frac{1}{2}$.
Aus $f(30) : f(29) = b = 1 : \frac{1}{2} = 2$ zusammen mit I folgt $a = \frac{1}{b^{30}} = \frac{1}{2^{30}} = 2^{-30}$ und als Funktionsterm der Wachstumsfunktion $f(x) = 2^{-30} \cdot 2^x = 2^{x-30}$.
Somit ergibt sich $a \cdot 1{,}5$ km² ≈ 14 cm² sowie $f(26{,}25) = 2^{26{,}25 - 30} = 2^{-3{,}75} \approx 7{,}4\%$.

6.1 Überblick über bekannte Funktionen

Aufgaben

1. Bringen Sie jede der sechs Funktionsgleichungen auf die Form $y = a(x - x_0)^2 + y_0$ und geben Sie die Bedeutung des Punkts $S(x_0 | y_0)$ an.
   a) $y = x^2 - 6x + 8$
   b) $y = 4 - x - 0{,}25x^2$
   c) $y = -0{,}5x^2 + 2x - 2$
   d) $y = 3x^2 + 12x$
   e) $y = x^2 + x + 0{,}25$
   f) $y = 4x^2 + 8$

$y = -2x^2 + 6x + 8$
$y = 0{,}5x^2 + x + 1$
$y = x^2 - 2x + 5$
$y = x^2 + x$
Teillösungen zu 2. **L**

---

2. Zeigen Sie jeweils zunächst, dass die Punkte A, B und C nicht auf einer Geraden liegen, und bestimmen Sie dann die Funktionsgleichung $y = ax^2 + bx + c$ der Parabel P, die durch diese drei Punkte verläuft.
   a) $A(1|4)$, $B(0|5)$, $C(-1|8)$
   b) $A(0|0)$, $B(1|2)$, $C(-2|2)$
   c) $A(-1|0)$, $B(1|12)$, $C(3|8)$
   d) $A(2|5)$, $B(-2|1)$, $C(-4|5)$

3. Geben Sie jede der Funktionsgleichungen in der Form $y = a(x - x_1)(x - x_2)$ an und beschreiben Sie den Verlauf der zugehörigen Parabel.
   a) $y = 8 - 4x^2$
   b) $y = 2x^2 + x - 1$
   c) $y = -\frac{1}{3}x^2 + \frac{2\sqrt{3}}{3}x - 1$
   d) $y = 10x - 5x^2$
   e) $y = -2x^2 - 5x - 2$
   f) $y = 0{,}5x^2 - x + 0{,}5$

4. Geben Sie bei jeder der acht Funktionen die Nullstellen durch Überlegen an.
   a) $f: f(x) = (x + 3)(x - 4)$; $D_f = \mathbb{R}^+$
   b) $g: g(x) = x^2 - 2$; $D_g = \mathbb{R}^-$
   c) $h: h(x) = x^2 + 4$; $D_h = \mathbb{R}$
   d) $i: i(x) = (x - 1)(x + 2)(2x - 5)$; $D_i = \mathbb{Z}$
   e) $j: j(x) = \frac{x^2 - 25}{x}$; $D_j = \mathbb{R}\setminus\{0\}$
   f) $k: k(x) = 3^x - 2$; $D_k = \mathbb{R}$
   g) $l: l(x) = \frac{x^2 + 4}{x^2 - 1}$; $D_l = \mathbb{R}\setminus\{-1; 1\}$
   h) $m: m(x) = \frac{x^2}{x^2 + 1}$; $D_m = \mathbb{R}$

G 5. Ermitteln Sie jeweils die Nullstellen der Funktion und geben Sie dann f(x) in faktorisierter Form an.
   a) $f: f(x) = x^3 - 4x^2 - x + 4$; $D_f = \mathbb{R}$
   b) $g: g(x) = 2x^3 + 4x^2 - 26x + 20$; $D_g = \mathbb{R}$
   c) $h: h(x) = x^5 - 9x^3$; $D_h = \mathbb{R}$
   d) $i: i(x) = x^3 - 12x - 16$; $D_i = \mathbb{R}$

$-5; -3; -2; -1; 0; 1;$
$2; 3; 4$
Nullstellen zu 5. **L**

Stellen Sie bei jeder der Funktionen in einer Tabelle dar, für welche Werte von x der Funktionswert gleich null, größer als null bzw. kleiner als null ist. Veranschaulichen Sie dann, durch welche „Felder" G_f verläuft, und skizzieren Sie G_f.

6. Bestimmen Sie jeweils denjenigen Wert von a, für den der Graph der Funktion $f: f(x) = x^3 + x^2 - 6x + a$; $D_f = \mathbb{R}$, durch
   a) den Ursprung $O(0|0)$ verläuft.
   b) den Punkt $P(1|5)$ verläuft.

7. Ermitteln Sie jeweils diejenigen Werte der Parameter a und b, für die der Graph der Funktion $f: f(x) = x^3 + ax^2 + 2x + b$; $D_f = \mathbb{R}$,
   a) punktsymmetrisch zum Ursprung verläuft.
   b) durch die Punkte $A(0|0)$ und $B(-2|4)$ verläuft.

8. Ermitteln Sie jeweils das Polynom g(x).
   a) $x^4 - 2x^3 - 3x^2 + 6x = (x^2 - 3) \cdot g(x)$
   b) $x^4 - 3x^3 + 6x^2 - 12x + 8 = (x^2 + 4) \cdot g(x)$

9. Eine gebrochenrationale Funktion f hat die maximale Definitionsmenge $D_f = \mathbb{R}\setminus\{0; 1\}$ und die Nullstellen $x_1 = -2$ und $x_2 = 3$. Ihr Graph verläuft durch den Punkt $P(2|2)$. Geben Sie einen möglichst einfachen Funktionsterm f(x) an.

G 10. Berechnen Sie jeweils $d = f(a + 1) - f(a - 1)$.
   a) $f: f(x) = 2x + 4$; $D_f = \mathbb{R}$
   b) $f: f(x) = x^2 + 2$; $D_f = \mathbb{R}$
   c) $f: f(x) = x^3$; $D_f = \mathbb{R}$
   d) $f: f(x) = 2x^2$; $D_f = \mathbb{R}$

Zeichnen Sie bei den Teilaufgaben a) und c) jeweils den Graphen G_f und veranschaulichen Sie dann dort d für einen selbstgewählten Wert von $a \in D_f$.

6.1 Überblick über bekannte Funktionen

11. a) f: $f(x) = x^3 + x^2 + ax - b$; $D_f = \mathbb{R}$, fonksiyonun grafigi (–1 | 3) ve (2 | 1) noktalarindan gectigine göre, a, b kactir? ...
Finden Sie heraus, wie die vollständige Teilaufgabe a) auf Deutsch lauten könnte, wenn als Endergebnis $-\frac{70}{9}$ angegeben ist.

b) $f(x) = 2x + 1 - f(x + 1)$, $f(4) = 2$ olduguna göre, $f(2)$ nin degeri kactir?

c) $f(x) = x^2 - x + 1$ olduguna göre, $f(1 - x) - f(x)$ asagidakilerden hangisine esittir?

d) $f(x) - f(x + 1) = 3$, $f(1) = 4$ iste, $f(10)$ kactir?

e) $f(x + 2) = 2x + f(x)$ iste, $f(9) - f(3)$ farki kactir?

Sophie: Diese fünf Aufgaben musste meine türkische Freundin Elif bei ihrer Abschlussprüfung lösen.

12. Bestimmen Sie die Werte der Parameter a und b so, dass der Graph G_f der Funktion f: $f(x) = \frac{x + a}{x^2 + b}$; $D_f = D_{f_{max}}$, durch die Punkte A (0 | –1) und B (–4 | 0) verläuft.

a) Geben Sie je eine Gleichung der Asymptoten von G_f an.

b) Finden Sie durch Überlegen die „Felder" heraus, durch die G_f verläuft, und skizzieren Sie G_f.

c) Verbindet man die Punkte U (–2 | 0) und R (2 | 0) miteinander und mit einem geeignet gewählten Punkt S ∈ G_f, so erhält man ein Dreieck mit dem Flächeninhalt A = $\frac{4}{3}$ FE. Ermitteln Sie die Koordinaten von S.

d) Die Gerade g mit der Gleichung y = mx – 1; m ∈ $\mathbb{R}$, hat mit G_f mindestens einen Punkt gemeinsam. Ermitteln Sie die Anzahl der gemeinsamen Punkte von g und G_f in Abhängigkeit von m.

Laura: In der 8. Klasse kamen auch schon Asymptoten vor.

13. Zeichnen Sie ein Koordinatensystem (Einheit 1 cm) und skizzieren Sie den Graphen der Sinusfunktion für –2π ≦ x ≦ 2π; wählen Sie dabei π ≈ 3.

a) Tragen Sie die Geraden g mit der Gleichung y = 0,5 und h mit der Gleichung y = –0,5 ein. Geben Sie an, für welche Werte von x ∈ [–2π; 2π] die Ungleichung –0,5 ≦ sin x ≦ 0,5 gilt.

b) Die Sinuskurve berandet mit der x-Achse zwischen x = 0 und x = π einen Bereich mit dem Flächeninhalt A = 2 cm². Etwa wie viel Prozent von A nimmt das Rechteck VIER mit V ($\frac{\pi}{4}$ | 0), I ($\frac{3}{4}\pi$ | 0), E ($\frac{3}{4}\pi$ | sin ($\frac{3}{4}\pi$)) und R ($\frac{\pi}{4}$ | sin $\frac{\pi}{4}$) ein?

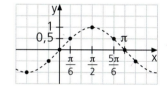

14. Zeichnen Sie ein Koordinatensystem (Einheit 1 cm) und skizzieren Sie den Graphen der Sinusfunktion und den Graphen der Kosinusfunktion für –2π ≦ x ≦ 2π; wählen Sie dabei π ≈ 3. Tragen Sie dann entsprechend Sophies Tipp den Graphen der Funktion g: $g(x) = \sin x + \cos x$; $D_g = [-2\pi; 2\pi]$, ein.
Für welche Werte von x ist g(x) = 1; für welche Werte von x ist g(x) = –1?

Sophies Tipp:

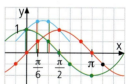

15. Zeichnen Sie ein Koordinatensystem (Einheit 1 cm) und skizzieren Sie den Graphen der Sinusfunktion für –2π ≦ x ≦ 2π; wählen Sie dabei π ≈ 3. Tragen Sie dann den Graphen der Funktion g: $g(x) = (\sin x)^2$; $D_g = [-2\pi; 2\pi]$, ein.
Für welche Werte von x ist g(x) = 1; für welche Werte von x ist g(x) = 0?
Geben Sie an, für welche Werte von x der Graph G_g oberhalb der Sinuskurve verläuft.

16. Zeichnen Sie ein Koordinatensystem (Einheit 1 cm) und tragen Sie die Winkelhalbierende w des I. und III. Quadranten sowie die Punkte I (–2 | 0,25), N (–1 | 0,5), V (0 | 1), E (1 | 2), R (2 | 4) und S (3 | 8) ein. Spiegeln Sie dann diese sechs Punkte an der Geraden w und geben Sie die Koordinaten der Spiegelpunkte an.
Spiegeln Sie einen beliebigen Punkt P (a | 2ª) des Graphen der Funktion f: $f(x) = 2^x$; $D_f = \mathbb{R}$, an der Geraden w und erläutern Sie, dass sein Spiegelpunkt P* (2ª | a) ist.
Lösen Sie die Gleichung $x = 2^y$ nach y auf und veranschaulichen Sie die Lösung y = g(x) graphisch. Erläutern Sie Ihrem Nachbarn/Ihrer Nachbarin Ihr Vorgehen.

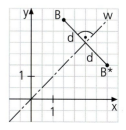

17. Aus einer Statistik sind die folgenden Daten entnommen:

Jahr	1990	1992	1994	1996	1998	2000	...	2008
Anzahl der PCs in Mio.	0,40	0,95	2,15	4,85	6,80	9,20		15,65

a) Für die Jahre 1990 bis 1996 lässt sich der PC-Bestand annähernd durch eine Exponentialfunktion f mit $f(x) = a \cdot b^x$ beschreiben; dabei bedeutet x die Anzahl der seit 1990 verstrichenen Jahre. Bestimmen Sie aus den Daten der Jahre 1992 und 1996 einen Funktionsterm.

b) Berechnen Sie für die Jahre 1990 und 1994 die prozentuale Abweichung der Werte des Terms f(x) aus Teilaufgabe a) von den Tabellenwerten. Wie groß wäre die prozentuale Abweichung für das Jahr 2008, falls man immer noch die gleiche Näherung benutzen würde?

18. Welche der Funktionen (ihre Definitionsmenge ist jeweils $\mathbb{R}$) mit den Funktionstermen $f(x) = 10^x$; $g(x) = 2^x$; $h(x) = 0,5^x$; $i(x) = 0,99^x$; $j(x) = 99^{-x}$; $k(x) = \left(\frac{3}{2}\right)^x$ sind exponentiell zunehmend, welche exponentiell abnehmend?

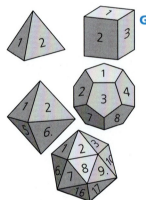

G 19. Die Flächen eines Laplace-Tetraeders sind mit den Zahlen 1; 2; 3 bzw. 4, die eines Laplace-Würfels mit 1; 2; 3; 4; 5 bzw. 6, ... und die eines Laplace-Ikosaeders mit den Zahlen 1; 2; ... bzw. 20 beschriftet.

a) Ermitteln Sie bei jedem der fünf platonischen Laplace-Körper, wie oft man ihn mindestens werfen muss, um mit einer Wahrscheinlichkeit von mindestens 95% mindestens einmal eine Eins zu werfen.
Stellen Sie diese Mindestanzahl N(m) in Abhängigkeit von der Anzahl m der Flächen des jeweiligen Körpers in einem Säulendiagramm dar.

b) Der Funktionsterm für die Wahrscheinlichkeit des Ereignisses „Die erste Eins kommt beim n-ten Wurf ($n \in \mathbb{N}$)" ist $f(n) = (1-p)^{n-1} \cdot p$. Geben Sie an, was dabei p bedeutet, und stellen Sie die fünf Terme f(n) für $n \in \{1; 2; ...; 6\}$ in einem gemeinsamen Diagramm dar.

20. Die Elektronikfirma Elo-Play erstellt vor Einführung ihres neuen Video-MP3-Players eine Marktanalyse. Dabei wird angenommen, dass die Anzahl n der pro Monat verkauften Geräte nur vom Verkaufspreis x € pro Gerät abhängt; die Abhängigkeit wird durch den Funktionsterm $n(x) = 6,25 \cdot 10^{10} \cdot x^{-4}$ mit $x > 75$ modelliert (die Herstellungskosten pro Gerät belaufen sich auf 75 €).

a) Geben Sie einen Funktionsterm an, der den monatlichen Gewinn g in Abhängigkeit von x beschreibt.

b) Übertragen Sie die Tabelle in Ihr Heft und ergänzen Sie sie dann dort.

Verkaufspreis x €	80 €	90 €	100 €	110 €	120 €
Gewinn g(x) (in €)					

Was fällt Ihnen auf?

$\log_2 512 = ?$
$2 \log 100 = ?$
$\log_{0,1} 100 = ?$

W1 Wie viel Mehrwertsteuer (Steuersatz 19%) ist in einem Rechnungsbetrag von 142,80 € enthalten?

W2 Wie lang ist die gemeinsame Sehne zweier Kreise ($r_1 = 8$ cm; $r_2 = 5$ cm), deren Mittelpunkte 10 cm voneinander entfernt sind?

W3 Wie groß sind die spitzen Winkel, die die Geraden g und h mit den Gleichungen $y = 2x - 2$ bzw. $3x - y = 2$ miteinander bilden?

Zahlenfolgen

Folgen von Zahlen begegnen uns nicht nur in der Mathematik, sondern auch im Alltag. So werden z. B. bei manchen sogenannten Intelligenztests einige Glieder einer Zahlenfolge vorgegeben; aus ihnen soll dann auf die weiteren Glieder – auf das **Bildungsgesetz** der Folge – geschlossen werden.

Die Glieder einer Zahlenfolge werden nummeriert: 1. Glied a_1, 2. Glied a_2, ... n-tes Glied a_n; $n \in \mathbb{N}$ ist also die Platznummer des Folgenglieds a_n.

Beispiel: Wenn $a_n = n^2$ ist, lauten die ersten fünf Folgenglieder $a_1 = 1^2 = 1$; $a_2 = 2^2 = 4$; $a_3 = 3^2 = 9$; $a_4 = 4^2 = 16$ bzw. $a_5 = 5^2 = 25$.

1. Geben Sie jeweils die ersten fünf Glieder der Folge an.
   a) $a_n = (-1)^n$ b) $a_n = \frac{1}{n^2}$ c) $a_n = 3 - n$ d) $a_n = \frac{n}{n+1}$ e) $a_n = 2 \cdot 1{,}5^{n-1}$ f) $a_n = \sqrt[n]{4}$

Die Glieder einer Folge können auch **rekursiv** angegeben werden; dabei wird i. Allg. das erste Folgenglied a_1 angegeben und dann beschrieben, wie aus jedem Folgenglied das nächste gebildet wird.

Beispiel: Aus $a_1 = 0$ und $a_{n+1} = 3a_n + 1$ ergeben sich die ersten fünf Folgenglieder 0; 1; 4; 13; 40.

2. Finden Sie jeweils die ersten fünf Glieder der Folge.
   a) $a_1 = 10$; $a_{n+1} = -a_n$ b) $a_1 = 1$; $a_{n+1} = a_n^2 + 1$ c) $a_1 = 2$; $a_{n+1} = \frac{a_n}{2}$

3. Finden Sie jeweils eine Möglichkeit zur Beschreibung des allgemeinen Glieds a_n.
   a) 1; 8; 27; 64; 125 ... b) 1; 3; 6; 10; 15 ... c) 1; 3; 7; 15; 31 ... d) 1; –2; 3; –5; 7; ...

Arithmetische Folgen
Bei jeder arithmetischen Folge hat die **Differenz** von zwei aufeinander folgenden Gliedern stets den gleichen Wert d: $a_{n+1} - a_n = d$ für jeden Wert von $n \in \mathbb{N}$.
Beispiel: $a_1 = 1$; $d = 10$: 1; 11; 21; 31; 41 ...

Geometrische Folgen
Bei jeder geometrischen Folge hat der **Quotient** von zwei aufeinander folgenden Gliedern stets den gleichen Wert q: $\frac{a_{n+1}}{a_n} = q$ für jeden Wert von $n \in \mathbb{N}$.
Beispiel: $a_1 = 1$; $q = 10$: 1; 10; 100; 1 000; 10 000 ...

Lucas: Arithmetische, geometrische und Fibonacci-Folgen haben wir schon kennen gelernt.

4. Geben Sie jeweils die ersten fünf Glieder der arithmetischen Folge an.
   a) $a_1 = 10$; $d = 25$ b) $a_1 = 8$; $d = -5$ c) $a_1 = 100$; $d = 50$ d) $a_1 = 0$; $d = -\pi$

5. Geben Sie jeweils die ersten fünf Glieder der geometrischen Folge an.
   a) $a_1 = 10$; $q = 2$ b) $a_1 = 8$; $q = \frac{1}{2}$ c) $a_1 = 100$; $q = -\frac{1}{10}$ d) $a_1 = \sqrt{2}$; $q = -\sqrt{2}$

6. Für die Folge der Fibonacci-Zahlen gilt $a_1 = 1$; $a_2 = 1$; $a_{n+2} = a_{n+1} + a_n$.
   Schreiben Sie die ersten 15 Fibonacci-Zahlen auf.

Es gibt Folgen von Zahlen, bei denen die Folgenglieder mit zunehmender Platznummer dem Betrag nach immer kleiner werden und sich ab einer hinreichend großen Platznummer um beliebig wenig von null unterscheiden. Solche Folgen nennt man **Nullfolgen**.

Beispiel: Die Folge mit dem allgemeinen Glied $a_n = \frac{1}{n}$ ist eine Nullfolge. Bei ihr unterscheidet sich das 101. Glied (und alle weiteren Glieder) um weniger als $\frac{1}{100}$, das 1 000 001. Glied (und alle weiteren Glieder) um weniger als $\frac{1}{1\,000\,000}$ von null.

7. Finden Sie jeweils heraus, ab welcher Platznummer sich alle Folgenglieder um weniger als $\frac{1}{1\,000}$ ($\frac{1}{1\,000\,000}$) von null unterscheiden.
   a) $a_n = \frac{1}{n^2}$ b) $a_n = \frac{1}{n+1}$ c) $a_n = \frac{1}{\sqrt{n}}$ d) $a_n = \left(-\frac{1}{2}\right)^n$ e) $a_n = \frac{4}{n+3}$

6.2 Verhalten von Funktionen im Unendlichen

Laura: „Das ist Simons Aufsatzthema." **Lucas:** „In Hilberts Hotel findet jeder Platz."

Arbeitsaufträge

- Erklären Sie, dass $0,\overline{9} = 1$ ist.
- Informieren Sie sich über „Hilberts Hotel" und stellen Sie es der Klasse vor.

Für die Funktionswerte $f(x)$ ganzrationaler Funktionen f mit $D_f = \mathbb{R}$ gilt stets entweder $f(x) \to \infty$ oder $f(x) \to -\infty$ für $x \to \infty$ und für $x \to -\infty$. Das Verhalten z. B. von gebrochen-rationalen Funktionen oder von Exponentialfunktionen für $x \to \pm\infty$ kann anders sein.

Die Limesschreibweise geht auf Cauchy zurück.

Unterscheiden sich die Funktionswerte $f(x)$ einer Funktion f für $x \to \infty$ (bzw. für $x \to -\infty$) um beliebig wenig von einer Zahl a, so heißt diese Zahl a **Grenzwert** der Funktion f für $x \to \infty$ (bzw. für $x \to -\infty$).

Man schreibt $\lim\limits_{x \to \infty} f(x) = a$ (bzw. $\lim\limits_{x \to -\infty} f(x) = a$) und liest dies „Limes von f von x für x gegen unendlich ist a" (bzw. „Limes von f von x für x gegen minus unendlich ist a").

Der Begriff „Asymptote" wurde bereits von dem griechischen Mathematiker Apollonius von Perge (um 200 v. Chr.) verwendet.

Es wird auch die Ausdrucksweise „Die Funktion **konvergiert** für x gegen unendlich (bzw. für $x \to -\infty$) **gegen a**" verwendet. (Streben dagegen die Werte einer Funktion für betragsgroße Werte von x *nicht* gegen eine Zahl, sondern gegen ∞ oder gegen $-\infty$, so sagt man, die Funktion ist **divergent**.)

Die Gerade mit der Gleichung $y = a$ ist **waagrechte Asymptote** von G_f.

Beispiele:

- $f: f(x) = \frac{1}{x}$; $D_f = \mathbb{R}\setminus\{0\}$. Die Funktionswerte unterscheiden sich von 0 um beliebig wenig, wenn man für x hinreichend betragsgroße Zahlen einsetzt, z. B. ± 10; ± 100; $\pm 1\,000$; $\pm 10\,000$ ... . Für $x \to \pm\infty$ gilt $f(x) \to 0$, d. h. $\lim\limits_{x \to \infty} \frac{1}{x} = 0$ und $\lim\limits_{x \to -\infty} \frac{1}{x} = 0$.

Lucas: Wenn $x > 10\,000$ ist, dann ist $\frac{1}{x} < 0,0001$.

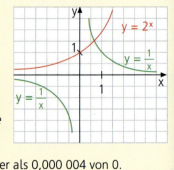

- $g: g(x) = 2^x$; $D_g = \mathbb{R}$. Für $x \to \infty$ gilt $g(x) \to \infty$. Wenn man dagegen für x hinreichend betragsgroße *negative* Zahlen einsetzt, unterscheiden sich die Funktionswerte um beliebig wenig von 0; so unterscheidet sich $g(x)$ z. B. für jeden Wert von $x < -18$ um weniger als $0,000\,004$ von 0.

Ist eine Funktion aus Teilfunktionen zusammengesetzt, so kann die Ermittlung von Grenzwerten für $x \to \infty$ mithilfe von **Grenzwertregeln** erfolgen (für $x \to -\infty$ analog): Existieren die beiden Grenzwerte $\lim\limits_{x \to \infty} f(x) = a_1$ und $\lim\limits_{x \to \infty} g(x) = a_2$, so gilt

- $\lim\limits_{x \to \infty} k = k$; $k \in \mathbb{R}$
- $\lim\limits_{x \to \infty} \frac{1}{x} = 0$

- $\lim\limits_{x \to \infty} [f(x) \pm g(x)] = \lim\limits_{x \to \infty} f(x) \pm \lim\limits_{x \to \infty} g(x) = a_1 \pm a_2$
- $\lim\limits_{x \to \infty} [f(x) \cdot g(x)] = \lim\limits_{x \to \infty} f(x) \cdot \lim\limits_{x \to \infty} g(x) = a_1 \cdot a_2$
- $\lim\limits_{x \to \infty} \frac{f(x)}{g(x)} = \frac{\lim\limits_{x \to \infty} f(x)}{\lim\limits_{x \to \infty} g(x)} = \frac{a_1}{a_2}$ (dabei wird $g(x) \neq 0$ und $a_2 \neq 0$ vorausgesetzt).

6.2 Verhalten von Funktionen im Unendlichen

Beispiele

● Finden Sie heraus, für welche Werte von x sich der Funktionswert $g(x) = 2^x$ vom Grenzwert 0 (für $x \to -\infty$) um weniger als a) $\frac{1}{8}$ b) $\frac{1}{16}$ c) $\frac{1}{1\,024}$ unterscheidet. Veranschaulichen Sie diesen Sachverhalt geometrisch.

Lösung:

a) $2^x < \frac{1}{8}$; $2^x < 2^{-3}$, also $x < -3$

b) $2^x < \frac{1}{16}$; $2^x < 2^{-4}$, also $x < -4$

c) $2^x < \frac{1}{1\,024}$; $2^x < 2^{-10}$, also $x < -10$

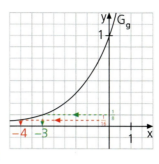

Für jeden Wert von $x < -3$ ist $f(x) < \frac{1}{8}$, für jeden Wert von $x < -4$ ist $f(x) < \frac{1}{16}$ und für jeden Wert von $x < -10$ ist $f(x) < \frac{1}{1\,024}$.

Die x-Achse ist (horizontale) Asymptote des Graphen G_g der Funktion g: $g(x) = 2^x$; $D_g = \mathbb{R}$.

● Finden Sie heraus, für welche Werte von x sich der Funktionswert $f(x) = \frac{1}{x^n}$; $n \in \{2; 3; 4\}$, von 0 um weniger als $\frac{1}{1\,000} = 0{,}001$ unterscheidet.

Lösung:

a) $n = 2$: $\frac{1}{x^2} < \frac{1}{1\,000}$; für alle Werte von x mit $x > 10\sqrt{10} \approx 32$ oder mit $x < -10\sqrt{10} \approx -32$ unterscheidet sich $\frac{1}{x^2}$ von 0 um weniger als $\frac{1}{1\,000}$.

b) $n = 3$: $-\frac{1}{1\,000} < \frac{1}{x^3} < \frac{1}{1\,000}$; für alle Werte von x mit $x > 10$ oder mit $x < -10$ unterscheidet sich $\frac{1}{x^3}$ von 0 um weniger als $\frac{1}{1\,000}$.

c) $n = 4$: $\frac{1}{x^4} < \frac{1}{1\,000}$; für alle Werte von x mit $x > \sqrt[4]{1\,000} \approx 6$ oder mit $x < -\sqrt[4]{1\,000} \approx -6$ unterscheidet sich $\frac{1}{x^4}$ von 0 um weniger als $\frac{1}{1\,000}$.

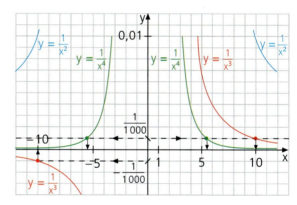

● Formen Sie zunächst nach Sophies Vorschlag den Funktionsterm $f(x) = \frac{x-2}{x+1}$ um und ermitteln Sie dann $\lim\limits_{x \to \pm\infty} f(x) = a$. Finden Sie heraus, für welche betragsgroßen Werte von x sich $f(x)$ von a (dem Betrag nach) um weniger als $\frac{1}{100}$ unterscheidet.

Sophies „Trick":

$\frac{x+5}{x-3} = \frac{x-3+8}{x-3} =$

$\frac{x-3}{x-3} + \frac{8}{x-3} = 1 + \frac{8}{x-3}$

Lösung:

$\frac{x-2}{x+1} = \frac{x+1-3}{x+1} = \frac{x+1}{x+1} - \frac{3}{x+1} = 1 - \frac{3}{x+1}$;

$\lim\limits_{x \to \pm\infty} \frac{x-2}{x+1} = \lim\limits_{x \to \pm\infty} \left(1 - \frac{3}{x+1}\right) = \lim\limits_{x \to \pm\infty} 1 - \lim\limits_{x \to \pm\infty} \frac{3}{x+1} = 1 - 0 = 1$; $a = 1$.

(1) $x > -1$: $a - f(x) = 1 - \left(1 - \frac{3}{x+1}\right) = \frac{3}{x+1} < \frac{1}{100}$; $|\cdot 100(x+1)$

$300 < x + 1$; $|-1 \quad x > 299$

(2) $x < -1$: $f(x) - a = 1 - \frac{3}{x+1} - 1 = -\frac{3}{x+1} < \frac{1}{100}$; $|\cdot 100(x+1)$

$-300 > x + 1$; $|-1 \quad x < -301$

Für $x \in \,]-\infty; -301[$ und für $x \in \,]299; \infty[$ unterscheidet sich $f(x)$ von 1 stets um weniger als $\frac{1}{100}$.

Hinweis: Für $x > -1$ ist $x + 1 > 0$: Bei der Multiplikation der Ungleichung mit $100(x + 1)$ ändert sich das Ungleichheitszeichen nicht.

Für $x < -1$ ist $x + 1 < 0$: Bei der Multiplikation der Ungleichung mit $100(x + 1)$ ändert sich das Ungleichheitszeichen.

6.2 Verhalten von Funktionen im Unendlichen

- Ermitteln Sie $\lim_{x \to \pm\infty} \frac{x^2 - 4x + 2}{4x^2}$ unter deutlicher Herausstellung der verwendeten Rechenregeln für Grenzwerte.

  Lösung:

  1. Schritt: Ausklammern und Kürzen: $\frac{x^2 - 4x + 2}{4x^2} = \frac{x^2\left(1 - \frac{4}{x} + \frac{2}{x^2}\right)}{4x^2} = \frac{1}{4}\left(1 - \frac{4}{x} + \frac{2}{x^2}\right)$

  2. Schritt: $\lim_{x \to \pm\infty} \frac{x^2 - 4x + 2}{4x^2} = \lim_{x \to \pm\infty}\left[\frac{1}{4}\left(1 - \frac{4}{x} + \frac{2}{x^2}\right)\right] = \lim_{x \to \pm\infty} \frac{1}{4} \cdot \lim_{x \to \pm\infty}\left(1 - \frac{4}{x} + \frac{2}{x^2}\right) =$

  $= \frac{1}{4} \cdot \lim_{x \to \pm\infty}\left(1 - \frac{4}{x} + \frac{2}{x^2}\right) = \frac{1}{4}\left(\lim_{x \to \pm\infty} 1 - \lim_{x \to \pm\infty} \frac{4}{x} + \lim_{x \to \pm\infty} \frac{2}{x^2}\right) =$

  $\frac{1}{4}\left(1 - \lim_{x \to \pm\infty} 4 \cdot \lim_{x \to \pm\infty} \frac{1}{x} + \lim_{x \to \pm\infty} 2 \cdot \lim_{x \to \pm\infty} \frac{1}{x} \cdot \lim_{x \to \pm\infty} \frac{1}{x}\right) = \frac{1}{4}(1 - 4 \cdot 0 + 2 \cdot 0 \cdot 0) =$

  $\frac{1}{4}(1 - 0 + 0) = \frac{1}{4}$.

- Ermitteln Sie den Funktionsterm einer möglichst einfachen gebrochenrationalen Funktion f mit $D_f = D_{f\,max} = \mathbb{R}\setminus\{2\}$, mit der Nullstelle $x = 1$ und mit $\lim_{x \to \pm\infty} f(x) = 3$.

  Lösung:

  Ansatz: $f(x) = a \cdot \frac{x-1}{x-2}$; $a \in \mathbb{R}\setminus\{0\}$.

  Bestimmung von a: $\lim_{x \to \pm\infty}\left(a \cdot \frac{x-1}{x-2}\right) = a \cdot \lim_{x \to \pm\infty} \frac{1 - \frac{1}{x}}{1 - \frac{2}{x}} = a \cdot \frac{\lim_{x \to \pm\infty}\left(1 - \frac{1}{x}\right)}{\lim_{x \to \pm\infty}\left(1 - \frac{2}{x}\right)} = a$; also ist $a = 3$.

  (*Hinweis*: Für $x \to \pm\infty$ gilt $\frac{1}{x} \to 0$, also $1 - \frac{1}{x} \to 1$ und ebenso $1 - \frac{2}{x} \to 1$.)

  Die Funktion f: $f(x) = 3 \cdot \frac{x-1}{x-2}$; $D_f = \mathbb{R}\setminus\{2\}$, erfüllt alle angegebenen Bedingungen.

- Kann ein Funktionsgraph mehr als eine senkrechte Asymptote besitzen?
- Woran kann man am Funktionsterm einer gebrochenrationalen Funktion erkennen, dass ihr Graph die x-Achse als waagrechte Asymptote besitzt?
- Woran kann man am Funktionsterm einer gebrochenrationalen Funktion erkennen, dass ihr Graph eine waagrechte Asymptote (parallel zur x-Achse) besitzt?

Aufgaben

1. a) Es ist f: $f(x) = \frac{1}{x-1}$; $D_f = \mathbb{R}\setminus\{1\}$. Finden Sie durch Überlegen heraus, für welche Werte von x die Ungleichung $0 < f(x) < \frac{1}{100}$ (bzw. $0 < f(x) < \frac{1}{1\,000}$) gilt.

   b) Es ist f: $f(x) = \frac{2}{x}$; $D_f = \mathbb{R}\setminus\{0\}$. Finden Sie durch Überlegen heraus, für welche Werte von x die Ungleichung $0 < f(x) < \frac{1}{1\,000}$ (bzw. $0 < f(x) < \frac{1}{1\,000\,000}$) gilt.

Sophies „Trick":
$\frac{x+3}{x+2} = \frac{x+2+1}{x+2} = \frac{x+2}{x+2} + \frac{1}{x+2} = 1 + \frac{1}{x+2}$

2. Formen Sie zunächst nach Sophies Vorschlag den Funktionsterm
   a) $f(x) = \frac{x}{x-4}$ b) $f(x) = \frac{x+5}{x-1}$ c) $f(x) = \frac{2x+3}{x}$ d) $f(x) = \frac{x^2+2}{x^2+1}$

   um und ermitteln Sie dann $\lim_{x \to \pm\infty} f(x) = a$. Finden Sie heraus, für welche Werte von x sich f(x) von a um weniger als $\frac{1}{100}$ unterscheidet.

3. Dividieren Sie zunächst (wie im 4. Musterbeispiel) den Zähler und den Nenner des Funktionsterms a) $f(x) = \frac{x}{x-4}$ b) $f(x) = \frac{x+5}{x-1}$ c) $f(x) = \frac{2x+3}{x}$ d) $f(x) = \frac{x^2+2}{x^2+1}$
   durch x bzw. x^2 und ermitteln Sie dann $\lim_{x \to \pm\infty} f(x) = a$. Geben Sie eine Gleichung der horizontalen Asymptote des Graphen der Funktion f mit $D_f = D_{f\,max}$ an.

4. Ergänzen Sie zunächst bei jedem der zehn Funktionsterme f(x) die maximale Definitionsmenge und untersuchen Sie dann das Verhalten von f für $x \to \pm\infty$.
   Erläutern Sie Ihr Vorgehen.

   a) $f(x) = 2 + \frac{3}{x}$ b) $f(x) = \frac{5-4x}{2x+6}$ c) $f(x) = 3 \cdot 2^x$ d) $f(x) = \frac{\sin x}{x}$ e) $f(x) = 3x \cdot \cos x$

   f) $f(x) = \frac{x^2+4}{x^2+1}$ g) $f(x) = \frac{x+4}{x^2+1}$ h) $f(x) = \frac{x^2+4}{x+1}$ i) $f(x) = 2^{-x}(\cos x)^2$ j) $f(x) = 2^{\frac{1}{x^2}}$

6.2 Verhalten von Funktionen im Unendlichen

5. Die Abbildung zeigt den Graphen einer gebrochenrationalen Funktion f mit $D_f = \mathbb{R}\setminus\{0{,}5\}$.

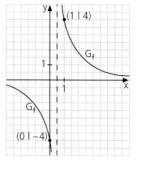

  a) Geben Sie einen möglichen Funktionsterm f(x) an, wenn f(1) = 4, f(0) = –4 und $\lim_{x \to \pm\infty} f(x) = 0$ ist.

  b) Die Gerade g mit der Gleichung y = 4x schneidet den Funktionsgraphen in zwei Punkten S_1 und S_2. Berechnen Sie die Länge der Strecke $[S_1 S_2]$.

  c) Untersuchen Sie, ob das Lot l zur Geraden g durch O (0 | 0) [vgl. Teilaufgabe b)] mit G_f einen Punkt gemeinsam hat.

6. Ergänzen Sie zunächst bei jedem der vier Funktionsterme die maximale Definitionsmenge. **a)** $f(x) = \dfrac{4}{x^2 - 1}$ **b)** $f(x) = \dfrac{x}{x^2 + 1}$ **c)** $f(x) = \dfrac{x^2 + 2x + 1}{4x^2}$ **d)** $f(x) = \dfrac{6x}{1 - x^2}$
Geben Sie dann jeweils die senkrechten Asymptoten des Funktionsgraphen G_f an und ermitteln Sie alle Nullstellen der Funktion f, den Grenzwert der Funktion f für $x \to \pm\infty$ sowie eine Gleichung der waagrechten Asymptote von G_f.
Eine der Funktionen hat einen Graphen, der symmetrisch zur y-Achse ist, und zwei der Funktionsgraphen sind punktsymmetrisch zum Ursprung O (0 | 0). Finden Sie heraus, um welche der Funktionen es sich handelt.

7. Zeigen Sie, dass der Graph G_f der Funktion f: $f(x) = \dfrac{2x^2}{x^2 + 1}$; $D_f = \mathbb{R}$, symmetrisch zur y-Achse ist.

  a) Begründen Sie, dass für jeden Wert von $x \in D_f$ stets $0 \leq \dfrac{2x^2}{x^2 + 1} < 2$ ist, und geben Sie die Wertemenge W_f von f an. Zeichnen Sie G_f für $|x| \leq 5$.

  b) Weisen Sie nach, dass jede Gerade g mit der Gleichung y = a; 0 < a < 2, mit dem Graphen G_f zwei Punkte A, B ($x_A < x_B$) gemeinsam hat, und ermitteln Sie die Koordinaten der Punkte A* und B* für a = 1.
Finden Sie heraus, von welcher Art das Viereck A*OB*C mit O (0 | 0) und C (0 | 2) ist. Geben Sie mindestens drei Eigenschaften dieses Vierecks an.

  c) Ermitteln Sie $\lim_{x \to \pm\infty} f(x) = k$ und geben Sie eine Gleichung der waagrechten Asymptote von G_f an. Finden Sie heraus, für welche Werte von x der Unterschied k – f(x) < $\dfrac{1}{50}$ ist.

8. a) Ermitteln Sie einen Funktionsterm einer gebrochenrationalen Funktion f mit $D_f = \mathbb{R}$, die für x = 0 eine doppelte Nullstelle hat und deren Graph G_f symmetrisch zur y-Achse ist und die waagrechte Asymptote g: y = 6 besitzt.

  b) Eine ganzrationale Funktion dritten Grads f hat für x = 4 eine Nullstelle; ferner ist f(–x) = –f(x) für jeden Wert von $x \in D_f = \mathbb{R}$. Für $x \to \infty$ gilt f(x) → –∞. Ermitteln Sie eine mögliche Funktionsgleichung.

9. Geben Sie bei der 1., 2., 3., … n-ten Figur (n ∈ ℕ) an, welcher Bruchteil T(n) getönt ist. Ermitteln Sie dann $\lim_{n \to \infty} T(n) = t$ und finden Sie heraus, von welcher Nummer n an sich T(n) von t um weniger als $\dfrac{1}{1\,000}$ unterscheidet.

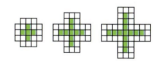

W1 Wie lautet eine Gleichung der Geraden g, die durch den Punkt A (2 | –1) und senkrecht zur Geraden h mit der Gleichung x + 2y = 10 verläuft?

W2 Wie lautet die Lösungsmenge der Gleichung $(\log x)^2 = 4 \cdot \log x$ über G = $\mathbb{R}$?

W3 Welche Umfangslänge hat das Fünfeck QUINT?

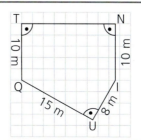

sin α – cos (90° – α) = ?
sin β = 0,6;
0° < β < 90°;
cos β = ?
sin γ = 0,6;
90° < γ < 180°;
cos γ = ?

6.3 Einfluss von Parametern im Funktionsterm auf den Graphen

Die Wurfbahn der Kugel beim Kugelstoßen hängt von den Parametern h_0, α und v_0 ab und wird durch die Funktionsgleichung $y = f(x) = h_0 + x \cdot \tan \alpha - \frac{g}{2v_0^2 (\cos \alpha)^2} x^2$

(h_0: Abwurfhöhe; α: Abwurfwinkel; v_0: Abwurfgeschwindigkeit; $g = 9{,}81 \frac{m}{s^2}$: Ortsfaktor) beschrieben. Die Tabelle zeigt Daten zu den besten Wurfweiten von Felix, Robert, Tobias und Wolfgang bei einem Leichtathletiksportfest:

	α	v_0	h_0	Wurfweite
Felix	38°	13,5 $\frac{m}{s}$	1,90 m	
Robert	42°	12,4 $\frac{m}{s}$	1,85 m	
Tobias	36°	13,0 $\frac{m}{s}$	1,95 m	
Wolfgang	40°	13,8 $\frac{m}{s}$	1,92 m	

Arbeitsaufträge

- Berechnen Sie die Wurfweiten der vier Sportler und verteilen Sie die Medaillen.
- Lassen Sie die Wurfbahnen von einem Funktionsplotter zeichnen und vergleichen Sie die Bahnen. Lesen Sie jeweils die Wurfweite ab und vergleichen Sie sie mit der errechneten Wurfweite.
- Variieren Sie die drei Parameter h_0, α und v_0 und ermitteln Sie jeweils mithilfe des Funktionsplotters die Wurfweite. Überlegen Sie, welche Werte für die Parameter sinnvoll sind.

Der Funktionsterm f(x) zur Beschreibung der Wurfbahn beim Kugelstoßen enthält außer der Variablen x (und dem Ortsfaktor g) drei **Parameter**, die den Funktionsgraphen (und damit z. B. auch die Wurfweite) beeinflussen: Parameter im Funktionsterm beeinflussen die Form des Funktionsgraphen und/oder seine Lage im Koordinatensystem.

- **Verschieben des Funktionsgraphen**

    (1) f_1: $f_1(x) = f(x) + a$; $a \in \mathbb{R} \setminus \{0\}$; $D_{f_1} = D_{f\,max}$
    Der Parameter a bewirkt ein **Verschieben** des Graphen der Funktion f um |a| in Richtung der y-Achse, und zwar für **a > 0 nach oben** bzw. für **a < 0 nach unten**.

    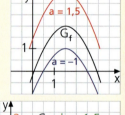

    (2) f_2: $f_2(x) = f(x - b)$; $b \in \mathbb{R} \setminus \{0\}$; $D_{f_2} = D_{f_2\,max}$
    Der Parameter b bewirkt ein **Verschieben** des Graphen der Funktion f um |b| in Richtung der x-Achse, und zwar für **b > 0 nach rechts** bzw. für **b < 0 nach links**.

- **Strecken (Stauchen) des Funktionsgraphen**

    (1) f_3: $f_3(x) = c \cdot f(x)$; $c \in \mathbb{R}^+ \setminus \{1\}$; $D_{f_3} = D_{f\,max}$
    Der Parameter c bewirkt ein **Strecken (Stauchen)** des Funktionsgraphen in Richtung der y-Achse mit dem Faktor c, und zwar für **c > 1** ein **Strecken** bzw. für **0 < c < 1** ein **Stauchen**.

    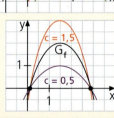

    (2) f_4: $f_4(x) = f(d \cdot x)$; $d \in \mathbb{R}^+ \setminus \{1\}$; $D_{f_4} = D_{f_4\,max}$
    Der Parameter d bewirkt ein **Strecken (Stauchen)** des Funktionsgraphen in Richtung der x-Achse mit dem Faktor $\frac{1}{d}$, und zwar für **0 < d < 1** ein **Strecken** bzw. für **d > 1** ein **Stauchen**.

- **Spiegeln des Funktionsgraphen** (hier ohne Abbildung)

    (1) an der **x-Achse** f_5: $f_5(x) = -f(x)$; $D_{f_5} = D_{f\,max}$
    (2) an der **y-Achse** f_6: $f_6(x) = f(-x)$; $D_{f_6} = D_{f_6\,max}$
    (3) am **Ursprung** f_7: $f_7(x) = -f(-x)$; $D_{f_7} = D_{f_7\,max}$

    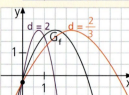

6.3 Einfluss von Parametern im Funktionsterm auf den Graphen

Beispiele

● Verschieben Sie jeweils um 2 Einheiten nach rechts und um 3 Einheiten nach unten
  a) den Punkt R (–1 | 2).
  b) die Strecke [AB] mit A (1 | 1) und B (2 | 5).
  c) die Parabel P: $y = x^2$.
  d) den Graphen der Funktion f: $f(x) = 2^x$; $D_f = \mathbb{R}$.

  Lösung:
  a) R* (1 | –1)
  b) [A*B*] mit A* (3 | –2), B* (4 | 2)
  c) P*: $y = (x-2)^2 - 3$
  d) G_{f*} mit f*: $f^*(x) = 2^{x-2} - 3$; $D_{f*} = \mathbb{R}$

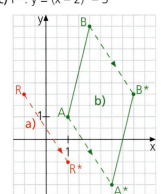
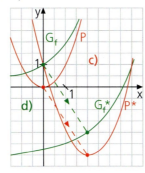

● Der Graph der Funktion f: $f(x) = x^3$; $D_f = \mathbb{R}$, wird um 1 Einheit nach links und um 3 Einheiten nach unten verschoben. Geben Sie f*(x) und die Nullstelle von f* an und zeichnen Sie G_{f*}.

  Lösung:
  $f^*(x) = [x - (-1)]^3 - 3 = (x+1)^3 - 3 = x^3 + 3x^2 + 3x - 2$
  $f^*(x) = 0$: $(x+1)^3 - 3 = 0$; | + 3
  $(x+1)^3 = 3$; $x + 1 = \sqrt[3]{3}$; | – 1
  $x = \sqrt[3]{3} - 1 \approx 0{,}44$

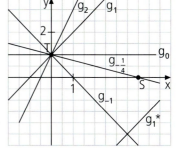

● Durch f_a: $f_a(x) = ax + 1$; $a \in \mathbb{R}$; $D_{f_a} = \mathbb{R}$, ist eine Schar von Geraden g_a gegeben.
  a) Zeichnen Sie g_0, g_1, g_{-1} und g_2. Was fällt Ihnen auf?
  b) Für welchen Wert a* von a schneidet g_{a*} die x-Achse im Punkt S (4 | 0)?
  c) Verschieben Sie g_1 um drei Einheiten nach rechts und um vier Einheiten nach unten. Geben Sie $f_1^*(x)$ an. Vergleichen Sie g_1 und g_1^* miteinander.

  Lösung:
  a) Die vier Geraden haben denselben y-Achsenschnittpunkt T (0 | 1).
  b) $f_a(4) = 4a + 1$; $4a^* + 1 = 0$; | –1 $4a^* = -1$; | : 4 $a^* = -\frac{1}{4}$
  c) $f_1(x) = x + 1$; $f_1^*(x) = (x - 3) + 1 - 4 = x - 6$
     Es ist $g_1^* \parallel g_1$.

● Der Graph der Funktion f_a: $f_a(x) = ax^2 - \frac{1}{a}$; $a \in \mathbb{R}^+$; $D_{f_a} = \mathbb{R}$, ist eine Parabel P_a.
  a) Geben Sie die Koordinaten des Scheitels S_a und die Art der Öffnung von P_a an.
  b) P_a schneidet die x-Achse in den Punkten N_1 und N_2. Ermitteln Sie $\overline{N_1 N_2}$.
  c) Finden Sie heraus, wie sich eine Änderung des Werts von a auf P_a auswirkt.

  Lösung:
  a) P_a ist nach oben geöffnet; der Scheitel S_a (0 | $-\frac{1}{a}$) liegt auf der negativen y-Achse.
  b) Schnittpunkte mit der x-Achse: $f_a(x) = 0$
     $ax^2 - \frac{1}{a} = 0$; | + $\frac{1}{a}$ $ax^2 = \frac{1}{a}$; | : a $x^2 = \frac{1}{a^2}$; $x_{N_1} = \frac{1}{a}$; $x_{N_2} = -\frac{1}{a}$; $\overline{N_1 N_2} = \frac{2}{a}$

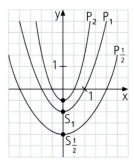

6.3 Einfluss von Parametern im Funktionsterm auf den Graphen

c) Für a = 1 ist S_1 (0 | –1), und P_1 ist kongruent zur Normalparabel. Für 0 < a < 1 ist die Parabel weiter, für a > 1 enger als die Normalparabel. Je kleiner a ist, umso weiter ist der Scheitel S_a vom Ursprung entfernt; je größer a wird, umso näher rückt der Scheitel an den Ursprung O heran (ohne ihn zu erreichen).

- Zeichnen Sie den Graphen der Funktion f: $f(x) = -2 \sin\left(x - \frac{2\pi}{3}\right) + 1$; $D_f = [0; 3\pi[$, und erläutern Sie Ihr Vorgehen.

Lösung:

1. Schritt: Zeichnen der Sinuskurve G_{f_1}
2. Schritt: Verschieben der Sinuskurve G_{f_1} in x-Richtung um $\frac{2\pi}{3}$ LE nach rechts ergibt G_{f_2}
3. Schritt: Strecken von G_{f_2} in y-Richtung mit dem Faktor 2 ergibt G_{f_3}
4. Schritt: Spiegeln von G_{f_3} an der x-Achse ergibt G_{f_4}
5. Schritt: Verschieben von G_{f_4} in y-Richtung um 1 LE nach oben ergibt G_{f_5}
6. Schritt: G_f (als Teil von G_{f_5}) farbig hervorheben.

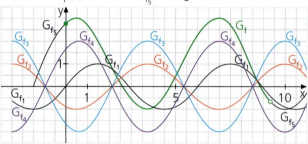

- Finden Sie eine Funktion f mit der Wertemenge $W_f = [0; 4]$.
- Finden Sie eine Funktion f mit der Wertemenge $W_f =]0; 4]$.
- Finden Sie eine Funktion f mit der Wertemenge $W_f = \mathbb{R}$.
- Finden Sie eine Funktion f mit der Wertemenge $W_f = \mathbb{R}^+$.
- Finden Sie eine Funktion f mit der Wertemenge $W_f = \mathbb{R}_0^+$.

Aufgaben

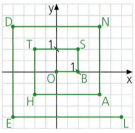

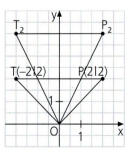

G 1. Tragen Sie die vier Punkte V (1 | 1), I (6 | 1), E (6 | 4) und R (1 | 4) sowie das Rechteck VIER in ein Koordinatensystem (Einheit 1 cm) ein.

a) Verschieben Sie das Rechteck VIER um 3 cm nach rechts und um 1 cm nach oben. Ermitteln Sie den Flächeninhalt des Bereichs, der gleichzeitig innerhalb beider Rechtecke VIER und V*I*E*R* liegt.

b) Verschieben Sie das Rechteck VIER parallel zu den Koordinatenachsen, sodass der Bereich, der gleichzeitig innerhalb beider Rechtecke VIER und V*I*E*R* liegt, einen Flächeninhalt von 3 cm² besitzt. Geben Sie zwei verschiedene Lösungen an.

2. a) Verschieben Sie den Streckenzug OBSTHANDEL um 3 Einheiten nach rechts und um 5 Einheiten nach oben und geben Sie die Koordinaten der neuen Punkte O_1, B_1, S_1, T_1, H_1, A_1, N_1, D_1, E_1 und L_1 an.

b) Der Streckenzug OBSTHANDEL wird um n · 3 Einheiten nach rechts und um n · 5 Einheiten nach oben verschoben (n ∈ ℕ). Geben Sie die Koordinaten der neuen Punkte O_n, B_n, S_n, T_n, H_n, A_n, N_n, D_n, E_n und L_n an.

3. Das Dreieck TOP wird in Richtung der y-Achse mit dem Faktor k ∈]1; ∞[gestreckt. Geben Sie den Flächeninhalt A und die Umfangslänge U des Dreiecks TOP sowie die Eckpunktkoordinaten, den Flächeninhalt A(k) und die Umfangslänge U(k) des neuen Dreiecks $T_k OP_k$ an.

6.3 Einfluss von Parametern im Funktionsterm auf den Graphen

4. Durch $f_b: f_b(x) = bx + 2 - b;\ b \in \mathbb{R}\setminus\{0\};\ D_{f_b} = \mathbb{R}$, ist eine Schar von Geraden g_b gegeben. Zeichnen Sie g_1, g_2, g_{-1} und g_{-3}. Was fällt Ihnen auf?
   a) Zeigen Sie, dass der Punkt B (1 | 2) auf jeder Geraden dieser Schar liegt.
   b) Wie groß ist der spitze Winkel α, den g_2 mit der positiven x-Achse bildet?
   c) Die Geraden g_{-1} und g_1, die x-Achse und die y-Achse beranden ein Viereck. Geben Sie die Eckpunktkoordinaten dieses Vierecks, die Größen seiner vier Innenwinkel und seinen Flächeninhalt an. Ist dieses Viereck ein Drachenviereck?

5. Geben Sie zunächst die Funktionsgleichung einer Parabel P an, die die x-Achse in den Punkten N_1 (−1 | 0) und N_2 (1 | 0) schneidet. Ermitteln Sie dann die Funktionsgleichung der Parabel P_a, die durch die Punkte N_1, N_2 und T_a (0 | a); $a \in \mathbb{R}\setminus\{0\}$, verläuft.
Für welche Werte von a hat das Dreieck mit den Eckpunkten N_1, N_2 und T_a einen Flächeninhalt von 10 FE (bzw. eine Umfangslänge von 8 LE)?

6. Verschieben Sie die Normalparabel P (Gleichung: $y = x^2$) parallel zu den Koordinatenachsen, sodass die neue Parabel P*
   a) durch die Punkte O (0 | 0) und N (1 | 0) verläuft,
   b) durch die Punkte T (0 | 1) und S (−1 | 0) verläuft,
   c) durch die Punkte A (1 | 4) und B (−1 | 8) verläuft,
   und geben Sie jeweils eine Funktionsgleichung der Parabel P* an.

7. Durch jeden Wert von $k \in \mathbb{R}\setminus\{0;\ -1\}$ wird eine Parabel P_k mit der Gleichung $y = \frac{k}{k+1} x^2$ festgelegt.
   a) Finden Sie heraus, für welche Werte von k die Parabel P_k nach oben und für welche Werte von k sie nach unten geöffnet ist.
   b) Für welche Werte von k ist P_k weiter, für welche ist sie enger als die Normalparabel?
   c) Finden Sie heraus, ob es einen Wert von k gibt, für den P_k kongruent zur Normalparabel ist.

8. Ordnen Sie jeder der fünf Funktionen
   $f: f(x) = 1 - x^3;\ D_f = \mathbb{R}$,
   $g: g(x) = 2x^3 + 2;\ D_g = \mathbb{R}$,
   $h: h(x) = x^3 + 1;\ D_h = \mathbb{R}$,
   $k: k(x) = (x - 1)^3 + 1;\ D_k = \mathbb{R}$, und
   $l: l(x) = -(x - 1)^3 - 1;\ D_l = \mathbb{R}$,
   einen der Graphen ①, ②, ③, ④ und ⑤ zu.
   Kontrollieren Sie Ihr Ergebnis mithilfe eines Funktionsplotters.

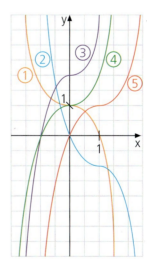

9. Spiegeln Sie den Graphen der Funktion $f: f(x) = x^3 + x^2 - 1;\ D_f = \mathbb{R}$, an der y-Achse und verschieben Sie dann das Spiegelbild um eine Einheit nach rechts und um eine Einheit nach oben. Zeigen Sie rechnerisch, dass der neue Graph die Achsenpunkte N_1 (1 | 0), N_2 (2 | 0) und T (0 | 2) besitzt.

10. Zeichnen Sie den Graphen G_f der Funktion f: $f(x) = \frac{1}{x-1}$; $D_f = \mathbb{R}\setminus\{1\}$.

a) Ermitteln Sie $\lim\limits_{x \to \pm\infty} f(x)$ und beschreiben Sie den Verlauf von G_f anhand Ihrer Zeichnung.

b) Beschreiben Sie, wie für $a \in \mathbb{R}^+\setminus\{1\}$ die Graphen der Funktionen g: $g(x) = a \cdot f(x)$; $D_g = D_{g\,max}$, h: $h(x) = f(x) + a$; $D_h = D_{h\,max}$, und k: $k(x) = f(x + a)$; $D_k = D_{k\,max}$, aus dem Graphen G_f hervorgehen. Geben Sie die Funktionsterme von g, h und k sowie die jeweils maximalen Definitionsmengen an und vergleichen Sie das Verhalten von f, g, h und k für $x \to \pm\infty$.

11. Die Parabel P mit der Gleichung $y = x^2 + 1$ und der Graph G_{f_a} der Funktion f_a: $f_a(x) = \frac{a}{x}$; $a > 0$; $D_{f_a} = \mathbb{R}\setminus\{0\}$, schneiden einander im Punkt V.

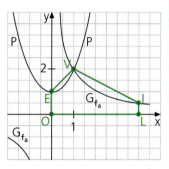

a) Beschreiben Sie den Verlauf von P und von G_{f_a} im I. Quadranten.

b) Ermitteln Sie den Wert a* des Parameters a, für den $x_V = 1$ ist, und berechnen Sie den Flächeninhalt des Fünfecks OLIVE mit O (0 | 0), L (4 | 0), I (4 | $f_{a*}(4)$), V (1 | 2) und E (0 | 1).

12. Zeigen Sie, dass der Graph der Funktion f: $f(x) = \frac{x}{x^2 + 1}$; $D_f = \mathbb{R}$, punktsymmetrisch zum Ursprung ist, und finden Sie durch Überlegen heraus, durch welche Quadranten G_f verläuft. Ermitteln Sie $\lim\limits_{x \to \pm\infty} f(x)$ und zeichnen Sie G_f für $-4 \leq x \leq 4$ mithilfe einer Wertetabelle.

Begründen Sie, dass jede Gerade g durch den Ursprung O (0 | 0) mit G_f mindestens einen Punkt gemeinsam hat. Finden Sie heraus, für welche Werte ihrer Steigung m die Gerade g mit G_f mehr als einen Punkt gemeinsam hat, und ermitteln Sie die Koordinaten der gemeinsamen Punkte für m = 0,1.

13. Gegeben ist die Funktion f: $f(x) = 2 \sin\left(\frac{\pi}{4}x\right) + 1$; $D_f = \mathbb{R}$.

a) Ermitteln Sie die (kleinste) Periode p und die Wertemenge W_f von f.

b) Zeichnen Sie den Funktionsgraphen für [−4; 8].

G 14. Zeichnen Sie zu jeder der drei Funktionen f_1: $f_1(x) = \sin(x - \pi)$; $D_{f_1} = \mathbb{R}$, f_2: $f_2(x) = 3 \sin[2(x - 1)] - 1$; $D_{f_2} = \mathbb{R}$, und f_3: $f_3(x) = 2 \cos(x + 2)$; $D_{f_3} = \mathbb{R}$, den Funktionsgraphen für $x \in [-\pi; 2\pi]$.
Finden Sie dann die Lösungsmenge L_1 bzw. L_2 bzw. L_3 der Gleichung $\sin(x - \pi) = \frac{\sqrt{2}}{2}$ bzw. $3 \sin[2(x - 1)] - 1 = 2$ bzw. $2 \cos(x + 2) = 1$ über der Grundmenge $[-\pi; 2\pi]$.

15. Gegeben ist die Funktion f: $f(x) = 3 \sin\left[2\left(x + \frac{\pi}{2}\right)\right] - 1$; $D_f = \mathbb{R}$.

a) Ermitteln Sie die (kleinste) Periode und die Amplitude von f.

b) Zeichnen Sie G_f in fünf Schritten nach Lucas' Gliederung.

> 1. Schritt: die Sinuskurve zeichnen
> 2. Schritt: den Graphen von sin (2x) zeichnen (Periode π; Stauchungsfaktor $\frac{1}{2}$)
> 3. Schritt: den Graphen von 3 sin (2x) zeichnen (Streckungsfaktor 3)
> 4. Schritt: den Graphen in Richtung der x-Achse um $\frac{\pi}{2}$ nach links verschieben
> 5. Schritt: den Graphen in Richtung der y-Achse um 1 nach unten verschieben

6.3 Einfluss von Parametern im Funktionsterm auf den Graphen

G 16. Das nebenstehende Diagramm veranschaulicht den Lufttemperaturverlauf in einer Hafenstadt während eines Jahrs anhand der langjährigen Monatsdurchschnittswerte. Es stellt näherungsweise den Graphen einer Funktion f mit $f(t) = a \sin[b(t+c)] + d$ und $D_f = [0; 12]$ dar.

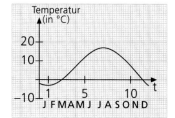

a) Geben Sie mithilfe des Diagramms die Durchschnittswerte der Lufttemperatur für die einzelnen Monate in einer Tabelle an.

b) Ermitteln Sie die Werte der Koeffizienten a, b, c und d näherungsweise aus dem Diagramm sowie mithilfe eines Tabellenkalkulationsprogramms und geben Sie f(t) an.

17. a) Zeichnen Sie die Graphen G_f und G_g der beiden Funktionen f: $f(x) = 2^x$; $D_f = \mathbb{R}$, und g: $g(x) = 2 \cdot 2^{-x}$; $D_g = \mathbb{R}$, und ermitteln Sie die Koordinaten des Schnittpunkts S_2 dieser beiden Funktionsgraphen zeichnerisch und rechnerisch.

b) Finden Sie heraus, in welchem Punkt S_a einander für $a \in \mathbb{R}^+ \setminus \{1\}$ die Graphen der Funktionen h: $h(x) = a^x$; $D_h = \mathbb{R}$, und k: $k(x) = a \cdot a^{-x}$; $D_k = \mathbb{R}$, schneiden. Was fällt Ihnen auf? Für welchen Wert a* von a ist $\overline{S_{a^*} S_2} = \sqrt{2}$?

G 18. Beschreiben Sie, wie der Graph der Funktion f*: $f^*(x) = 3^{3-1,5x}$; $D_{f^*} = \mathbb{R}$, aus dem Graphen der Funktion f: $f(x) = 3^{1,5x}$; $D_f = \mathbb{R}$, hervorgeht.
Welchen Punkt haben die Graphen der Funktionen f und f* gemeinsam?

19. Die Abbildung zeigt den Graphen der Funktion f: $f(x) = 3^{x-2} - 2$; $D_f = \mathbb{R}$.

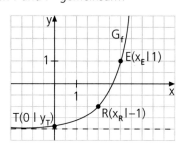

a) Ermitteln Sie die Koordinaten der Graphpunkte T, R und E.

b) Welche Steigung hat die steilste der drei Strecken [TR], [RE] und [TE]?

G 20. Gegeben ist die Funktion f_a: $f_a(x) = a^{x-2}$; $a > 1$; $D_{f_a} = \mathbb{R}$.

a) Ermitteln Sie $\lim_{x \to -\infty} f_a(x)$ und geben Sie die Wertemenge W_{f_a} von f_a an.

b) Für welche Werte von x ist $f_a(x) < 1$? Was fällt Ihnen auf?

c) Spiegeln Sie den Graphen G_{f_a} an der x-Achse und geben Sie die „Spiegelfunktion" f_a^* an. Zeichnen Sie G_{f_3} und $G_{f_3^*}$.
Der Graph G_{f_a} schneidet die y-Achse im Punkt T_a, der Graph $G_{f_a^*}$ schneidet sie im Punkt T_a^*. Finden Sie heraus, für welchen Wert von a der Kreis mit Mittelpunkt O (0 | 0) und Radiuslänge 0,8 LE durch die Punkte T_a und T_a^* verläuft.

21. Gegeben sind die Funktionen f: $f(x) = \frac{x+2}{x^2 - a^2}$; $D_f = D_{f\,max}$, g: $g(x) = 3^{\frac{a}{x^2-a^2}}$; $D_g = D_{g\,max}$, h: $h(x) = \sqrt{x(x-a)}$; $D_h = D_{h\,max}$, und k: $k(x) = \log(x^2 - 4a^2)$; $D_k = D_{k\,max}$; $a \in \mathbb{R}^+$.
Finden Sie heraus, für welche Werte von x alle vier Funktionen definiert sind.

W1 Welchen Flächeninhalt besitzt das Parallelogramm ABCD, wenn $\overline{AB}$ = 8 cm, $\overline{DA}$ = 5 cm und ∢ BAD = 36° ist?

W2 Welchen Wert hat $n \in \mathbb{N}$, wenn $(n!)^2 = 2^{14} \cdot 3^4 \cdot 5^2 \cdot 7^2$ ist?

W3 Welches ist die Wertemenge W_f der Funktion f: $f(x) = |2 \cos x - 4|$; $D_f = \mathbb{R}$?

$\log_2 256 = ?$
$\log_3 (2^4 + 2^3 + 2^1 + 2^0) = ?$
$(2^5 \cdot 2^{-3} \cdot \sqrt[4]{256})^0 = ?$

Mathematik und Kunst

„Wer die Welt verstehen will, in der wir heute leben, muss die Sprache der Mathematik wenigstens in ihren Grundzügen beherrschen."
(Herbert Meschkowski)

Viele Elemente der Mathematik, vornehmlich der Geometrie, finden sich in Kunstwerken z. B. der Malerei oder der Architektur verschiedener Epochen und verschiedener Kulturkreise.

Friesornamente, auch Streifen- oder Bandornamente entstehen durch **Verschieben** einer Grundfigur längs einer ausgewählten Richtung um immer wieder die gleiche Streckenlänge.

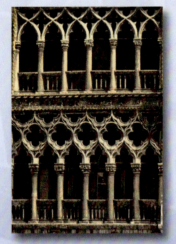
Fassadendetail der Ca' d'Oro in Venedig

Außenwand am Palast Nebukadnezars II. in Babylon (Rekonstruktion)

Wandfries in der Alhambra (Spanien)

Symmetrische Figuren werden von vielen Menschen als besonders ästhetisch und schön empfunden. So findet man an Prachtgewändern, an Schmuckgegenständen und auch an Gebäuden achsensymmetrische Figuren.
Natürlich ist jedes dieser Kunstwerke im mathematischen Sinn nur näherungsweise symmetrisch.

Tadsch Mahal in Agra (Indien)

Mantel des Normannenkönigs Roger II. (später Krönungsmantel der Kaiser des Heiligen Römischen Reichs)

Mathematik und Kunst

Außer von der **Achsensymmetrie** wird bei Kunstwerken immer wieder auch von der **Drehsymmetrie** und vor allem speziell von der **Punktsymmetrie** als Gestaltungselement Gebrauch gemacht. Auch Darstellungen, bei denen eine Grundfigur durch **Strecken** oder **Stauchen** ähnlich vergrößert bzw. verkleinert wird, finden sich bei künstlerischen Arbeiten.

Marmorfußboden in einem venezianischen Palazzo

M. C. Escher: Slangen – Serpents – Schlangen – Serpents

M. C. Escher: Kleiner en kleiner – Smaller and smaller – Kleiner und kleiner – De plus en plus petit

Den Titel **Ein mathematisches Kunstbuch – Ein künstlerisches Mathematikbuch** trägt ein Werk, in dem der zeitgenössische Ingenieur und Künstler Franz Xaver Lutz mathematische Funktionsgleichungen und geometrische Eigenschaften von Figuren in Bilder umsetzt:

Fichtenzapfen und Parabelkonstruktion

Spiralenuhr
Konstruktion der logarithmischen Spirale

1. Finden Sie mathematische Elemente
   a) in den beiden dargestellten Kunstwerken von F. X. Lutz.
   b) in den hier vorgestellten und in weiteren Arbeiten von M. C. Escher.

2. Suchen Sie mathematische Elemente in Kunstwerken verschiedener Epochen und stellen Sie die Ergebnisse Ihrer Recherche der Klasse vor.

6.4 Üben – Festigen – Vertiefen

Zu 6.1:
Aufgaben 1. bis 8.

1. Gegeben ist die Funktion
   a) f: f(x) = x^3 + x − 2; D_f = ℝ.
   b) g: g(x) = x^4 − x^3 − $2x^2$; D_g = ℝ.
   Ermitteln Sie jeweils zunächst die Koordinaten derjenigen Punkte, die der Funktionsgraph mit den Koordinatenachsen gemeinsam hat. Stellen Sie dann in einer Tabelle dar, für welche Werte von x der Funktionswert gleich null, größer als null bzw. kleiner als null ist. Veranschaulichen Sie mithilfe dieser Tabelle, durch welche „Felder" der Funktionsgraph verläuft, und skizzieren Sie ihn.

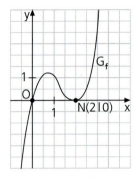

G 2. Die Abbildung zeigt den Graphen der Funktion
f: f(x) = x(x − 2)²; D_f = ℝ.
Übertragen Sie die Abbildung in Ihr Heft und skizzieren Sie dann dort den Graphen der Funktion
   a) g: g(x) = f(x) + 2; D_g = ℝ.
   b) h: h(x) = f(x + 2); D_h = ℝ.
   c) k: k(x) = 2 · f(x); D_k = ℝ.
   d) l: l(x) = |f(x)|; D_l = ℝ.
   e) p: p(x) = f(|x|); D_p = ℝ.

G 3. Gegeben ist f_k: $f_k(x)$ = $\frac{1}{3}$ x(x^2 − 6kx + 12k); k ∈ ℝ; D_{f_k} = ℝ.
Finden Sie heraus, für welchen Wert (für welche Werte) des Parameters k die Funktion f_k
   a) eine dreifache Nullstelle
   b) eine doppelte und eine einfache Nullstelle
   c) drei einfache Nullstellen
   d) genau eine einfache (reelle) Nullstelle
   besitzt.

Lucas' Tipp:
Substituiere x^2 = u.

4. Ermitteln Sie die Anzahl n der Nullstellen der Funktion $f_k(x)$ = x^4 − $18x^2$ + 81 − k; k ∈ ℝ; D_{f_k} = ℝ, in Abhängigkeit von k und stellen Sie n(k) graphisch dar.

5. Gegeben sind f_k: $f_k(x)$ = −kx^2 + k^3 und g_k: $g_k(x)$ = −$\frac{1}{k}$ x^2 + k; D_{f_k} = ℝ = D_{g_k}; k ∈ ℝ\{−1; 0; 1}.
   a) Zeichnen Sie die Funktionsgraphen G_{f_2} und G_{g_2}. Lesen Sie aus Ihrer Zeichnung die Koordinaten der gemeinsamen Punkte dieser beiden Funktionsgraphen ab.
   b) Ermitteln Sie die Koordinaten der gemeinsamen Punkte $S_{1;k}$ und $S_{2;k}$ von G_{f_k} und G_{g_k}. Was fällt Ihnen auf? Wie lang ist die Strecke [$S_{1;7} S_{2;7}$]?

6. Ermitteln Sie bei jeder der Funktionen die (kleinste) Periode p sowie die Amplitude a.
   a) f: f(x) = 4 sin (2x + 1); D_f = ℝ
   b) f: f(x) = −cos $\left(\frac{1}{2} x + \frac{\pi}{2}\right)$; D_f = ℝ
   c) f: f(x) = 2,5 sin $\left(\frac{x}{3} + 1,5\right)$; D_f = ℝ
   d) f: f(x) = cos (3x + 3); D_f = ℝ

7. Skizzieren Sie in einem Koordinatensystem (Einheit 1 cm; π ≈ 3) den Graphen der Funktion f: f(x) = 2 cos $\left(3x - \frac{\pi}{3}\right)$ + 1; D_f = ℝ, im Bereich [−2π; 2π].

8. Gegeben sind die Funktionen f_1: $f_1(x)$ = 2^x; D_{f_1} = ℝ, und f_2: $f_2(x)$ = 2^{-x}; D_{f_2} = ℝ.
   a) Zeichnen Sie G_{f_1} und G_{f_2} für |x| ≦ 3.
   b) Die Gerade g mit der Gleichung y = 3 schneidet G_{f_2} im Punkt A und G_{f_1} im Punkt D. Ermitteln Sie die Länge der Strecke [DA].
   Die Gerade h mit der Gleichung y = a; 0 < a < 1, schneidet G_{f_1} im Punkt B und G_{f_2} im Punkt C. Für welchen Wert a* des Parameters a ist $\overline{BC}$ = $\overline{DA}$? Berechnen Sie für diesen Wert a* den Flächeninhalt des Vierecks ABCD, finden Sie heraus, in welchem Punkt S die Diagonalen dieses Vierecks einander schneiden, und berechnen Sie die Größe des Winkels ∢ DSA.

6.4 Üben – Festigen – Vertiefen

9. Ermitteln Sie jeweils den (die) Grenzwert(e).

a) $\lim\limits_{x \to \pm\infty} \dfrac{6}{9-x^2}$ b) $\lim\limits_{x \to \pm\infty} \dfrac{3+x}{10x^2}$ c) $\lim\limits_{x \to \pm\infty} \dfrac{x^3}{10+x^3}$ d) $\lim\limits_{x \to \pm\infty} \dfrac{x^2}{2+x^2}$

e) $\lim\limits_{x \to \pm\infty} \dfrac{2x}{2+x}$ f) $\lim\limits_{x \to \pm\infty} \left(2 + \dfrac{6}{x^2}\right)$ g) $\lim\limits_{x \to \infty} (10 \cdot 3^{-x})$ h) $\lim\limits_{x \to -\infty} (10 \cdot 3^{x})$

i) $\lim\limits_{x \to \pm\infty} \dfrac{\cos x}{9-x^2}$ j) $\lim\limits_{x \to \pm\infty} \dfrac{(\sin x)^2}{9+x^2}$ k) $\lim\limits_{x \to \infty} (4^{-x} \cdot \sin x)$ l) $\lim\limits_{x \to \pm\infty} 2^{-x^2}$

Zu 6.2: Aufgaben 9. bis 12.

10. Untersuchen Sie bei jeder der Aussagen über den Graphen G_f der Funktion $f: f(x) = \dfrac{1}{x} + 1$; $D_f = \mathbb{R}\backslash\{0\}$, ob sie wahr ist, und begründen Sie Ihre Meinung. Die Gerade g: y = 1 ist deshalb waagrechte Asymptote von G_f,

a) weil G_f für große Werte von x der Geraden g immer näher kommt, ohne sie jedoch zu erreichen.

b) weil f(10) = 1,1, f(100) = 1,01, f(1 000) = 1,001, ... ist.

c) weil G_f von der Geraden g um beliebig wenig abweicht, wenn der Betrag von x genügend groß ist.

d) weil die Lösungsmenge der Gleichung f(x) = 1 die leere Menge ist.

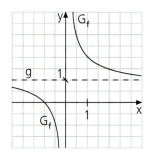

11. Gegeben ist die Funktion $f: f(x) = \dfrac{x^2 - 1}{x^2 + 1}$; $D_f = D_{f\,max}$; ihr Graph ist G_f.

a) Geben Sie $D_{f\,max}$ an und ermitteln Sie die Koordinaten der Punkte, die G_f mit den Koordinatenachsen gemeinsam hat.

b) Zeigen Sie, dass G_f zur y-Achse symmetrisch ist.

c) Bestimmen Sie $\lim\limits_{x \to \pm\infty} \dfrac{x^2 - 1}{x^2 + 1}$ und geben Sie eine Gleichung der waagrechten Asymptote g von G_f an. Zeichnen Sie G_f und g für |x| ≦ 4.

d) Finden Sie heraus, für welche Werte von x sich f(x) von 1 um weniger als 0,1 unterscheidet.

e) Beurteilen Sie Sophies Abschätzung: „Für den Flächeninhalt A des getönten Bereichs gilt 3 FE < A < 4 FE" und finden Sie eine Erklärung für Sophies Abschätzung.

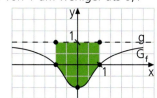

12. Gegeben ist die Funktion $f: f(x) = \dfrac{4x^2 + 32}{x^2 + 16}$; $D_f = D_{f\,max}$; ihr Graph ist G_f.

a) Geben Sie die maximale Definitionsmenge an und untersuchen Sie, ob f Nullstellen besitzt.

b) Zeigen Sie, dass G_f achsensymmetrisch zur y-Achse verläuft.

c) Ermitteln Sie $\lim\limits_{x \to \pm\infty} \dfrac{4x^2 + 32}{x^2 + 16}$ und geben Sie eine Gleichung der waagrechten Asymptote g von G_f an. Zeichnen Sie G_f und g im Bereich |x| ≦ 6.

d) Der Graph G_f gibt den Querschnitt eines Flussbetts wieder (Einheit 1 m). Berechnen Sie die Wassertiefe, wenn der Fluss 6,0 m breit ist. Berechnen Sie die Flussbreite, wenn das Wasser 1,5 m tief steht.

13. Skizzieren Sie jeweils in einem Koordinatensystem (Einheit 1 cm; π ≈ 3) für x ∈ [0; 2π] die Graphen der drei Funktionen

a) $f_1: f_1(x) = \sin x$, $f_2: f_2(x) = \dfrac{1}{2}\sin x$ und $f_3: f_3(x) = -2\sin x$; $D_{f_1} = D_{f_2} = D_{f_3} = \mathbb{R}$.

b) $f_1: f_1(x) = \sin x$, $f_2: f_2(x) = \sin\left(x + \dfrac{\pi}{6}\right)$ und $f_3: f_3(x) = \sin\left(x - \dfrac{\pi}{6}\right)$; $D_{f_1} = D_{f_2} = D_{f_3} = \mathbb{R}$.

c) $f_1: f_1(x) = \sin x$, $f_2: f_2(x) = \sin\dfrac{x}{2}$ und $f_3: f_3(x) = \sin(2x)$; $D_{f_1} = D_{f_2} = D_{f_3} = \mathbb{R}$.

d) $f_1: f_1(x) = \sin x$, $f_2: f_2(x) = 1 + \sin x$ und $f_3: f_3(x) = 1 - \sin x$; $D_{f_1} = D_{f_2} = D_{f_3} = \mathbb{R}$.

Zu 6.3: Aufgaben 13. und 14.

6.4 Üben – Festigen – Vertiefen

14. Die Abbildungen zeigen die Graphen von vier Funktionen, deren Funktionsterm f(x) = a sin [b(x + c)] ist. Ermitteln Sie jeweils aus der Zeichnung die Werte der Parameter a, b und c und geben Sie dann den Funktionsterm f(x) an.
Beschreiben Sie, wie hier der Graph ⓓ aus ⓐ in drei Schritten entsteht:

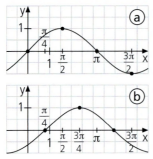
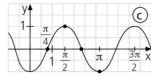
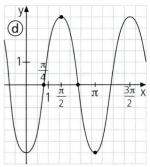

Weitere Aufgaben

G 15. In einem 5 km² großen See vermehren sich zwei Algenkolonien. Pro Tag nimmt die Kolonie 1 um 15%, die Kolonie 2 dagegen um 40% zu. Zu Beginn der Beobachtung nahm die Kolonie 1 eine 600 cm² große Fläche und die Kolonie 2 eine 400 cm² große Fläche ein.

a) Beschreiben Sie die beiden Wachstumsvorgänge durch je einen Term und veranschaulichen Sie beide in einem gemeinsamen Koordinatensystem oder mithilfe eines Funktionsplotters.

b) Finden Sie heraus, nach wie viel Tagen die beiden Kolonien gleich große Flächen einnehmen, und geben Sie deren Flächeninhalt an.

c) Schätzen Sie zuerst und finden Sie dann durch gezieltes Probieren heraus, wie lange es etwa dauert, bis der See völlig bedeckt ist; ermitteln Sie, welchen Bruchteil der Seefläche dann jede der beiden Kolonien einnimmt.

Lucas erinnert sich:
$\log_2 x = \frac{\log x}{\log 2}$; $x \in \mathbb{R}^+$

16. Übertragen Sie die Tabelle in Ihr Heft und ergänzen Sie sie dann dort.

x	0,1	0,5	1	2	3	4	5	6	7	8	9	10
$\log_2 x$	–3,3											
log x	–1,0											
$\sqrt{x-1}$	–	–	0,0									

Zeichnen Sie mithilfe der Wertetabelle die Graphen der Funktionen f: f(x) = log₂x; $D_f = \mathbb{R}^+$, g: g(x) = log x; $D_g = \mathbb{R}^+$, und h: h(x) = $\sqrt{x-1}$; $D_h = D_{h\,max}$.
Finden Sie mindestens zwei Eigenschaften, die diese Funktionen bzw. ihre Graphen miteinander gemeinsam haben, und mindestens zwei Eigenschaften, in denen sie sich voneinander unterscheiden.

20 cos $\frac{\pi}{3}$ = ?
$1\frac{1}{4}$% von 560 $ sind ■ $.
$1\frac{1}{4}$% von ■ $ sind 560 $.

W1 Worauf würden Sie wetten, wenn ein Laplace-Spielwürfel zweimal geworfen wird: „Die erste Augenanzahl ist größer als die zweite" oder „Das Produkt der beiden Augenanzahlen ist größer als 9"?

W2 Wie viele Lösungen (x; y) mit x, y ∈ ℤ und x < y besitzt die Gleichung x + y + xy + 1 = 10?

W3 Wie viele **W**iederholungsaufgaben enthält delta 10 insgesamt?

explore – get more

I. Gegeben ist die Funktion f_1: $f_1(x) = x^2 - 1$; $D_{f_1} = \mathbb{R}$. Ihr Graph ist die Parabel G_{f_1}.
 a) Zeichnen Sie G_{f_1} (Einheit 1 cm).
 b) Spiegeln Sie G_{f_1} an der x-Achse. Geben Sie die Funktion f_2 an, deren Graph G_{f_2} das Spiegelbild von G_{f_1} ist.
 c) Spiegeln Sie G_{f_1} an der Geraden g mit der Gleichung x = 2. Geben Sie die Funktion f_3 an, deren Graph G_{f_3} das Spiegelbild von G_{f_1} ist.
 d) Zeichnen Sie den Graphen G_{f_4} der Funktion f_4: $f_4(x) = \dfrac{1}{f_1(x)}$; $D_{f_4} = D_{f_4\,max}$.
 Geben Sie an, durch welche Quadranten G_{f_4} verläuft und welche Punkte G_{f_4} mit G_{f_1} gemeinsam hat.
 e) Zeichnen Sie den Graphen G_{f_5} der Funktion f_5: $f_5(x) = \dfrac{x^2}{f_1(x)}$; $D_{f_5} = D_{f_5\,max}$, sowie den Graphen G_{f_6} der Funktion f_6: $f_6(x) = \dfrac{f_1(x)}{x^2}$; $D_{f_6} = D_{f_6\,max}$.
 Beschreiben Sie Ihr Vorgehen.
 Geben Sie mindestens zwei Eigenschaften an, die G_{f_1}, G_{f_5} und G_{f_6} miteinander gemeinsam haben.

II. Die Abbildung zeigt den Graphen G_f einer Funktion f mit den „besonderen" Graphpunkten A (–1 | –4), B (0 | 0), C ($\tfrac{1}{3}$ | $\tfrac{4}{27}$), D (1 | 0) und E (2 | 2).
Übertragen Sie G_f viermal in Ihr Heft und skizzieren Sie dann dort den Graphen der Funktion

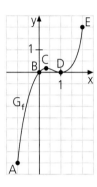

 a) g: g(x) = f(|x|); D_g = [–1; 2].
 b) h: h(x) = |f(x)|; D_h = [–1; 2].
 c) i: i(x) = [f(x)]²; D_i = [–1; 2].
 d) j: j(x) = f(x) + |f(x)|; D_j = [–1; 2].

III. Gegeben sind die Funktionen f: f(x) = $2^{\sin x}$; $D_f = \mathbb{R}$, und g: g(x) = $2^{\cos x}$; $D_g = \mathbb{R}$.
 a) Zeichnen Sie ihre Graphen G_f und G_g für $-2\pi \leq x \leq 2\pi$ in *ein* Koordinatensystem ein.
 Geben Sie die Wertemengen W_f und W_g von f bzw. g an.
 Untersuchen Sie, ob G_f und ob G_g achsensymmetrisch zur y-Achse verläuft.
 b) Beschreiben Sie, wie sich die Graphen G_f und G_g [vgl. Teilaufgabe a)] ändern würden, wenn Sie die Basis 2 durch die Basis a mit a > 1 und a ≠ 2 ersetzen würden.

IV. Der Graph zeigt eine Gezeitenkurve, die die Änderung des örtlichen Pegelstands unter dem Einfluss des Monds (und der Sonne) im Hafen von St. Malo am 1. 6. wiedergibt.

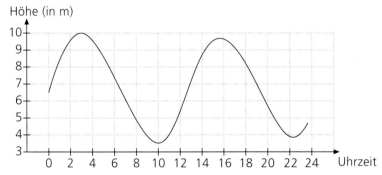

 a) Ermitteln Sie aus dem Graphen den Tidenhub (d. h. den Unterschied der Wasserhöhe zwischen Niedrigwasser und Hochwasser) sowie die Tidenperiode (d. h. die Länge des Zeitraums zwischen zwei aufeinander folgenden Niedrigwasserständen).
 b) Beschreiben Sie den Pegelstand zwischen 0 Uhr und 24 Uhr angenähert durch eine Sinusfunktion.

Kann ich das?

1. Ermitteln Sie die Koordinaten des Scheitels S der Parabel mit der Gleichung
   a) $y = x^2 - 6x + 4$.
   b) $y = \frac{1}{4}x^2 + \frac{1}{2}x + 3{,}25$.
   c) $y = -2x^2 + 6x + 1$.

2. Die Normalparabel P_1 wird um 4 Einheiten nach links und um 3 Einheiten nach oben verschoben; dann wird die neue Parabel P_2 an der x-Achse gespiegelt. Geben Sie zunächst eine Funktionsgleichung der Parabel P_2 und dann eine Funktionsgleichung ihres Spiegelbilds P_3 an.

3. Die Normalparabel wird im Koordinatensystem verschoben; die neue Parabel P* ist Graph der Funktion f: $f(x) = x^2 - 2ax + (a^2 + 2a - 4)$; $a \in \mathbb{R}\setminus\{0\}$; $D_f = \mathbb{R}$.
   a) Ermitteln Sie die Koordinaten des Scheitels S* von P* in Abhängigkeit von a.
   b) Für welchen Wert/welche Werte des Parameters a wird die Normalparabel *nur* in Richtung der x-Achse verschoben?
   c) Für welchen Wert/welche Werte von a verläuft P* durch den Ursprung?
   d) Für welchen Wert/welche Werte von a hat der Scheitel S* von P* die y-Koordinate 10?

4. Verschieben Sie den Graphen G_f der Funktion
   a) f: $f(x) = 2^{-x}$; $D_f = \mathbb{R}$, (nur) in Richtung der y-Achse, sodass der neue Graph G_{f*} durch den Ursprung verläuft. Geben Sie die Funktion f* an.
   b) f: $f(x) = \frac{1}{x}$; $D_f = \mathbb{R}\setminus\{0\}$ so, dass der Graphpunkt A (-1 | -1) dann in den Ursprung fällt. Geben Sie die Funktion f* zum neuen Graphen G_{f*} an.

5. Ermitteln Sie die Grenzwerte
   a) $\lim\limits_{x \to \pm\infty} \frac{x+2}{x+1}$
   b) $\lim\limits_{x \to \pm\infty} \left[\frac{1}{(x+1)^2} + 4\right]$
   c) $\lim\limits_{x \to \pm\infty} \frac{1+x^2}{2-x^2}$
   d) $\lim\limits_{x \to -\infty} \left[3^x \cdot \left(\sin \frac{x}{2}\right)^2\right]$.

6. Ermitteln Sie den Funktionsterm f(x) einer möglichst einfachen gebrochenrationalen Funktion f mit $D_f = D_{f\,max} = \mathbb{R}\setminus\{5\}$, mit der Nullstelle 3 und mit $\lim\limits_{x \to \pm\infty} f(x) = 2$.

7. Gegeben ist die Funktion f_a: $f_a(x) = \frac{a^3}{a^2 + x^2}$; $a \in \mathbb{R}^+$; $D_{f_a} = \mathbb{R}$; ihr Graph ist G_{f_a}.
   a) Begründen Sie, dass G_{f_a} die y-Achse stets oberhalb des Ursprungs, die x-Achse jedoch nicht schneidet, und zeigen Sie, dass G_{f_a} stets achsensymmetrisch zur y-Achse ist.
   b) Ermitteln Sie $\lim\limits_{x \to \pm\infty} \frac{a^3}{a^2 + x^2}$ in Abhängigkeit von a. Was fällt Ihnen auf?
   c) Zeichnen Sie G_{f_2} für $|x| \leq 5$.
   d) Finden Sie heraus, für welche Werte von x sich der Funktionswert $f_2(x) = \frac{8}{4+x^2}$ von 0 um weniger als $\frac{1}{25}$ unterscheidet.

8. Geben Sie jeweils die (kleinste) Periode der Funktion f an und skizzieren Sie den Funktionsgraphen (Einheit 0,5 cm; $\pi \approx 3$) für $-2\pi \leq x \leq 2\pi$.
   a) f: $f(x) = 3 \sin(2x)$; $D_f = \mathbb{R}$
   b) f: $f(x) = 1{,}5 \cos\left(x + \frac{\pi}{3}\right)$; $D_f = \mathbb{R}$
   c) f: $f(x) = 2 \sin(3x - \pi)$; $D_f = \mathbb{R}$
   d) f: $f(x) = -\cos(-2x) + 1$; $D_f = \mathbb{R}$

9. Finden Sie jeweils die Basis b einer Exponentialfunktion f: $f(x) = b^x$; $b \in \mathbb{R}^+\setminus\{1\}$; $D_f = \mathbb{R}$,
   a) bei der der Funktionswert um 10% (20%; 50%) zunimmt, wenn man x um 1 vergrößert.
   b) bei der sich der Funktionswert verdoppelt (verdreifacht), wenn man x um 2 vergrößert.

Lösungen unter www.ccbuchner.de (Eingabe „8260" im Suchfeld)

Grundwissen – Zahlen

Natürliche Zahlen

$\mathbb{N} = \{1; 2; 3; 4; ...\}$ ist die Menge der **natürlichen Zahlen**.
Beispiele: $3 \in \mathbb{N}$; $0 \notin \mathbb{N}$:   3 ist ein Element, 0 ist kein Element der Menge $\mathbb{N}$.
Jede **Primzahl** (z. B. 2; 3; 5; 7; 11) hat **genau zwei Teiler**, 1 und sich selbst.
Jede natürliche Zahl außer 1 und den Primzahlen kann als Produkt von Primzahlen geschrieben werden (**Primfaktorzerlegung**).
Beispiel: $90 = 2 \cdot 3 \cdot 3 \cdot 5 = 2 \cdot 3^2 \cdot 5$

Ganze Zahlen

Zahlengerade

$\mathbb{Z} = \{...; -3; -2; -1; 0; +1; +2; +3; +4; ...\}$ ist die Menge der **ganzen Zahlen**.
Die Bildpunkte der negativen Zahlen erweitern den Zahlenstrahl links vom Bildpunkt der Zahl 0 zu einer **Zahlengeraden**.

```
  -5  -4  -3  -2  -1   0   1   2   3   4   5   6
  └──────────────────┘   └───────────────────────┘
   negative ganze Zahlen null  natürliche Zahlen (positive ganze Zahlen)
```

Brüche

Zerlegt man ein Ganzes z. B. in vier gleich große Teile und fasst dann z. B. drei dieser Teile zusammen, so erhält man den **Bruch** $\frac{3}{4}$.

$\frac{3}{4}$ — Zähler / Bruchstrich / Nenner

Der **Nenner** eines Bruchs gibt an, in wie viele gleich große Teile das Ganze zerlegt wird.
Der **Zähler** gibt an, wie viele dieser Teile zusammengefasst werden.

Rationale Zahlen

Alle positiven und alle negativen Brüche und die Zahl 0 bilden zusammen die Menge $\mathbb{Q}$ der **rationalen Zahlen**; die Menge $\mathbb{Q}$ enthält somit auch alle ganzen Zahlen (und deshalb auch alle natürlichen Zahlen).

Anordnung der rationalen Zahlen

Von zwei rationalen Zahlen ist stets diejenige die größere (die kleinere), deren Bildpunkt auf der Zahlengeraden weiter rechts (weiter links) liegt.

Beispiele: $-\frac{1}{2} < -\frac{1}{3}$; $-\frac{4}{3} < +\frac{1}{3}$; $-1 < 0$; $\frac{1}{5} > \frac{1}{6}$

Gegenzahl

Spiegelt man den Bildpunkt einer rationalen Zahl (z. B. $-\frac{1}{2}$) am Nullpunkt, so erhält man den Bildpunkt ihrer **Gegenzahl** (hier: $+\frac{1}{2}$).

Betrag

Die Entfernung des Bildpunkts einer Zahl vom Nullpunkt der Zahlengeraden gibt den **Betrag** dieser Zahl an. Die Bildpunkte einer Zahl und ihrer Gegenzahl sind vom Ursprung stets gleich weit entfernt: Zahl und zugehörige Gegenzahl besitzen den gleichen Betrag.

Für den Betrag einer Zahl a schreibt man $|a|$ (gelesen: „Betrag von a"); es gilt:
$|a| = a$, wenn $a > 0$ ist.
$|a| = 0$, wenn $a = 0$ ist.
$|a| = -a$, wenn $a < 0$ ist.
Beispiele: $|2,7| = 2,7$; $|0| = 0$; $|-100| = 100$

Grundwissen – Zahlen; Rechenarten

Erweitern und Kürzen eines Bruchs

Erweitern eines Bruchs: Zähler und Nenner des Bruchs mit der gleichen natürlichen Zahl multiplizieren.
Beispiel: $\frac{1}{5} = \frac{3}{15}$ (Es wurde mit 3 erweitert.)

Kürzen eines Bruchs: Zähler und Nenner des Bruchs durch die gleiche natürliche Zahl dividieren.
Beispiel: $\frac{12}{18} = \frac{2}{3}$ (Es wurde mit 6 gekürzt.)

Beim Erweitern wie beim Kürzen ändert der Bruch seinen Wert nicht.
Die Form eines Bruchs, bei der sein Zähler und sein Nenner teilerfremd sind, heißt **Grundform** dieses Bruchs; ein Bruch in Grundform ist „vollständig gekürzt".

Dezimalzahlen

Brüche, deren Nenner Zehnerstufenzahlen sind, können als (abbrechende) **Dezimalzahlen** geschrieben werden.
Beispiele: $\frac{2}{5} = \frac{4}{10} = 0{,}4$; $\frac{51}{1000} = 0{,}051$; $13\frac{47}{1000} = 13{,}047$

Runden

Für das Runden ist nur die Ziffer von Bedeutung, die der Stelle, auf die gerundet werden soll, unmittelbar folgt.

- Bei den Ziffern 0, 1, 2, 3 und 4 rundet man **ab**.
  Beispiele:
  4 527 ≈ 4 500 (gerundet auf Hunderter); 0,24513 ≈ 0,2 (gerundet auf Zehntel)

- Bei den Ziffern 5, 6, 7, 8 und 9 rundet man **auf**.
  Beispiele:
  4 527 ≈ 4 530 (gerundet auf Zehner); 0,24513 ≈ 0,25 (gerundet auf Hundertstel)

Fachbegriffe

„Strichrechenarten"
Addition und Subtraktion

Beispiele:

5 768 + 3 519 = 9 287
1. Summand plus 2. Summand   Wert der
             Summe   Summe

5 768 − 3 519 = 2 249
Minuend minus Subtrahend   Wert der
             Differenz   Differenz

„Punktrechenarten"
Multiplikation und Division

Beispiele:

342 · 208 = 71 136
1. Faktor mal 2. Faktor   Wert des
             Produkt   Produkts

558 : 31 = 18
Dividend durch Divisor   Wert des
             Quotient   Quotienten

Rechnen in Q

Gleichnamige Brüche
Beispiele: $\frac{5}{11} + \frac{3}{11} = \frac{8}{11}$; $\frac{5}{11} - \frac{9}{11} = -\frac{4}{11}$

Ungleichnamige Brüche
Ungleichnamige Brüche werden vor der Addition bzw. Subtraktion gleichnamig gemacht.

Beispiele:
$\frac{3}{5} + \left(-\frac{1}{6}\right) = \frac{18}{30} - \frac{5}{30} = \frac{13}{30}$
$\frac{3}{5} - \left(-\frac{1}{6}\right) = \frac{18}{30} + \frac{5}{30} = \frac{23}{30}$

Multiplikation von Brüchen
Beispiele:
$\frac{6}{5} \cdot \frac{2}{3} = \frac{6 \cdot 2}{5 \cdot 3} = \frac{2 \cdot 2}{5 \cdot 1} = \frac{4}{5}$
$\left(-\frac{6}{5}\right) \cdot \left(-\frac{2}{3}\right) = +\frac{6 \cdot 2}{5 \cdot 3} = \frac{2 \cdot 2}{5 \cdot 1} = \frac{4}{5}$
Tipp: Nach Möglichkeit vor dem Ausmultiplizieren kürzen

Multiplikation von Dezimalzahlen
Beispiele:
$(-1{,}6) \cdot 0{,}32 = -0{,}512$
$1{,}6 \cdot (-0{,}32) = -0{,}512$

Grundwissen – Zahlen; Rechenarten; Quadratwurzeln

Rechnen in ℚ

Division durch einen Bruch

Dividieren durch einen Bruch:
mit seinem **Kehrbruch** multiplizieren.

Beispiele:

$$\left(-\frac{6}{5}\right) : \frac{2}{3} = \left(-\frac{6}{5}\right) \cdot \frac{3}{2} =$$

$$-\frac{6 \cdot 3}{5 \cdot 2} = -\frac{3 \cdot 3}{5 \cdot 1} = -\frac{9}{5}$$

$$\left(-\frac{6}{5}\right) : \left(-\frac{2}{3}\right) = \left(-\frac{6}{5}\right) \cdot \left(-\frac{3}{2}\right) =$$

$$+\frac{6 \cdot 3}{5 \cdot 2} = \frac{3 \cdot 3}{5 \cdot 1} = \frac{9}{5}$$

Division durch eine Dezimalzahl

Ausgleichende Kommaverschiebung, sodass der Divisor eine natürliche Zahl wird; dann dividieren.

Beispiele:
0,65 : 2,6 = 6,5 : 26 = 0,25
0,65 : (−2,6) = −(0,65 : 2,6) =
−(6,5 : 26) = −0,25

Merktabellen:

·	+	−
+	+	−
−	−	+

:	+	−
+	+	−
−	−	+

Quadratwurzeln

Unter der **Quadratwurzel** aus a (meist kurz „Wurzel aus a"; geschrieben: $\sqrt{a}$) versteht man für a ≧ 0 diejenige nichtnegative Zahl, deren Quadrat gleich a ist. Es ist also $\sqrt{a} \geq 0$ und $(\sqrt{a})^2 = a$, falls a ≧ 0 ist; ferner gilt $\sqrt{a^2} = a$, falls a ≧ 0 ist.
Für beliebige rationale Werte von a gilt $\sqrt{a^2} = |a|$ (gelesen „Wurzel aus a^2 ist gleich dem Betrag von a").
Die Zahl (oder allgemein: der Term) unter dem **Wurzelzeichen** heißt **Radikand**; das Ermitteln des Werts einer (Quadrat-)Wurzel nennt man **Wurzelziehen** (Radizieren).

Reelle Zahlen

Zahlen, die sich nicht als Bruch, also nicht in der Form $\frac{p}{q}$ (p ∈ ℤ; q ∈ ℕ) darstellen lassen, deren Darstellung als Dezimalzahl somit weder abbrechend noch periodisch ist, heißen **irrationale Zahlen**.
Beispiel: $\sqrt{2}$ ist eine irrationale Zahl.
Die Menge der rationalen und die Menge der irrationalen Zahlen bilden zusammen die Menge ℝ der **reellen Zahlen**.

Rechnen mit Quadratwurzeln

- $a\sqrt{c} + b\sqrt{c} = (a + b)\sqrt{c}$; $a\sqrt{c} - b\sqrt{c} = (a - b)\sqrt{c}$; a, b ∈ ℝ; c ∈ $\mathbb{R}_0^+$
- $\sqrt{a} \cdot \sqrt{b} = \sqrt{ab}$; a, b ∈ $\mathbb{R}_0^+$
  Sonderfall: $\sqrt{a} \cdot \sqrt{a} = \sqrt{a \cdot a} = \sqrt{a^2} = a$; a ∈ $\mathbb{R}_0^+$
- $\frac{\sqrt{a}}{\sqrt{b}} = \sqrt{\frac{a}{b}}$; a ∈ $\mathbb{R}_0^+$; b ∈ $\mathbb{R}^+$

Beachten Sie:
0 · a = 0 für jeden Wert von a ∈ ℝ
0 : a = 0 für jeden Wert von a ∈ ℝ \ {0}
a : 0 ist für keinen Wert von a ∈ ℝ möglich.

Grundwissen – Rechengesetze und -regeln; Potenzen

Rationalmachen des Nenners	*Vereinbarung*: Bruchterme werden stets so vereinfacht, dass im Nenner des Endergebnisses keine Wurzeln stehen. *Beispiele*: $\dfrac{1}{\sqrt{2}} = \dfrac{\sqrt{2}}{\sqrt{2} \cdot \sqrt{2}} = \dfrac{\sqrt{2}}{2}$; $\dfrac{1}{\sqrt{a}} = \dfrac{\sqrt{a}}{\sqrt{a} \cdot \sqrt{a}} = \dfrac{\sqrt{a}}{a}$; $a > 0$ $\dfrac{1}{\sqrt{5} - \sqrt{3}} = \dfrac{1 \cdot (\sqrt{5} + \sqrt{3})}{(\sqrt{5} - \sqrt{3})(\sqrt{5} + \sqrt{3})} = \dfrac{\sqrt{5} + \sqrt{3}}{5 - 3} = \dfrac{\sqrt{5} + \sqrt{3}}{2}$ $\dfrac{1}{5 + \sqrt{2}} = \dfrac{1 \cdot (5 - \sqrt{2})}{(5 + \sqrt{2})(5 - \sqrt{2})} = \dfrac{5 - \sqrt{2}}{25 - 2} = \dfrac{5 - \sqrt{2}}{23}$

Kommutativ- und Assoziativgesetz	Der Wert einer Summe (eines Produkts) ändert sich nicht, wenn man
	• die Summanden (Faktoren) vertauscht (**Kommutativ**gesetz)
	  $a + b = b + a$; $a \cdot b = b \cdot a$ $a, b \in \mathbb{R}$
	• die Summanden (Faktoren) mit Klammern zusammenfasst oder vorhandene Klammern weglässt (**Assoziativ**gesetz)
	  $(a + b) + c = a + b + c = a + (b + c)$ $a, b, c \in \mathbb{R}$
	  $(a \cdot b) \cdot c = a \cdot b \cdot c = a \cdot (b \cdot c)$ $a, b, c \in \mathbb{R}$

Distributivgesetz	$a \cdot (b + c) = a \cdot b + a \cdot c$ $a, b, c \in \mathbb{R}$ $(b + c) : a = b : a + c : a$ $a \in \mathbb{R} \setminus \{0\}$; $b, c \in \mathbb{R}$

Rechenregeln	• Terme, die in Klammern stehen, werden zuerst berechnet; dabei beginnt man stets mit der innersten Klammer.
	  Beispiel: $6 \cdot [8 - (7 - 4)] = 6 \cdot [8 - 3] = 6 \cdot 5 = 30$
	• Potenzrechnungen werden vor „Punktrechnungen" ausgeführt.
	  Beispiel: $5 \cdot 2^4 = 5 \cdot 16 = 80$
	• „Punktrechnungen" werden vor „Strichrechnungen" ausgeführt.
	  Beispiel: $23 + 7 \cdot 10 = 23 + 70 = 93$

Potenzen mit natürlichen Exponenten	Für Produkte aus lauter gleichen Faktoren a ($a \in \mathbb{R}$) verwendet man die Kurzschreibweise $\underbrace{a \cdot a \cdot a \cdot \ldots \cdot a}_{n \text{ Faktoren}} = a^n$ ($n \in \mathbb{N} \setminus \{1\}$); außerdem gilt $a^1 = a$. Potenz a^n ← Exponent (Hochzahl) / ← Basis (Grundzahl)
Potenzen mit ganzzahligen Exponenten	Für Potenzen mit **ganzzahligen Exponenten** wird definiert: $a^0 = 1$ ($a \in \mathbb{R} \setminus \{0\}$) sowie $a^{-n} = \dfrac{1}{a^n}$ ($a \in \mathbb{R} \setminus \{0\}$; $n \in \mathbb{N}$)

Grundwissen – Potenzen; allgemeine Wurzeln; Potenzgesetze

Wissenschaftliche Schreibweise mithilfe von Zehnerpotenzen
(„Gleitkommadarstellung")
Mithilfe von Zehnerpotenzen kann man auch Zahlen mit sehr großem bzw. mit sehr kleinem Betrag übersichtlich darstellen:
Beispiele: $-45\,000\,000 = -4{,}5 \cdot 10\,000\,000 = -4{,}5 \cdot 10^7$
$0{,}00050 = 5{,}0 \cdot 0{,}0001 = 5{,}0 \cdot \frac{1}{10\,000} = 5{,}0 \cdot 10^{-4}$

Beachten Sie: Für den Betrag a des Faktors vor der Zehnerpotenz gilt $1 \leq a < 10$.

Schreibweise mithilfe von Zehnerpotenzen

Unter $\sqrt[n]{a}$ (gelesen: „**n-te Wurzel** aus a") versteht man für $n \in \mathbb{N}\setminus\{1\}$ und $a \in \mathbb{R}_0^+$ diejenige nichtnegative reelle Zahl, deren n-te Potenz gleich a ist. Es ist also $\sqrt[n]{a} \geq 0$ und $(\sqrt[n]{a})^n = a$; ferner ist $\sqrt[n]{a^n} = a$.
Der Term unter dem Wurzelzeichen heißt **Radikand**; n heißt **Wurzelexponent**.
Hinweis: Der Wurzelexponent 2 wird fast immer weggelassen.

Allgemeine Wurzeln

Allgemeine Wurzeln kann man auch als Potenzen darstellen:
$\sqrt[n]{a} = a^{\frac{1}{n}}; a \in \mathbb{R}_0^+; n \in \mathbb{N}\setminus\{1\}$
$\sqrt[n]{a^m} = a^{\frac{m}{n}}; a \in \mathbb{R}^+; m \in \mathbb{Z}; n \in \mathbb{N}\setminus\{1\}$

Beispiele: $\sqrt[5]{1\,024} = \sqrt[5]{2^{10}} = (2^{10})^{\frac{1}{5}} = 2^{10 \cdot \frac{1}{5}} = 2^{\frac{10}{5}} = 2^2 = 4$
$\sqrt[6]{10\,000} = \sqrt[6]{10^4} = (10^4)^{\frac{1}{6}} = 10^{4 \cdot \frac{1}{6}} = 10^{\frac{4}{6}} = 10^{\frac{2}{3}} = 10^{2 \cdot \frac{1}{3}} = (10^2)^{\frac{1}{3}} = \sqrt[3]{10^2} = \sqrt[3]{100}$

Potenzen mit rationalen Exponenten

Multiplizieren und Dividieren von Potenzen mit gleicher Basis
$a^{\frac{m}{n}} \cdot a^{\frac{p}{q}} = a^{\frac{m}{n}+\frac{p}{q}}$ $\quad\quad a^{\frac{m}{n}} : a^{\frac{p}{q}} = a^{\frac{m}{n}-\frac{p}{q}}$ $\quad a \in \mathbb{R}^+; m, p \in \mathbb{Z}; n, q \in \mathbb{N}$

Potenzgesetze für rationale Exponenten

Beispiele:
$3^2 \cdot 3^4 = 3^{2+4} = 3^6 = 729$
$5^3 : 5^{-2} = 5^{3-(-2)} = 5^{3+2} = 5^5 = 3\,125$
$2^{\frac{1}{3}} \cdot 2^{\frac{5}{3}} = 2^{\frac{1}{3}+\frac{5}{3}} = 2^{\frac{6}{3}} = 2^2 = 4$
$5^{\frac{1}{3}} : 5^{-\frac{2}{3}} = 5^{\frac{1}{3}-\left(-\frac{2}{3}\right)} = 5^{\frac{3}{3}} = 5^1 = 5$

Potenzieren einer Potenz
$\left(a^{\frac{m}{n}}\right)^{\frac{p}{q}} = (a)^{\frac{m}{n} \cdot \frac{p}{q}}$ $\quad a \in \mathbb{R}^+; m, p \in \mathbb{Z}; n, q \in \mathbb{N}$

Beispiele:
$(3^2)^4 = 3^{2 \cdot 4} = 3^8 = 6\,561$
$(2^{-1})^{-3} = 2^{(-1) \cdot (-3)} = 2^3 = 8$
$(8^2)^{\frac{1}{3}} = 8^{2 \cdot \frac{1}{3}} = 8^{\frac{2}{3}} = (2^3)^{\frac{2}{3}} = 2^{3 \cdot \frac{2}{3}} = 2^2 = 4$
$\left(\sqrt{0{,}5}\right)^{-\frac{4}{3}} = \left(0{,}5^{\frac{1}{2}}\right)^{-\frac{4}{3}} = 0{,}5^{\frac{1}{2} \cdot \left(-\frac{4}{3}\right)} = 0{,}5^{-\frac{2}{3}} = (2^{-1})^{-\frac{2}{3}} = 2^{(-1) \cdot \left(-\frac{2}{3}\right)} = 2^{\frac{2}{3}} = 2^{2 \cdot \frac{1}{3}} = (2^2)^{\frac{1}{3}} = \sqrt[3]{4}$

Multiplizieren und Dividieren von Potenzen mit gleichem Exponenten
$a^{\frac{m}{n}} \cdot b^{\frac{m}{n}} = (ab)^{\frac{m}{n}}$ $\quad\quad a^{\frac{m}{n}} : b^{\frac{m}{n}} = (a:b)^{\frac{m}{n}}$ $\quad a, b \in \mathbb{R}^+; m \in \mathbb{Z}; n \in \mathbb{N}$

Beispiele:
$2^4 \cdot 3^4 = (2 \cdot 3)^4 = 6^4 = 1\,296$
$4^{-1} : 8^{-1} = (4 : 8)^{-1} = \left(\frac{1}{2}\right)^{-1} = 2^1 = 2$
$25^{\frac{2}{3}} \cdot 5^{\frac{2}{3}} = (25 \cdot 5)^{\frac{2}{3}} = 125^{\frac{2}{3}} = (5^3)^{\frac{2}{3}} = 5^{3 \cdot \frac{2}{3}} = 5^2 = 25$
$256^{\frac{2}{3}} : 4^{\frac{2}{3}} = (256 : 4)^{\frac{2}{3}} = 64^{\frac{2}{3}} = (2^6)^{\frac{2}{3}} = 2^{6 \cdot \frac{2}{3}} = 2^4 = 16$

Grundwissen – Logarithmus; Wachstum

Logarithmus

Die Lösung der Gleichung $b^x = p$; $b \in \mathbb{R}^+\setminus\{1\}$; $p \in \mathbb{R}^+$, über $G = \mathbb{R}$ ist $x = \mathbf{log_b p}$, gelesen „x ist gleich dem **Logarithmus von p zur Basis b**".

Beispiele: $10^x = 5$; $x = \log_{10} 5$ $\qquad$ $2^x = 18$; $x = \log_2 18$

$\log_b p$ ist also derjenige Exponent, mit dem man b potenzieren muss, um p zu erhalten:
$p = b^{\log_b p}$

Beispiel: $5^x = 625$; $x = \log_5 625 = 4$

Das Logarithmieren zur Basis b ist eine Umkehrung des Potenzierens der Basis b.

Allgemein:

$\mathbf{\log_b(b^x) = x} \qquad \mathbf{b^{\log_b y} = y} \qquad b \in \mathbb{R}^+\setminus\{1\}$; $x \in \mathbb{R}$; $y \in \mathbb{R}^+$

Sonderfälle:

$\mathbf{\log_b 1 = 0} \qquad \mathbf{\log_b b = 1} \qquad b \in \mathbb{R}^+\setminus\{1\}$

Hinweis: Anstelle von $\log_{10} x$ schreibt man häufig log x oder auch lg x.

Rechenregeln für Logarithmen

Für das Rechnen mit Logarithmen gelten die folgenden Regeln
($a, b \in \mathbb{R}^+\setminus\{1\}$; $p, q \in \mathbb{R}^+$; $r \in \mathbb{R}$):

- $\log_b (pq) = \log_b p + \log_b q$ $\qquad$ (Logarithmus eines Produkts)
- $\log_b \left(\dfrac{p}{q}\right) = \log_b p - \log_b q$ $\qquad$ (Logarithmus eines Quotienten)
- $\log_b (p^r) = r \log_b p$ $\qquad$ (Logarithmus einer Potenz)
- $\log_a p = \dfrac{\log_b p}{\log_b a}$ $\qquad$ (Wechsel der Basis)

Lineares Wachstum

Ist der Zuwachs pro Zeiteinheit konstant, so handelt es sich um **lineares Wachstum**. Es wird beschrieben durch $\mathbf{y = b + a \cdot x}$.
b: Bestand für $x = 0$
Beispiel: $a = 0{,}5$; $b = 2$ (s. Abbildung)

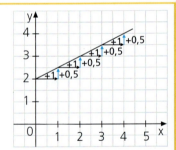

Exponentielles Wachstum

Ist der Zuwachs pro Zeiteinheit stets direkt proportional zum aktuellen Bestand, so handelt es sich um **exponentielles Wachstum**. Es wird beschrieben durch $\mathbf{y = b \cdot a^x}$.
b: Bestand für $x = 0$
Beispiel: $a = 1{,}5$; $b = 0{,}9$ (s. Abbildung)

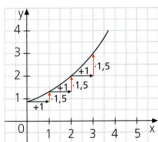

Wachstumsfaktor Abnahmefaktor Halbwertszeit

a heißt **Wachstumsfaktor**, wenn $a > 1$ ist;
a heißt **Abnahmefaktor (Zerfallskonstante)**, wenn $a < 1$ ist.
Halbwertszeit (Zeitspanne, in der der Bestand jeweils halbiert wird):
$t_H = \log_a \dfrac{1}{2} = \dfrac{\log 0{,}5}{\log a}$ $\quad (0 < a < 1)$

Grundwissen – Terme; Umformen von Termen

Ein Rechenausdruck oder **Term** kann außer Zahlen auch veränderliche Größen, sogenannte **Variable**, enthalten. Platzhalter wie z. B. ■ bzw. Variable wie z. B. x, y, z oder a, b, c, n halten dabei Platz für verschiedene Einsetzungen frei. Die Zahlen, die für eine Variable eingesetzt werden dürfen, bilden zusammen die **Grundmenge G**. Wird in einen Term für die Variable eine Zahl aus der Grundmenge eingesetzt, so lässt sich der zugehörige **Termwert** berechnen. *Beispiel:* $T(x) = 2x^3 - 16$; $G = \{-1; 0; 2\}$ $\quad T(-1) = 2 \cdot (-1)^3 - 16 = 2 \cdot (-1) - 16 = -2 - 16 = -18$	**Terme mit Variablen**

Zwei Terme mit **Variablen** heißen **äquivalent**, wenn bei jeder möglichen Einsetzung für die Variablen der eine Term stets den gleichen Wert hat wie der andere. Man kann einen Term mithilfe von Rechengesetzen in einen anderen mit ihm äquivalenten Term umformen.	**Äquivalente Terme**

Gleichartige Glieder werden addiert (bzw. subtrahiert) indem man ihre **Koeffizienten** addiert (bzw. vom Koeffizienten des Minuenden den Koeffizienten des Subtrahenden subtrahiert) und die gemeinsame Variable beibehält. *Beispiele:* $7x + 9x = 16x \qquad 7x - 9x = -2x$	**Addieren und Subtrahieren**

Steht vor einer Klammer ein **Pluszeichen**, so kann man die Klammer weglassen, ohne dass sich der Wert des Terms ändert. Steht vor einer Klammer ein **Minuszeichen**, so wird beim Auflösen der Klammer jedes **Plus**zeichen in der Klammer zu **Minus** und jedes **Minus**zeichen in der Klammer zu **Plus**. *Beispiele:* $5x + (6x + 3x) = 5x + 6x + 3x = 14x$ $5x + (6x - 3x) = 5x + 6x - 3x = 8x$ $5x + (-6x + 3x) = 5x + (-6x) + 3x = 5x - 6x + 3x = 2x$ $5x - (6x + 3x) = 5x - 6x - 3x = -4x$ $5x - (6x - 3x) = 5x - 6x + 3x = 2x$ $5x - (-6x + 3x) = 5x - (-6x) - 3x = 5x + 6x - 3x = 8x$	**Auflösen von Klammern bei der Addition und Subtraktion**

Man multipliziert ein Produkt mit einer Zahl, indem man nur **einen** der Faktoren mit dieser Zahl multipliziert; man dividiert ein Produkt durch eine Zahl, indem man nur **einen** der Faktoren durch diese Zahl dividiert. *Beispiele:* $(12 \cdot x) \cdot 2 = (12 \cdot 2) \cdot x = 24x \qquad (12 \cdot x) : 2 = (12 : 2) \cdot x = 6x$	**Multiplizieren und Dividieren von Produkten**

Man multipliziert eine Summe (oder eine Differenz) mit einem Faktor, indem man **jedes** Glied der Summe (bzw. der Differenz) mit diesem Faktor multipliziert und dann die Produkte addiert (bzw. subtrahiert). Man dividiert eine Summe (oder eine Differenz) durch einen (von null verschiedenen) Divisor, indem man **jedes** Glied der Summe (bzw. der Differenz) durch diesen Divisor dividiert und dann die Quotienten addiert (bzw. subtrahiert). *Beispiele:* $2 \cdot (12 + 4x) = 2 \cdot 12 + 2 \cdot 4x = 24 + 8x \qquad 2 \cdot (6 - 4y) = 2 \cdot 6 - 2 \cdot 4y = 12 - 8y$ $(12 + 4x) : 2 = 12 : 2 + 4x : 2 = 6 + 2x \qquad (6 - 4y) : 2 = 6 : 2 - 4y : 2 = 3 - 2y$	**Multiplizieren und Dividieren von Summen und Differenzen**

Grundwissen – Umformen von Termen; binomische Formeln; Bruchterme

Ausklammern	Durch Ausklammern eines Faktors wird aus einer Summe (Differenz) ein **Produkt**. *Beispiele:* $2x + 4y = 2(x + 2y)$ $2abx + 6abc = 2ab(x + 3c)$ $-4x - y = (-1) \cdot (4x + y) = -(4x + y)$
Ausmultiplizieren von Klammern	Man multipliziert eine Summe (Differenz) mit einer Summe (Differenz), indem man jedes Glied der ersten Summe (Differenz) mit jedem Glied der zweiten Summe (Differenz) **unter Beachtung der Vor- und Rechenzeichen** multipliziert und dann die Teilprodukte addiert bzw. subtrahiert. *Beispiele:* $(2x + 5) \cdot (3x + 7) = 6x^2 + 14x + 15x + 35 = 6x^2 + 29x + 35$ $(2x - 5) \cdot (3x + 7) = 6x^2 + 14x - 15x - 35 = 6x^2 - x - 35$ $(2x + 5) \cdot (3x - 7) = 6x^2 - 14x + 15x - 35 = 6x^2 + x - 35$ $(2x - 5) \cdot (3x - 7) = 6x^2 - 14x - 15x + 35 = 6x^2 - 29x + 35$
Binomische Formeln	Ein zweigliedriger Term der Form $a + b$ oder $a - b$ heißt **Binom**. Die Terme der Form $(a + b)^2$, $(a - b)^2$ und $(a + b)(a - b)$ ergeben zusammen mit ihrer ausmultiplizierten Form **binomische Formeln**, nämlich • die „Plus-Formel" $(a + b)^2 = a^2 + 2ab + b^2$, • die „Minus-Formel" $(a - b)^2 = a^2 - 2ab + b^2$ und • die „Plus-Minus-Formel" $(a + b)(a - b) = a^2 - b^2$.
Bruchterme Definitionsmenge	Tritt die Variable (auch) im Nennerterm eines Bruchs auf, so spricht man von einem **Bruchterm**. Die Nullstellen des Nennerterms gehören nicht zur **Definitionsmenge** des Bruchterms.
Erweitern und Kürzen	Bruchterme können wie Brüche **erweitert** und **gekürzt** werden. Beim **Erweitern** werden der Zähler **und** der Nenner eines Bruchterms mit der gleichen Zahl (mit dem gleichen Term) multipliziert. Beim **Kürzen** werden der Zähler **und** der Nenner eines Bruchterms durch die gleiche Zahl (durch den gleichen Term) dividiert. *Beispiele:* $\frac{2}{x-1} = \frac{2x}{x(x-1)}$; $D = \mathbb{R} \setminus \{0; 1\}$; der Bruchterm wurde mit x erweitert. $\frac{2x}{x(x-1)} = \frac{2}{x-1}$; $D = \mathbb{R} \setminus \{0; 1\}$; der Bruchterm wurde mit x gekürzt. *Beachte:* Die größtmögliche Definitionsmenge kann sich beim Erweitern bzw. Kürzen eines Bruchterms ändern.
Addieren und Subtrahieren	Bruchterme können wie Brüche **addiert** bzw. **subtrahiert** werden. Gleichnamige Bruchterme werden addiert (subtrahiert), indem man ihre Zähler addiert (subtrahiert) und den gemeinsamen Nenner beibehält. Ungleichnamige Bruchterme werden vor dem Addieren (Subtrahieren) gleichnamig gemacht. *Beispiele:* $\frac{6}{x-3} + \frac{4}{x-3} = \frac{10}{x-3}$; $D = \mathbb{R} \setminus \{3\}$ $\frac{1}{y} - \frac{7}{2y} = \frac{1 \cdot 2}{2y} - \frac{7}{2y} = \frac{2-7}{2y} = -\frac{5}{2y}$; $D = \mathbb{R} \setminus \{0\}$

Grundwissen – Bruchterme; Gleichungen und Ungleichungen

Multiplizieren und Dividieren von Bruchtermen

Bruchterme können wie Brüche **multipliziert** bzw. **dividiert** werden:
- Bruchterme werden miteinander multipliziert, indem man das Produkt ihrer Zähler durch das Produkt ihrer Nenner dividiert.

  Beispiel:
  $$\frac{x-3}{x} \cdot \frac{x-1}{x-3} = \frac{(x-3)(x-1)}{x(x-3)} = \frac{x-1}{x}; \; D = \mathbb{R} \setminus \{0; 3\}$$

- Ein Bruchterm wird durch einen zweiten dividiert, indem man den ersten Bruchterm mit dem Kehrbruch des zweiten multipliziert.

  Beispiel:
  $$\frac{x-4}{x} : \frac{x-4}{x+2} = \frac{x-4}{x} \cdot \frac{x+2}{x-4} = \frac{(x-4)(x+2)}{x(x-4)} = \frac{x+2}{x}; \; D = \mathbb{R} \setminus \{-2; 0; 4\}$$

Grundbegriffe bei Gleichungen und Ungleichungen

Eine **Gleichung** (bzw. **Ungleichung**) besteht aus zwei Termen, die miteinander durch ein Gleichheitszeichen (bzw. Ungleichheitszeichen) verbunden sind. Wenn man anstelle der „**Unbekannten**" (der **Variablen**) eine Zahl in eine Gleichung (bzw. Ungleichung) einsetzt, kann sich eine wahre oder eine falsche Aussage ergeben.

Grundmenge G: Die (vorgegebene) Menge aller Zahlen, die zum Einsetzen in die Gleichung (Ungleichung) zur Verfügung stehen.

Lösungen: Alle Zahlen der Grundmenge G, die beim Einsetzen in die Gleichung (Ungleichung) eine wahre Aussage liefern.

Lösungsmenge L: Menge aller Lösungen der Gleichung (Ungleichung). Wenn kein Element der Grundmenge G beim Einsetzen in die Gleichung (Ungleichung) eine wahre Aussage ergibt, dann ist die Lösungsmenge die **leere Menge**, geschrieben { } (oder ∅).

Lösen einer Gleichung (Ungleichung) mithilfe von Äquivalenzumformungen

Äquivalente Gleichungen bzw. Ungleichungen (mit gleicher Grundmenge) besitzen die gleiche Lösungsmenge.
Äquivalenzumformungen sind Umformungen, bei denen sich die Lösungsmenge der Gleichung (Ungleichung) nicht ändert. Die Lösungsmenge einer Gleichung (Ungleichung) ändert sich nicht, wenn man

- zu jeder der beiden Seiten dieser Gleichung (Ungleichung) dieselbe reelle Zahl bzw. denselben Term addiert oder von jeder der beiden Seiten dieser Gleichung (Ungleichung) dieselbe reelle Zahl bzw. denselben Term subtrahiert.
- jede der beiden Seiten dieser Gleichung mit derselben (von null verschiedenen) reellen Zahl multipliziert.
- jede der beiden Seiten dieser Gleichung durch dieselbe (von null verschiedene) reelle Zahl dividiert.
- jede der beiden Seiten dieser Ungleichung mit derselben **positiven** reellen Zahl multipliziert bzw. durch dieselbe **positive** reelle Zahl dividiert.
- jede der beiden Seiten dieser Ungleichung mit derselben **negativen** reellen Zahl multipliziert **und** gleichzeitig das Ungleichheitszeichen umdreht.
- jede der beiden Seiten dieser Ungleichung durch dieselbe **negative** reelle Zahl dividiert **und** gleichzeitig das Ungleichheitszeichen umdreht.

Grundwissen – Gleichungen und Ungleichungen; quadratische Gleichungen

Beispiele:
Ermittle jeweils die Lösungsmenge über der Grundmenge G.

$x - 5 = 2$; $G = \mathbb{Z}$ $x - 5 = 2$; $\vert + 5$ $x - 5 + 5 = 2 + 5$; $x = 7 \in \mathbb{Z}$; $L = \{7\}$	$0{,}5x = -6$; $G = \mathbb{N}$ $0{,}5x = -6$; $\vert \cdot 2$ $x = -12 \notin \mathbb{N}$; $L = \{\ \}$	$-2x = 4$; $G = \mathbb{Z}$ $-2x = 4$; $\vert : (-2)$ $x = -2 \in \mathbb{Z}$; $L = \{-2\}$	$x - 3 = -3 + x$; $G = \mathbb{R}$ $x - 3 = -3 + x$; $\vert -x + 3$ $x - 3 - x + 3 = -3 + x - x + 3$; $0 = 0$ (wahr) $L = \mathbb{R}$
$x - 5 < 2$; $G = \mathbb{N}$ $x - 5 < 2$; $\vert + 5$ $x - 5 + 5 < 2 + 5$ $x < 7$; $L = \{1; 2; \ldots; 6\}$	$0{,}5x < -6$; $G = \mathbb{N}$ $0{,}5x < -6$; $\vert \cdot 2$ $x < -12$; $L = \{\ \}$	$-2x \leq 4$; $G = \mathbb{Z}$ $-2x \leq 4$; $\vert : (-2)$ $x \geq -2$; $L = \{-2; -1; 0; 1; 2; \ldots\}$	$x - 3 > -3 + x$; $G = \mathbb{Z}$ $x - 3 > -3 + x$; $\vert -x + 3$ $0 > 0$ (falsch) $L = \{\ \}$

Quadratische Gleichungen

Zerlegung in Linearfaktoren

Lösen mithilfe von Zerlegung in Linearfaktoren
Sind x_1 und x_2 die Lösungen der quadratischen Gleichung $x^2 + bx + c = 0$, dann lässt sich der Term $x^2 + bx + c$ in der Form $(x - x_1)(x - x_2)$ darstellen.
Die Terme $x - x_1$ und $x - x_2$ heißen **Linearfaktoren** des quadratischen Terms.
Damit lassen sich die Lösungen einer quadratischen Gleichung häufig durch Überlegen finden.
Beispiele ($G = \mathbb{R}$):
$x^2 - 9x + 14 = 0$; $(x - 2)(x - 7) = 0$; $x_1 = 2$; $x_2 = 7$; $L = \{2; 7\}$
$x^2 - 13x - 14 = 0$; $(x + 1)(x - 14) = 0$; $x_1 = -1$; $x_2 = 14$; $L = \{-1; 14\}$
$x^2 - 6x = 0$; $x(x - 6) = 0$; $x_1 = 0$; $x_2 = 6$; $L = \{0; 6\}$
$x^2 - 9 = 0$; $(x + 3)(x - 3) = 0$; $x_1 = -3$; $x_2 = 3$; $L = \{-3; 3\}$
oder
$x^2 - 9 = 0$; $\vert + 9 \quad x^2 = 9$; $x_1 = -3$; $x_2 = 3$; $L = \{-3; 3\}$

Lösungsformel

Lösen mithilfe der Lösungsformel
Eine quadratische Gleichung der Form $ax^2 + bx + c = 0$ mit $a \neq 0$ besitzt über $G = \mathbb{R}$

- die **zwei** Lösungen $x_{1,2} = \dfrac{-b \pm \sqrt{b^2 - 4ac}}{2a}$, wenn $b^2 - 4ac > 0$ ist,

- **genau eine** Lösung, wenn $b^2 - 4ac = 0$ ist, und

- **keine** Lösung, wenn $b^2 - 4ac < 0$ ist.

Diskriminante

Der Term **$b^2 - 4ac$** heißt **Diskriminante D** der quadratischen Gleichung.

Diskriminante D	D > 0	D = 0	D < 0
Anzahl der Lösungen	2	1	0

Beispiele:
Finde jeweils zunächst mithilfe der Diskriminante die Anzahl der Lösungen der quadratischen Gleichung heraus und bestimme dann die Lösungsmenge.
(1) $10x^2 - 7x + 1 = 0$; $G = \mathbb{R}$
$D = (-7)^2 - 4 \cdot 10 \cdot 1 = 49 - 40 = 9 > 0$. Die Gleichung hat zwei Lösungen:
$x_{1,2} = \dfrac{-(-7) \pm \sqrt{49 - 4 \cdot 10 \cdot 1}}{2 \cdot 10} = \dfrac{7 \pm \sqrt{49 - 40}}{20} = \dfrac{7 \pm \sqrt{9}}{20} = \dfrac{7 \pm 3}{20}$;
$x_1 = 0{,}5 \in G$; $x_2 = 0{,}2 \in G$; $\qquad L = \{0{,}2; 0{,}5\}$
(2) $x^2 + 4x + 10 = 0$; $G = \mathbb{R}$
$D = 4^2 - 4 \cdot 1 \cdot 10 = 16 - 40 = -26 < 0$.
Die Gleichung hat keine reellen Lösungen: $L = \{\ \}$

Grundwissen – Bruchgleichungen; Exponentialgleichungen

Bruchgleichungen sind Gleichungen, bei denen die Variable in mindestens einem der Nenner auftritt.

Man zeichnet die Funktionsgraphen der beiden Gleichungsseiten und liest die x-Koordinaten aller gemeinsamen Punkte ab.

Beispiel:
$\frac{1}{x} = \frac{2}{6-x}$; $D = \mathbb{R} \setminus \{0; 6\}$

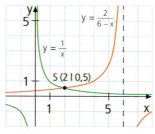

Die Graphen der Funktionen
f: $f(x) = \frac{1}{x}$; $D_f = \mathbb{R} \setminus \{0\}$, und g: $g(x) = \frac{2}{6-x}$; $D_g = \mathbb{R} \setminus \{6\}$,
haben nur den Punkt S (2 | 0,5) gemeinsam; die Bruchgleichung $\frac{1}{x} = \frac{2}{6-x}$ hat also die Lösungsmenge L = {2}.

Definitionsmenge angeben: $D = \mathbb{R} \setminus \{0; 6\}$

Beide Seiten der Bruchgleichung mit einem gemeinsamen Nenner (am besten mit dem Hauptnenner) aller Bruchterme multiplizieren und anschließend kürzen:
$\frac{1}{x} = \frac{2}{6-x}$; | · x(6 – x) $\frac{1 \cdot x(6-x)}{x} = \frac{2 \cdot x(6-x)}{6-x}$;   6 – x = 2x

Vereinfachte Gleichung wie üblich lösen und dann prüfen, ob die ermittelte Lösung zur Definitionsmenge gehört:
6 – x = 2x; | – 2x – 6   –3x = –6; | : (–3)   x = 2 ∈ D

Probe machen: L.S.: $\frac{1}{2}$; R.S.: $\frac{2}{6-2} = \frac{2}{4} = \frac{1}{2}$;   L.S. = R.S. ✓

Lösungsmenge angeben: L = {2}.

Bruchgleichungen

Graphische Lösung

Rechnerische Lösung

Gleichungen, bei denen die Variable (nur) im Exponenten auftritt, heißen **Exponentialgleichungen**.

Exponentialgleichungen können rechnerisch und auch graphisch gelöst werden.

Beispiel:
$2^{x+1} = 3$; $G = \mathbb{R}$

Rechnerische Lösung: Graphische Lösung:
$2^{x+1} = 3$; | logarithmieren   f: $f(x) = 2^{x+1}$; $D_f = \mathbb{R}$
(x + 1) log 2 = log 3; | : log 2 $2^{x+1} = 3$
                                     x ≈ 0,6
$x + 1 = \frac{\log 3}{\log 2}$; | – 1

$x = \frac{\log 3}{\log 2} - 1 = 0,584 \ldots \in G$

$L = \{\frac{\log 3}{\log 2} - 1\} = \{0,584 \ldots\}$

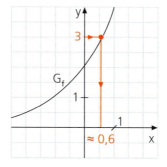

Exponentialgleichungen

Rechnerische Lösung

Graphische Lösung

Grundwissen – Der Funktionsbegriff; lineare Funktionen

Grundbegriffe

Der Zusammenhang zwischen zwei Größen kann durch eine **Zuordnung** beschrieben werden. Gibt es dabei zu **jedem** zulässigen Wert der ersten Größe **genau einen** Wert der ihr zugeordneten zweiten Größe, so nennt man die Zuordnung eine **Funktion f**. Funktionen können z. B. durch **Terme**, durch **Tabellen** oder durch **Schaubilder** (**Graphen**) beschrieben werden.

Häufig wird die erste Größe, die **unabhängige Variable**, mit **x** bezeichnet. Den Wert der zweiten Größe, der von x **abhängigen Variablen y**, bezeichnet man als **Funktionswert f(x)** (gelesen: „f von x").

Definitionsmenge D_f: Menge aller zulässigen Werte von x
Wertemenge W_f: Menge aller Funktionswerte
Nullstellen der Funktion: Werte von x, für die der Funktionswert gleich 0 ist.

Beispiel:
Zuordnungsvorschrift: Jeder reellen Zahl wird ihr Quadrat zugeordnet.

Funktion f: $f(x) = x^2$ — Funktionsterm $D_f = \mathbb{R}$ — Definitionsmenge
                 Funktionsgleichung $W_f = \mathbb{R}_0^+$ — Wertemenge

Nullstelle: x = 0,
weil f(0) = 0 ist.

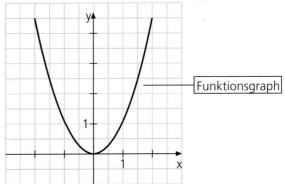
Funktionsgraph

Lineare Funktionen

Gleichung einer Geraden

Jede Funktion f: **f(x) = mx + t**; m, t $\in \mathbb{R}$; $D_f = \mathbb{R}$, heißt **lineare Funktion**.
Der Graph einer linearen Funktion ist eine Gerade g, die die y-Achse im Punkt T (0 | t) schneidet. Man nennt t den **y-Achsenabschnitt** der Geraden g; m ist die **Steigung** der Geraden g. Für die **Nullstelle** x_N von f gilt $f(x_N) = 0$.
Man spricht auch von der Gleichung der Geraden g und schreibt g: y = mx + t.

Verläuft die Gerade durch die Punkte P (x_P | y_P) und Q (x_Q | y_Q) mit $x_Q \neq x_P$,
so gilt für die Geradensteigung $m = \dfrac{y_Q - y_P}{x_Q - x_P}$.

Man unterscheidet

steigende Geraden: fallende Geraden: zur x-Achse parallele Geraden:
m > 0   m < 0   m = 0

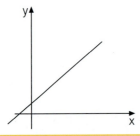   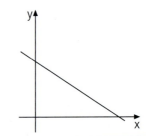   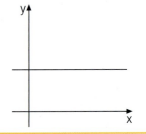

Grundwissen – Funktionen der direkten und der indirekten Proportionalität

Die Funktionen der direkten Proportionalität

Wird dem Doppelten, dem Dreifachen, dem Vierfachen, …. dem k-Fachen (k ∈ ℝ) einer Größe x das Doppelte, das Dreifache, das Vierfache, … das k-Fache einer Größe y zugeordnet, so sind x und y zueinander **direkt proportionale Größen**. Bei dieser Zuordnung gilt $\frac{y}{x} = m$ mit **festem** m (x ≠ 0); sie kann also durch die Funktionsgleichung y = mx beschrieben werden.

Jede Funktion f: **f(x) = mx**; m ∈ ℝ; D_f = ℝ, heißt **proportionale Funktion**. Der Graph einer proportionalen Funktion ist eine **Gerade durch den Ursprung** des Koordinatensystems; dabei ist m die **Steigung** dieser Geraden.

Das rechtwinklige Dreieck mit waagrechter Kathete der Länge 1 LE und senkrechter Kathete der Länge m LE heißt **Steigungsdreieck**.

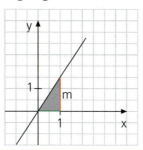

Die Funktionen der indirekten Proportionalität

Zwei Größen x und y heißen zueinander **indirekt proportional**, wenn gilt: Verdoppelt, verdreifacht, vervierfacht … , halbiert, drittelt … man den Wert der einen Größe x, so halbiert, drittelt, viertelt … , verdoppelt, verdreifacht … sich der Wert der anderen Größe y.
Dem k-Fachen von x entspricht der k-te Teil von y und umgekehrt (k ∈ ℝ \ {0}).
Das Produkt xy von zwei zueinander indirekt proportionalen Größen hat stets einen **festen** Wert: x · y = a; a ∈ ℝ \ {0}, d. h. $y = \frac{a}{x}$ für x ≠ 0.

Jede Funktion f: **f(x) = $\frac{a}{x}$**; a ∈ ℝ \ {0}; D_f = ℝ \ {0}, beschreibt die indirekte Proportionalität der beiden von null verschiedenen Variablen x und y = f(x). Der zugehörige Funktionsgraph heißt **Hyperbel**.

Beispiel:
f: $f(x) = \frac{1}{x}$; D_f = ℝ \ {0}

Man sagt: Die x-Achse ist eine **waagrechte Asymptote**, die y-Achse eine **senkrechte Asymptote** des Funktionsgraphen.

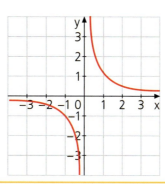

Grundwissen – Quadratische Funktionen

Quadratische Funktionen

Der Graph der (speziellen) **quadratischen Funktion f: f(x) = x²; D_f = ℝ**, heißt **Normalparabel**. Die Wertemenge W_f von f ist $\mathbb{R}_0^+$.

Parabel

Jede Funktion f: f(x) = ax² + bx + c; D_f = ℝ; a ∈ ℝ \ {0}; b, c ∈ ℝ, heißt **quadratische Funktion**. Sie kann zwei Nullstellen oder genau eine Nullstelle oder keine Nullstelle besitzen. Der Graph jeder quadratischen Funktion ist eine **Parabel**, deren Symmetrieachse durch den Parabelscheitel verläuft und entweder die y-Achse oder eine Parallele zur y-Achse ist.

Scheitelform der Parabelgleichung

Der Funktionsterm f(x) jeder quadratischen Funktion lässt sich mithilfe von **quadratischer Ergänzung** in die **Scheitelform** $a(x - d)^2 + e$ bringen; der Parabelscheitel ist dann S (d | e).

Quadratische Ergänzung

Beispiele:

(1) $f_1(x) = x^2 - 6x + 8 = \left[x^2 - 6x + \left(\frac{6}{2}\right)^2\right] - \left(\frac{6}{2}\right)^2 + 8 = (x^2 - 6x + 3^2) - 9 + 8 = (x - 3)^2 - 1$; D_{f_1} = ℝ

Scheitel der Parabel $P_1 = G_{f_1}$ ist S_1 (3 | –1); Wertemenge von f_1 ist W_{f_1} = [–1; ∞[.

(2) $f_2(x) = 2x^2 + 8x + 12 = 2 \cdot [x^2 + 4x] + 12 = 2[x^2 + 4x + \left(\frac{4}{2}\right)^2 - 2^2] + 12 = 2[(x^2 + 4x + 2^2) - 4] + 12 = 2[(x + 2)^2 - 4] + 12 = 2(x + 2)^2 - 8 + 12 = 2[x - (-2)]^2 + 4$; D_{f_2} = ℝ

Scheitel von $P_2 = G_{f_2}$ ist S_2 (–2 | 4); Wertemenge von f_2 ist W_{f_2} = [4; ∞[.

Allgemein:

Für	ist die Parabel P mit der Gleichung y = ax² + bx + c	
a < –1	nach unten geöffnet	und enger als die Normalparabel.
a = –1	nach unten geöffnet	und kongruent zur Normalparabel.
–1 < a < 0	nach unten geöffnet	und weiter als die Normalparabel.
0 < a < 1	nach oben geöffnet	und weiter als die Normalparabel.
a = 1	nach oben geöffnet	und kongruent zur Normalparabel.
a > 1	nach oben geöffnet	und enger als die Normalparabel.

Jede dieser Parabeln kann mit der x-Achse zwei Punkte (Schnittpunkte), genau einen Punkt (Berührpunkt) oder keinen Punkt gemeinsam haben; mit der y-Achse hat sie stets genau einen Punkt (Schnittpunkt) gemeinsam.

Grundwissen – Ganzrationale Funktionen

Ganzrationale Funktionen

Jede Funktion f mit $f(x) = a_n x^n + a_{n-1} x^{n-1} + \ldots + a_2 x^2 + a_1 x + a_0$; $n \in \mathbb{N}_0$; $a_n \in \mathbb{R}\setminus\{0\}$; $a_{n-1}, \ldots, a_3, a_2, a_1, a_0 \in \mathbb{R}$, heißt **ganzrationale Funktion n-ten Grads** oder **Polynomfunktion**; ihr Funktionsterm wird als **Polynom** (n-ten Grads) bezeichnet.

Definitionsmenge

Ihre (über der Grundmenge $\mathbb{R}$) maximale **Definitionsmenge** ist $D_f = \mathbb{R}$. Die Zahlen $a_n, a_{n-1}, \ldots, a_3, a_2, a_1, a_0$ heißen **Koeffizienten** des Polynoms f(x).

Nullstellen

Nullstellen von f sind Lösungen der Gleichung f(x) = 0.
Kennt man eine Lösung x_1 der Gleichung f(x) = 0, so kann man f(x) faktorisieren: $f(x) = (x - x_1) \cdot g(x)$. Den Term g(x), ein Polynom vom Grad n – 1, findet man durch **Polynomdivision**. Nullstellen können einfach oder mehrfach sein.

Beispiele:
$f_1(x) = (x + 2)(x - 1)$ $x_1 = -2$ und $x_2 = 1$: zwei (einfache) Nullstellen
$f_2(x) = (x - 3)^2$ $x_{1,2} = 3$: eine (doppelte) Nullstelle
$f_3(x) = (x - 1)^3$ $x_{1,2,3} = 1$: eine (dreifache) Nullstelle

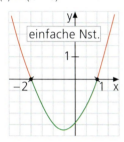
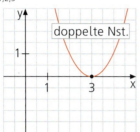
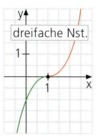

Hat f an der Stelle x = a eine **k-fache Nullstelle**, dann ist diese im Fall

k = 1	k = 2	k = 3
eine *einfache* Nullstelle,	eine *doppelte* Nullstelle,	eine *dreifache* Nullstelle,
und f(x) wechselt an der Stelle a das Vorzeichen „von + nach –" oder „von – nach +".	und f(x) wechselt an der Stelle a das Vorzeichen nicht.	und f(x) wechselt an der Stelle a das Vorzeichen „von + nach –" oder „von – nach +".

Verhalten im Unendlichen

Das Verhalten einer ganzrationalen Funktion n-ten Grads für betragsgroße Werte von x wird durch den Summanden $a_n x^n$ bestimmt.

Beispiele:
f: $f(x) = -2x^3 + 3x$; $D_f = \mathbb{R}$ Für $x \to \infty$ gilt $f(x) \to -\infty$; für $x \to -\infty$ gilt $f(x) \to \infty$.
g: $g(x) = x^4 - 2x^2 + 1$; $D_g = \mathbb{R}$ Für $x \to \infty$ gilt $g(x) \to \infty$; für $x \to -\infty$ gilt $g(x) \to \infty$.

Symmetrieverhalten

- **Punktsymmetrie zum Ursprung**
- **Achsensymmetrie zur y-Achse**

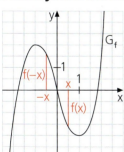
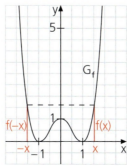

Ist für jeden Wert von $x \in D_f$ stets
f(–x) = –f(x), so ist der Graph G_f
punktsymmetrisch zum Ursprung.

Ist für jeden Wert von $x \in D_f$ stets
f(–x) = f(x), so ist der Graph G_f
achsensymmetrisch zur y-Achse.

Grundwissen – Potenzfunktionen mit natürlichen Exponenten; gebrochenrationale Funktionen

Potenzfunktionen

Jede Funktion f: **f(x) = a · x^n**; $a \in \mathbb{R}\setminus\{0\}$; $n \in \mathbb{N}$; $D_f = \mathbb{R}$, heißt **Potenzfunktion** (n-ten Grads), ihr Graph (für n > 1) **Parabel** (n-ter Ordnung).
Im Fall $a \in \mathbb{R}^+$ hat f für jeden geraden Wert von n die Wertemenge $\mathbb{R}_0^+$, für jeden ungeraden Wert von n die Wertemenge $\mathbb{R}$.

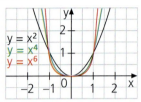 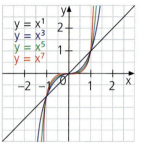

Eigenschaften der **Graphen** von Potenzfunktionen mit a = 1 und

geradem Exponenten $n \in \mathbb{N}$:
Der Funktionsgraph
- ist symmetrisch zur y-Achse,
- verläuft nur durch den I. und den II. Quadranten und
- enthält die Punkte (–1 | 1), (0 | 0) und (1 | 1).

ungeradem Exponenten $n \in \mathbb{N}$:
Der Funktionsgraph
- ist punktsymmetrisch zum Ursprung,
- verläuft nur durch den I. und den III. Quadranten und
- enthält die Punkte (–1 | –1), (0 | 0) und (1 | 1).

Gebrochenrationale Funktionen

Der Funktionsterm einer **gebrochenrationalen Funktion** ist ein Bruchterm aus zwei Polynomen, der die Variable mindestens im Nennerterm enthält.
Beispiele: $f_1: f_1(x) = \frac{1}{x}$; $D_{f_1} = \mathbb{R}\setminus\{0\}$; $f_2: f_2(x) = \frac{2x-4}{x+1}$; $D_{f_2} = \mathbb{R}\setminus\{-1\}$;

$f_3: f_3(x) = \frac{x^2}{x^2+1}$; $D_{f_3} = \mathbb{R}$; $f_4: f_4(x) = \frac{3}{1-x}$; $D_{f_4} = \mathbb{R}\setminus\{1\}$.

Definitionslücken

Die Definitionsmenge D_f einer gebrochenrationalen Funktion f enthält diejenigen Werte der Variablen, für die das Nennerpolynom gleich null wird, **nicht**: Die Nullstellen des Nennerterms sind **Definitionslücken** der Funktion f.

Nullstellen

Nullstellen einer gebrochenrationalen Funktion f sind diejenigen Nullstellen des Zählerpolynoms, die zu D_f gehören.

Beispiele:
(1) f: $f(x) = \frac{1}{x-1}$; $D_f = \mathbb{R}\setminus\{1\}$

(2) f: $f(x) = \frac{10x}{x^2+1}$; $D_f = \mathbb{R}$

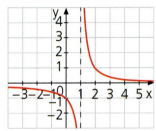

Die Funktion f hat die Definitionslücke 1; f besitzt keine Nullstelle.

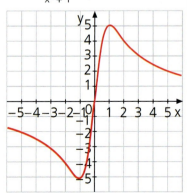

Der Nennerterm hat stets mindestens den Wert 1; er wird also nie gleich null, und deshalb hat f keine Definitionslücke. Die Funktion f hat die Nullstelle 0.

Grundwissen – Exponentialfunktionen

Exponentialfunktionen

Jede Funktion f mit **f(x) = a^x**; a ∈ ℝ$^+$\{1}; D_f = ℝ, heißt **Exponentialfunktion**.

Beispiele: Die Abbildung zeigt die Graphen der Exponentialfunktionen
f: f(x) = 2^x; D_f = ℝ, und g: g(x) = $\left(\frac{1}{2}\right)^x$; D_g = ℝ:

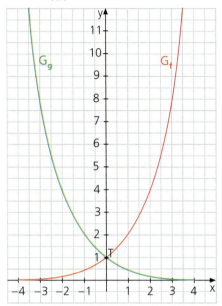

Eigenschaften dieser Exponentialfunktionen:

- Für a > 1 werden die Funktionswerte mit zunehmenden Werten von x immer größer; für 0 < a < 1 werden die Funktionswerte mit zunehmenden Werten von x immer kleiner, ohne jedoch den Wert null zu erreichen.
- Die Wertemenge ist W = ℝ$^+$.
- Der Graph hat zwar mit der x-Achse keinen Punkt gemeinsam, kommt ihr aber beliebig nahe: die x-Achse ist horizontale **Asymptote** des Graphen.
- Der Graph schneidet die y-Achse im Punkt T (0 | 1).
- Die Graphen der beiden Funktionen f_a: $f_a(x) = a^x$ und g_a: $g_a(x) = \left(\frac{1}{a}\right)^x$ mit $D_{f_a} = D_{g_a} = ℝ$ sind symmetrisch zueinander bezüglich der y-Achse.

Grundwissen – Sinusfunktion; Kosinusfunktion

Sinusfunktion Kosinusfunktion

Die Funktion f: **f(x) = sin x**; $D_f = \mathbb{R}$, heißt **Sinusfunktion**, ihr Graph **Sinuskurve**; die Funktion g: **g(x) = cos x**; $D_g = \mathbb{R}$, heißt **Kosinusfunktion**, ihr Graph **Kosinuskurve**.

Den **Graphen** der **Sinusfunktion** erhält man, indem man auf der x-Achse den Winkel x im Bogenmaß und als y-Koordinate den zu x gehörenden Sinuswert abträgt:

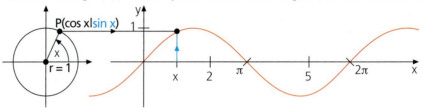

$W_f = [-1; 1]$ **Sinuskurve**

Den **Graphen** der **Kosinusfunktion** erhält man, indem man auf der x-Achse den Winkel x im Bogenmaß und als y-Koordinate den zu x gehörenden Kosinuswert abträgt:

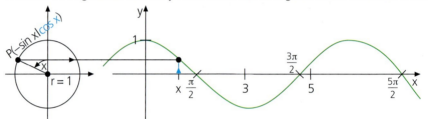

$W_g = [-1; 1]$ **Kosinuskurve**

	Sinusfunktion	Kosinusfunktion
Funktionsgleichung	y = sin x	y = cos x
Definitionsmenge	$\mathbb{R}$	$\mathbb{R}$
Wertemenge	[-1; 1]	[-1; 1]
Nullstellen	$x_k = k\pi; k \in \mathbb{Z}$	$x_k = (2k+1) \cdot \frac{\pi}{2}; k \in \mathbb{Z}$
Periode	2π	2π

Die allgemeine Sinusfunktion

Funktionsgleichung: **y = a sin [b(x + c)] + d**; $a, b \neq 0$

Periode: $\frac{2\pi}{|b|}$

Parameter	Funktionsgleichung	Der Graph der Funktion f: f(x) = sin x; $D_f = \mathbb{R}$,
a	y = a sin x	wird in y-Richtung mit dem Faktor $|a|$ gestreckt.
b	y = sin (bx)	wird in x-Richtung mit dem Faktor $\frac{1}{|b|}$ gestreckt.
c	y = sin (x + c)	wird in x-Richtung um −c verschoben.
d	y = sin x + d	wird in y-Richtung um d verschoben.

Entsprechendes gilt für die allgemeine Kosinusfunktion.

Grundwissen – Lineare Gleichungssysteme mit zwei Variablen

Grundbegriffe

Zwei lineare Gleichungen, die zwei Variable enthalten, bilden ein lineares Gleichungssystem.

Beispiel: I $2x + y = 5$ II $x - y = 1$

Zu jeder der beiden Gleichungen existieren unendlich viele Lösungen. Sie lassen sich durch Punkte des Graphen der entsprechenden linearen Funktion veranschaulichen. Die Koordinaten $x_s = 2$; $y_s = 1$ des Schnittpunkts S (2 | 1) der beiden zugehörigen Geraden erfüllen als einzige beide Gleichungen; sie bilden zusammen die (einzige) Lösung des Gleichungssystems, dessen Lösungsmenge also $L = \{(2; 1)\}$ ist.

Ein lineares Gleichungssystem besitzt keine Lösung, genau eine Lösung oder unendlich viele Lösungen, je nachdem, ob die zugehörigen Geraden zueinander parallel sind, einander schneiden oder zusammenfallen.

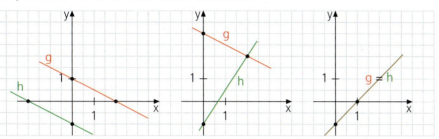

Graphische Lösung

Die Lösung kann graphisch gefunden werden, indem man die zugehörigen Geraden in ein Koordinatensystem einträgt und die Koordinaten ihres Schnittpunkts abliest.

Rechnerische Lösung

Gleichsetzungsverfahren

1. Auflösen beider Gleichungen nach derselben Variablen
2. Gleichsetzen der beiden neuen rechten Seiten
3. Lösen der so erhaltenen Gleichung, die nur noch *eine* Variable enthält
4. Einsetzen der Lösung in eine der beiden Gleichungen und Ermitteln des Werts der anderen Variablen
5. Angeben der Lösungsmenge

Einsetzungsverfahren

1. Auflösen einer der Gleichungen nach einer der Variablen
2. Einsetzen des gefundenen Terms in die andere Gleichung
3. Lösen der so erhaltenen Gleichung, die nur noch *eine* Variable enthält
4. Einsetzen der Lösung in eine der beiden Gleichungen und Ermitteln des Werts der anderen Variablen
5. Angeben der Lösungsmenge

Additionsverfahren

Unterscheiden sich bei einem Gleichungssystem die Koeffizienten einer Variablen nur durch das Vorzeichen, so ist es günstig, die beiden Gleichungen zu addieren, da dann eine der beiden Variablen „wegfällt". Man nennt dieses Lösungsverfahren **Additionsverfahren**.

Beispiel:
I $4x + 3y = 23$;
II $2x - 3y = 7$;
I + II $6x = 30$; | : 6
       $x = 5$ in Gleichung I eingesetzt: $20 + 3y = 23$; $y = 1$; $L = \{(5; 1)\}$

Verallgemeinerung:
Wenn keine der beiden Variablen sofort durch bloßes Addieren „wegfällt", muss man eine der Gleichungen (oder beide Gleichungen) vor dem Addieren zunächst mit einem geeigneten Faktor (bzw. mit geeigneten Faktoren) multiplizieren.

Natürlich führt jedes dieser drei Verfahren zur gleichen Lösungsmenge.

Grundwissen – Lineare Gleichungssysteme mit drei Variablen; Prozentrechnung; arithmetisches Mittel

Lineare Gleichungssysteme mit drei Variablen	Bei der Lösung eines Gleichungssystems mit drei Variablen geht man schrittweise vor:

1. Schritt:
Man eliminiert zunächst aus zwei Gleichungspaaren eine der drei Unbekannten.
2. Schritt:
Dann löst man das entstehende Gleichungssystem mit zwei Unbekannten.
3. Schritt:
Mithilfe der eben gefundenen Lösung bestimmt man den Wert der dritten Unbekannten und gibt die Lösungsmenge an.

Beispiel:
I $x + y + z = 4$
II $2x + 3y - z = -14$
III $x + 2y + z = 0$

1. Schritt:
I + II $3x + 4y = -10$ (1)
II + III $3x + 5y = -14$ (2)

2. Schritt:
(2) – (1) $y = -4$ eingesetzt in (1)
$3x + 4 \cdot (-4) = -10;$
$3x - 16 = -10; | + 16$
$3x = 6; | : 3$
$x = 2$ und $y = -4$ eingesetzt in I

3. Schritt:
$2 + (-4) + z = 4; | + 2$
$z = 6$ $L = \{(2; -4; 6)\}$

Anteile als Brüche, als Dezimalzahlen und in Prozent

Um Anteile besser vergleichen zu können, werden sie oft in **Prozent** (geschrieben: %) angegeben. 1% bedeutet $\frac{1}{100} = 0{,}01$.

Häufige Prozentsätze: $10\% = \frac{10}{100} = \frac{1}{10} = 0{,}10;$ $25\% = \frac{25}{100} = \frac{1}{4} = 0{,}25;$

$50\% = \frac{50}{100} = \frac{1}{2} = 0{,}50;$ $75\% = \frac{75}{100} = \frac{3}{4} = 0{,}75;$ $100\% = \frac{100}{100} = 1.$

Grundwert Prozentsatz Prozentwert

Das **Ganze**, dessen Anteile verglichen werden, bildet den **Grundwert**. Jeden **Anteil** am Ganzen, also am Grundwert, kann man (in **Bruchform** oder) in **Prozent** angeben; er stellt den **Prozentsatz** dar. Der jeweilige **Teil** des Ganzen bildet den **Prozentwert**.

Beispiel: An der Klassensprecherwahl beteiligten sich 30 Kinder; Gregor erhielt 24 Stimmen. Wie viel Prozent der Stimmen erhielt er?

Grundwert: 30   Prozentwert: 24
Prozentsatz (Anteil in %): $\frac{24}{30} = \frac{4}{5} = \frac{80}{100} = 80\%$.

Wird der Grundwert (z. B. der Preis einer Ware) um p Prozent erhöht, so steigt er auf das $(1 + \frac{p}{100})$-Fache des ursprünglichen Werts.

Wird der Grundwert (z. B. der Preis einer Ware) um p Prozent vermindert, so nimmt er auf das $(1 - \frac{p}{100})$-Fache des ursprünglichen Werts ab.

Arithmetisches Mittel

Arithmetisches Mittel = $\frac{\text{Summe aller Einzelwerte}}{\text{Anzahl aller Einzelwerte}}$

Beispiel:
Einzelwerte: 4,5 m; 4,1 m; 3,8 m
Arithmetisches Mittel (Mittelwert): $\frac{4{,}5\,\text{m} + 4{,}1\,\text{m} + 3{,}8\,\text{m}}{3} = \frac{12{,}4\,\text{m}}{3} \approx 4{,}1\,\text{m}$

Grundwissen – Dreisatz; Größen und ihre Einheiten

Dreisatz

Gehört zum Doppelten, Dreifachen, Vierfachen ... einer Größe das Doppelte, Dreifache, Vierfache ... einer anderen Größe, so kann man von einem Vielfachen der einen Größe auf das entsprechende Vielfache der anderen Größe schließen.

Beispiele:

(1) Lucas bezahlt für 12 Semmeln 4,32 €. Wie viel kosten 15 Semmeln?

   Lösung: 12 Semmeln kosten 4,32 €.
   1 Semmel kostet (4,32 € : 12 =) 0,36 € („Schluss auf die Einheit").
   15 Semmeln kosten (15 · 0,36 € =) 5,40 €.

(2) Herr Huber muss für die Wohnungsmiete 875 €, das sind 35% seines Monatsgehalts, bezahlen. Wie viel Geld verdient Herr Huber monatlich?

   Lösung: 35% seines Monatsgehalts entsprechen 875 €.
   1% seines Monatsgehalts entspricht (875 € : 35 =) 25 €
   („Schluss auf die Einheit").
   100% seines Monatsgehalts entsprechen (100 · 25 € =) 2 500 €.

Länge

1 km = 1 000 m   1 m = 0,001 km
1 m = 10 dm = 100 cm = 1 000 mm   1 dm = 0,1 m
1 dm = 10 cm = 100 mm   1 cm = 0,1 dm = 0,01 m
1 cm = 10 mm   1 mm = 0,1 cm = 0,01 dm = 0,001 m

Masse

1 t = 1 000 kg   1 kg = 1 000 g   1 g = 1 000 mg
1 kg = 0,001 t   1 g = 0,001 kg   1 mg = 0,001 g

Flächeninhalt

1 km² = 100 ha   1 ha = 100 a   1 a = 100 m²
1 m² = 100 dm²   1 dm² = 100 cm²   1 cm² = 100 mm²
1 ha = 0,01 km²   1 a = 0,01 ha   1 m² = 0,01 a
1 dm² = 0,01 m²   1 cm² = 0,01 dm²   1 mm² = 0,01 cm²

Volumen (Rauminhalt)

1 km³ = 1 000 000 000 m³   1 m³ = 1 000 dm³   1 dm³ = 1 000 cm³
1 cm³ = 1 000 mm³   1 m³ = 0,000 000 001 km³   1 dm³ = 0,001 m³
1 cm³ = 0,001 dm³   1 mm³ = 0,001 cm³

1 m³ = 10 hl; 1 hl = 100 l; 1 l = 1 dm³ = 0,01 hl; 1 ml = 1 cm³ = 0,001 l
1 l = 1 000 cm³ = 1 000 ml; 1 ml = 1 cm³ = 1 000 mm³

Geschwindigkeit

$1 \frac{m}{s} = 3,6 \frac{km}{h}$ $1 \frac{km}{h} = \frac{5}{18} \frac{m}{s} \approx 0,28 \frac{m}{s}$

Grundwissen – Stochastik: Grundbegriffe

Tabellen und Diagramme

Tabelle:

Note	1	2	3	4	5	6
Anzahl	2	6	10	6	4	2
Anteil in Prozent	≈ 7%	20%	≈ 33%	20%	≈ 13%	≈ 7%

Säulendiagramm:

Bilddiagramm:

Kreisdiagramm:

Blockdiagramm (Streifendiagramm):

1	2	3	4	5	6

Zufallsexperimente

Zufallsexperimente sind Vorgänge, deren Ergebnis **zufällig**, also nicht vorhersagbar ist.

Beispiele: Würfeln mit einem Spielwürfel, Ziehen der Lottozahlen, Drehen eines Glücksrads. Lucas würfelt 30-mal; er unterscheidet **T**reffer (z. B. Werfen der Augenanzahl 1) und **N**iete (hier: Werfen einer der Augenanzahlen 2; 3; 4; 5 bzw. 6). Darstellung des Ergebnisses in einer

Strichliste:

Augenanzahl	Anzahl
1						
nicht 1	|||| |||| |||| |||| ||||

Tabelle:

Augenanzahl	Anzahl
1	6
nicht 1	24

Je nachdem, ob man ein Zufallsexperiment in **einem** oder in **mehreren** Schritten durchführt, nennt man es **einstufig** oder **mehrstufig**.

Ergebnismenge

Alle möglichen Ergebnisse eines Zufallsexperiments fasst man zu einer **Ergebnismenge** (man spricht auch von einem **Ergebnisraum**) zusammen; sie wird häufig mit dem Buchstaben Ω bezeichnet.

Beispiel: Zweimaliges Werfen einer 2-€-Münze
Mögliche Ergebnisse: **WW; WZ; ZW; ZZ**
Ergebnismenge Ω = {**WW; WZ; ZW; ZZ**}

Die möglichen Ergebnisse eines Zufallsexperiments lassen sich durch ein **Baumdiagramm** übersichtlich darstellen:

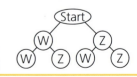

Ereignis

Sicheres Ereignis
Unmögliches Ereignis
Gegenereignis

Werden bestimmte Ergebnisse eines Zufallsexperiments zusammengefasst, so erhält man ein **Ereignis** (z. B. Werfen einer geraden Augenanzahl). Die Ergebnisse, die zu diesem Ereignis gehören, heißen **günstige Ergebnisse** (im Beispiel: die Augenanzahlen 2 und 4 und 6). Ein Ereignis, für das alle möglichen Ergebnisse eines Zufallsexperiments günstig sind, heißt **sicheres Ereignis**. Ein Ereignis, das bei diesem Zufallsexperiment nicht eintreten kann, heißt **unmögliches Ereignis**. Alle für ein Ereignis E ungünstigen Ergebnisse bilden zusammen dessen **Gegenereignis** $\overline{E}$ (im Beispiel: Werfen einer ungeraden Augenanzahl).
Ereignisse werden häufig in Mengenform angegeben.

Grundwissen – Stochastik: Grundbegriffe

Absolute und relative Häufigkeit

Man führt ein Zufallsexperiment n-mal durch. Tritt dabei ein bestimmtes Versuchsergebnis k-mal ein, so bezeichnet man k als **absolute Häufigkeit** dieses Versuchsergebnisses und den Anteil $\frac{k}{n}$ an der Gesamtanzahl n der Durchführungen des Zufallsexperiments als **relative Häufigkeit** dieses Versuchsergebnisses. Führt man ein Zufallsexperiment sehr oft durch, so ändert sich die relative Häufigkeit, mit der ein Ereignis E eintritt, schließlich nur noch sehr wenig: Die relative Häufigkeit des Ereignisses E schwankt um eine feste Zahl. Diese Zahl bezeichnet man als die **Wahrscheinlichkeit** des Ereignisses E. Die relative Häufigkeit eines Ereignisses E ist ein **Schätzwert** für die Wahrscheinlichkeit dieses Ereignisses.

Wahrscheinlichkeit

Laplace-Experimente

Laplace-Experimente: Zufallsexperimente, bei denen jedes der möglichen Ergebnisse **gleich wahrscheinlich** ist. Sind bei einem Laplace-Experiment 2 (3; 4; 5; 6; … n) verschiedene Ergebnisse möglich, so beträgt die Wahrscheinlichkeit für jedes dieser Ergebnisse $\frac{1}{2}$ ($\frac{1}{3}$; $\frac{1}{4}$; $\frac{1}{5}$; $\frac{1}{6}$; … $\frac{1}{n}$).

Dementsprechend nennt man einen idealen Spielwürfel einen **Laplace-Würfel** (L-Würfel), eine ideale Münze **Laplace-Münze** (L-Münze).

Bei Laplace-Experimenten kann man die Wahrscheinlichkeit P(E) eines Ereignisses E direkt berechnen:

$$P(E) = \frac{\text{Anzahl der Ergebnisse, bei denen das Ereignis E eintritt}}{\text{Anzahl aller möglichen Ergebnisse des Zufallsexperiments}}$$

$$= \frac{\text{„Anzahl der günstigen Ergebnisse"}}{\text{„Anzahl aller möglichen Ergebnisse"}}$$

Laplace-Wahrscheinlichkeit

Zählprinzip

Es sollen z. B. vier Stellen besetzt werden.

Gibt es für die Besetzung der   1. Stelle   2. Stelle   3. Stelle   4. Stelle
                                    n_1 n_2 n_3 n_4

verschiedene Möglichkeiten, so gibt es insgesamt $n_1 \cdot n_2 \cdot n_3 \cdot n_4$ verschiedene Besetzungsmöglichkeiten.

Beispiel:
Wie viele verschiedene vierstellige natürliche Zahlen kann man aus den Ziffern 2; 4; 7; 0 bilden, wenn jede dieser Ziffern

a) genau einmal vorkommen soll?

b) auch mehr als einmal vorkommen darf?

Lösung:
a) Anzahl der möglichen Zahlen: $3 \cdot 3 \cdot 2 \cdot 1 = 18$
b) Anzahl der möglichen Zahlen: $3 \cdot 4 \cdot 4 \cdot 4 = 192$

Baumdiagramme

Pfadregeln

Ein mehrstufiges Zufallsexperiment kann man durch ein **Baumdiagramm** veranschaulichen. *Beispiel*: Eine L-Münze wird dreimal geworfen:

- Die Wahrscheinlichkeit für ein Ergebnis ist gleich dem **Produkt** der Wahrscheinlichkeiten auf dem Pfad, der zu diesem Ergebnis führt.
  So ist z. B. P(„dreimal WAPPEN") = P(WWW) = $\frac{1}{2} \cdot \frac{1}{2} \cdot \frac{1}{2} = \frac{1}{8}$.

- Die Wahrscheinlichkeit eines Ereignisses ist gleich der **Summe** der Wahrscheinlichkeiten für die zugehörigen Ergebnisse am Ende der Pfade.
  So ist z. B. P(„genau zweimal ZAHL") = P(WZZ; ZWZ; ZZW) = $\frac{1}{8} + \frac{1}{8} + \frac{1}{8} = \frac{3}{8}$.

Grundwissen – Stochastik: Urnenmodelle; bedingte Wahrscheinlichkeit; Vierfeldertafel

Urnenmodelle

Viele Zufallsexperimente lassen sich durch ein sog. **Urnenmodell simulieren**; dabei verwendet man verschiedenfarbige, aber sonst nicht unterscheidbare Kugeln in einer Urne. Das Experiment besteht darin, dass man aus der Urne n-mal nacheinander je eine Kugel „blind" zieht und deren Farbe notiert. Dabei unterscheidet man zwei Möglichkeiten:
- Es wird eine Kugel gezogen und nach dem Notieren ihrer Farbe wieder in die Urne zurückgelegt (**Ziehen mit Zurücklegen**):
  Die Zusammensetzung des Urneninhalts ändert sich nicht.
- Es wird eine Kugel gezogen und nach dem Notieren ihrer Farbe nicht wieder in die Urne zurückgelegt (**Ziehen ohne Zurücklegen**):
  Die Zusammensetzung des Urneninhalts ändert sich bei jedem Zug.

Bedingte Wahrscheinlichkeit

Bei einem Zufallsexperiment interessiert man sich für die Wahrscheinlichkeit P(A), dass ein bestimmtes Ereignis A eintritt. Erhält man die Information, dass – noch ehe das Ereignis A eintritt – schon das Ereignis B eingetreten ist, dann sind nur noch *die* Ergebnisse von A von Bedeutung, die unter der Voraussetzung „B ist eingetreten" eintreten. Es fallen somit alle Ergebnisse des zweistufigen Zufallsexperiments weg, die nicht zu B gehören, und für das Ereignis A sind nur noch *die* Ergebnisse günstig, die der Menge A ∩ B angehören.
Die zugehörige Wahrscheinlichkeit $P_B(A)$ (gelesen: „Wahrscheinlichkeit von A unter der Bedingung B") für das Ereignis A heißt **bedingte Wahrscheinlichkeit**.
Darunter versteht man also die Wahrscheinlichkeit, mit der das Ereignis A unter der Voraussetzung, dass B bereits eingetreten ist, eintritt; für sie gilt $\mathbf{P_B(A)} = \dfrac{P(A \cap B)}{P(B)}$.

Beispiel:
Aus einer Urne, die vier weiße und sechs rote Kugeln enthält, werden nacheinander (ohne Zurücklegen) zwei Kugeln gezogen.
Ermitteln Sie mithilfe eines Baumdiagramms die Wahrscheinlichkeit dafür, dass
a) die erste Kugel rot ist.
b) beide Kugeln rot sind.
c) die zweite Kugel rot ist unter der Voraussetzung, dass bereits die erste Kugel rot war.

Lösung:
a) P(erste Kugel rot) = $\dfrac{6}{10}$ = 60 %
b) P(beide Kugeln rot) = $\dfrac{6}{10} \cdot \dfrac{5}{9} = \dfrac{1}{3} \approx 33\%$
c) $P_{\text{erste Kugel rot}}$(zweite Kugel rot) = $\dfrac{5}{9} \approx 56\%$

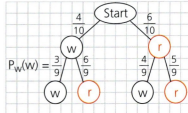

Vierfeldertafel

Wenn zwei Merkmale mit je zwei Ausprägungen betrachtet werden, kann man die Wahrscheinlichkeiten damit zusammenhängender Ereignisse in einer **Vierfeldertafel** darstellen.
Beispiel:
Vierfeldertafel zur Ermittlung der Wahrscheinlichkeiten bei obigem Experiment:

	2. Kugel **w**	2. Kugel **r**	
1. **w**	$\dfrac{4}{10} \cdot \dfrac{3}{9} = \dfrac{2}{15}$	$\dfrac{4}{10} \cdot \dfrac{6}{9} = \dfrac{4}{15}$	$\dfrac{2}{5}$
1. **r**	$\dfrac{6}{10} \cdot \dfrac{4}{9} = \dfrac{4}{15}$	$\dfrac{6}{10} \cdot \dfrac{5}{9} = \mathbf{\dfrac{1}{3}}$	$\mathbf{\dfrac{3}{5}}$
	$\dfrac{2}{5}$	$\dfrac{3}{5}$	1

Die bedingte Wahrscheinlichkeit von Teilaufgabe c) lässt sich hiermit als Quotient angeben:

$P_{\text{erste Kugel rot}}$(zweite Kugel rot) = $\dfrac{\frac{1}{3}}{\frac{3}{5}} = \dfrac{5}{9}$

Grundwissen – Geometrische Grundbegriffe

Strecke [AB] mit den Endpunkten A und B und der Streckenlänge $\overline{AB}$

Gerade AB

Halbgerade (Strahl) [AB mit Anfangspunkt A

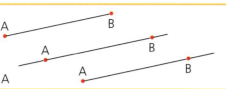

**Strecke
Gerade
Halbgerade**

Geraden, Halbgeraden oder Strecken, die miteinander einen rechten Winkel bilden, stehen **aufeinander senkrecht**. Zwei Geraden g und h (der Zeichenebene) heißen **zueinander parallel**, wenn es eine dritte Gerade k gibt, die auf jeder der beiden senkrecht steht.

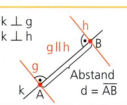

Aufeinander senkrechte und zueinander parallele Geraden

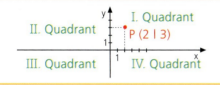

x-Koordinate (Abszisse) von P: 2
y-Koordinate (Ordinate) von P: 3

Koordinatensystem

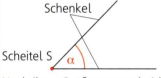

rechte Winkel am Geodreieck

Die Größe eines Winkels wird in Grad (°) gemessen. Jeder rechte Winkel hat 90°.

Winkel

Nach ihrer Größe unterscheiden wir folgende **Winkelarten**:

$0° < \alpha < 90°$	$\alpha = 90°$	$90° < \alpha < 180°$	$\alpha = 180°$	$180° < \alpha < 360°$	$\alpha = 360°$
spitzer Winkel	rechter Winkel	stumpfer Winkel	gestreckter Winkel	überstumpfer Winkel	Vollwinkel

Der Wert des Quotienten $\frac{b}{r}$ aus Bogenlänge und Radiuslänge eignet sich als Winkelmaß: Statt den Winkel α in Grad zu messen, kann man die Maßzahl der zugehörigen Bogenlänge im Einheitskreis (Kreis mit Radiuslänge 1 LE) verwenden; man nennt dieses Winkelmaß **Bogenmaß**.

Größe des Winkels α im Bogenmaß: $\frac{\pi\alpha}{180°}$.

Das Bogenmaß ist als Wert des Quotienten $\frac{b}{r}$ eine unbenannte reelle Zahl.

Bogenmaß

Grundwissen – Winkel; symmetrische Figuren

Winkel-bezeichnungen	$\alpha = \sphericalangle(g; h)$ 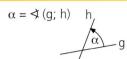	$\beta = \sphericalangle ASB$

Scheitelwinkel Nebenwinkel	**Scheitelwinkel**paare: α und γ; β und δ Scheitelwinkel sind gleich groß: $\alpha = \gamma$; $\beta = \delta$	**Nebenwinkel**paar: α und β Nebenwinkel bilden miteinander einen gestreckten Winkel: $\alpha + \beta = 180°$

Wechselwinkel und Stufenwinkel an parallelen Geraden	**Wechselwinkel** an parallelen Geraden sind gleich groß: $\varepsilon = \delta$; $\gamma = \varphi$ **Stufenwinkel** an parallelen Geraden sind gleich groß: $\alpha = \delta$; $\gamma = \beta$	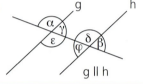 g ∥ h

Winkelsumme	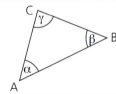 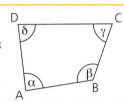	Die Summe der Innenwinkel jedes Dreiecks beträgt 180°: $\alpha + \beta + \gamma = 180°$. Die Summe der Innenwinkel jedes n-Ecks beträgt $(n-2) \cdot 180°$; $n \in \mathbb{N} \setminus \{1; 2\}$.

Achsen-symmetrische Figuren	Eine Figur ist **achsensymmetrisch**, wenn man sie so falten kann, dass ihre beiden Teile genau aufeinander passen; die Faltkante heißt dann **Symmetrieachse**. Zueinander achsensymmetrische Strecken sind gleich lang. Zueinander achsensymmetrische Winkel sind gleich groß und haben entgegengesetzten Drehsinn. Jeder Punkt der Symmetrieachse ist von zueinander achsensymmetrischen Punkten gleich weit entfernt. Die Verbindungsstrecke zueinander achsensymmetrischer Punkte wird von der Symmetrieachse rechtwinklig halbiert.

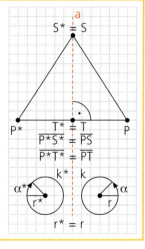

Punktsymmetrische Figuren	Eine Figur heißt **punktsymmetrisch**, wenn sie bei einer Drehung um 180° um einen Punkt Z (**Symmetriezentrum**) mit sich zur Deckung kommt. Zueinander punktsymmetrische Strecken sind gleich lang und zueinander parallel. Zueinander punktsymmetrische Winkel sind gleich groß und haben gleichen Drehsinn. Die Verbindungsstrecke zueinander punktsymmetrischer Punkte wird vom Symmetriezentrum halbiert.

Grundwissen – Symmetrische Vierecke; besondere Dreiecke

Symmetrische Vierecke

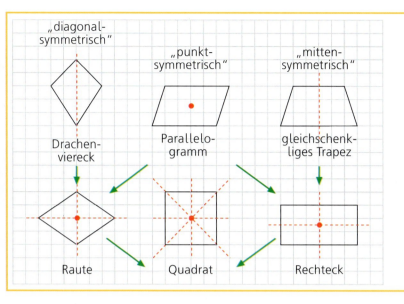

Besondere Dreiecke

Dreiecke mit einer Symmetrieachse heißen **gleichschenklig**.

Eigenschaften:
- Zwei Seiten (sie heißen **Schenkel**) sind gleich lang.
- Die der **Basis** anliegenden Winkel (sie heißen **Basiswinkel**) sind gleich groß.
- Die Symmetrieachse halbiert den Winkel an der Spitze und halbiert die Basis rechtwinklig.

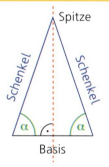

Dreiecke, deren drei Seiten gleich lang sind, heißen **gleichseitig**.

Eigenschaften:
- Jeder Innenwinkel misst 60°.
- Jedes gleichseitige Dreieck besitzt drei Symmetrieachsen; sie halbieren die Innenwinkel und halbieren die Dreiecksseiten rechtwinklig.
- Für die Länge h jeder der drei Höhen gilt $h = \frac{a}{2}\sqrt{3}$.
- Für den Flächeninhalt A gilt $A = \frac{a^2}{4}\sqrt{3}$.

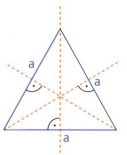

Dreiecke, bei denen ein Innenwinkel 90° misst, heißen **rechtwinklig**.

Eigenschaften:
- Der Scheitel des rechten Winkels liegt auf dem Kreis über der Hypotenuse als Durchmesser (Thaleskreis).
- Wenn die Ecke C eines Dreiecks ABC auf dem Kreis über der Seite [AB] als Durchmesser liegt, dann ist das Dreieck ABC rechtwinklig und C der Scheitel des rechten Winkels.

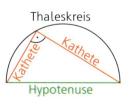

Satz von Pythagoras
Kathetensatz
Höhensatz

In jedem rechtwinkligen Dreieck besteht zwischen den Längen der Katheten und der Länge der Hypotenuse eine besondere Beziehung, die bereits im Altertum bekannt war:

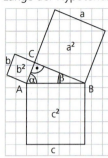 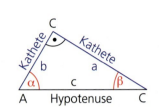 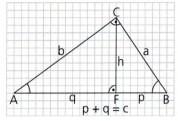

$$c^2 = a^2 + b^2$$

Diese Beziehung, der **Satz von Pythagoras**, lautet in Worten:
In jedem rechtwinkligen Dreieck hat das Quadrat über der Hypotenuse den gleichen Flächeninhalt wie die Quadrate über den beiden Katheten zusammen.

Der **Kathetensatz** lautet $a^2 = cp$; $b^2 = cq$. Der **Höhensatz** lautet $h^2 = pq$.

Umkehrung des Satzes von Pythagoras

Der Kehrsatz des Satzes von Pythagoras gilt ebenfalls:
Wenn für die Längen a, b und c der drei Seiten eines Dreiecks die Gleichung $a^2 + b^2 = c^2$ gilt, dann ist dieses Dreieck rechtwinklig.

Kongruenz

Lassen sich zwei Figuren vollständig miteinander zur Deckung bringen, so heißen sie **deckungsgleich** oder zueinander **kongruent**.

Kongruenzsätze

Kongruenzsätze für Dreiecke

Zwei Dreiecke sind kongruent, wenn sie

- in den Längen der drei Seiten übereinstimmen (sss-Satz).
- in den Längen von zwei Seiten und in der Größe von deren Zwischenwinkel übereinstimmen (sws-Satz).
- in der Länge einer Seite und in den Größen der beiden dieser Seite anliegenden Winkel übereinstimmen (wsw-Satz).
- in den Längen zweier Seiten und in der Größe des der längeren dieser beiden Seiten gegenüberliegenden Winkels übereinstimmen (SsW-Satz).

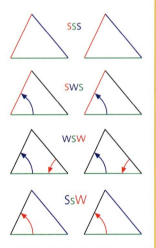

Grundwissen – Ähnlichkeit; Strahlensätze

Ähnliche Figuren
Ähnlichkeitsfaktor

Wird eine Originalfigur im Maßstab k (k ∈ ℝ⁺\{1}) vergrößert bzw. verkleinert, so nennt man die Bildfigur und die Originalfigur zueinander **ähnlich**. Der Maßstab k heißt **Ähnlichkeitsfaktor**.
Für zueinander ähnliche Figuren gilt:
- Einander entsprechende Winkel sind stets gleich groß.
- Längenverhältnisse einander entsprechender Strecken sind stets gleich.

Im Fall k = 1 sind Original- und Bildfigur zueinander **kongruent** (und damit ebenfalls zueinander ähnlich).

Ähnlichkeitssätze für Dreiecke

- Wenn zwei Dreiecke ABC und A'B'C' in allen **Längenverhältnissen entsprechender Seiten** übereinstimmen, dann sind sie zueinander ähnlich.
- Wenn zwei Dreiecke ABC und A'B'C' in den Größen aller **Winkel** übereinstimmen, dann sind sie zueinander ähnlich.

Strahlensätze

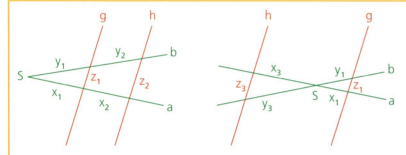

1. Strahlensatz

Wenn zwei Halbgeraden (Strahlen) bzw. zwei Geraden a und b mit dem gemeinsamen Punkt S von zwei zueinander parallelen Geraden g und h geschnitten werden, dann verhalten sich die Längen irgendwelcher zwei Abschnitte auf der einen Halbgeraden bzw. der einen Geraden ebenso wie die Längen der entsprechenden beiden Abschnitte auf der anderen Halbgeraden bzw. der anderen Geraden:
z. B. $\frac{x_1}{x_2} = \frac{y_1}{y_2}$ bzw. $\frac{x_1}{x_3} = \frac{y_1}{y_3}$.

2. Strahlensatz

Wenn zwei Halbgeraden (Strahlen) bzw. zwei Geraden a und b mit dem gemeinsamen Punkt S von zwei zueinander parallelen Geraden g und h geschnitten werden, dann verhalten sich die Längen der Parallelstrecken wie die Längen der vom Punkt S bis zu ihnen hin verlaufenden Abschnitte auf jeder der beiden Halbgeraden bzw. jeder der beiden Geraden: z. B. $\frac{z_1}{z_2} = \frac{x_1}{x_1 + x_2}$ bzw. $\frac{z_1}{z_3} = \frac{x_1}{x_3}$.

Umkehrung des 1. Strahlensatzes

Es gilt auch der **Kehrsatz** des **1. Strahlensatzes**:
Werden zwei Geraden a und b, die einander im Punkt S schneiden (oder zwei Halbgeraden a und b mit gemeinsamem Anfangspunkt S) von zwei Geraden g und h so geschnitten, dass das Verhältnis der Längen irgendwelcher zwei Abschnitte auf der (Halb-)Geraden a stets gleich dem Verhältnis der Längen der entsprechenden beiden Abschnitte auf der (Halb-)Geraden b ist, dann sind die beiden Geraden g und h zueinander parallel.

Der **Kehrsatz** des **2. Strahlensatzes** gilt **nicht**.

Grundwissen – Umfangslänge; Flächeninhalt

Umfangslänge und Flächeninhalt Rechteck (Quadrat)

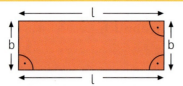

Rechteck (Länge l, Breite b)
Umfangslänge:
$U_{Rechteck} = 2 \cdot l + 2 \cdot b$
Flächeninhalt:
$A_{Rechteck} = l \cdot b$

Quadrat (Seitenlänge a)
Umfangslänge:
$U_{Quadrat} = 4 \cdot a$
Flächeninhalt:
$A_{Quadrat} = a \cdot a = a^2$

Umfangslänge und Flächeninhalt Parallelogramm

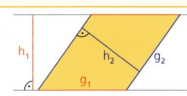

Parallelogramm
(Seitenlänge g, zugehörige Höhe h)
Umfangslänge: $U_{Parallelogramm} = 2(g_1 + g_2)$
Flächeninhalt: $A_{Parallelogramm} = g_1 \cdot h_1 = g_2 \cdot h_2$
(„Grundlinie mal zugehörige Höhe")

Umfangslänge und Flächeninhalt Dreieck

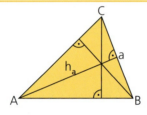
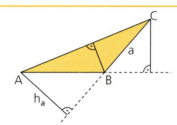

Jedes Dreieck besitzt drei Seiten, die man manchmal auch Grundlinien nennt.
Der Abstand einer Ecke von der gegenüberliegenden Seite (bzw. von deren Verlängerung) heißt **Höhe**.
Bei stumpfwinkligen Dreiecken liegen zwei der drei Höhen außerhalb des Dreiecks.

Dreieck
Umfangslänge: $U_{Dreieck} = a + b + c$
Flächeninhalt: $A_{Dreieck} = \frac{1}{2} a \cdot h_a = \frac{1}{2} b \cdot h_b = \frac{1}{2} c \cdot h_c$
(„Grundlinie mal zugehörige Höhe durch 2")

Umfangslänge und Flächeninhalt Trapez

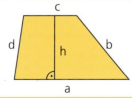

Trapez (Parallelseitenlängen a, c; Schenkellängen b, d; Höhe h)
Umfangslänge: $U_{Trapez} = a + b + c + d$
Flächeninhalt: $A_{Trapez} = \frac{1}{2} \cdot (a + c) \cdot h$
(„Summe der Parallelseiten mal Höhe durch 2")

Umfangslänge und Flächeninhalt Kreis

Kreissektor Kreisbogen

Umfangslänge: $U_{Kreis} = 2r\pi$

Flächeninhalt: $A_{Kreis} = r^2\pi$

Bogenlänge: $b = \frac{r\pi\alpha}{180°}$

Flächeninhalt: $A_{Sektor} = r^2\pi \cdot \frac{\alpha}{360°} = \frac{1}{2} rb$

Grundwissen – Maßstab; Linien im Dreieck; Kreistangente

Maßstab

Maßstab	1 : 50 000	2 : 1
Länge der Strecke in Wirklichkeit	4 km	5 mm
Länge der Strecke in der Abbildung	(4 km : 50 000 =) 8 cm	(5 mm · 2 =) 1 cm
Vergrößerung oder Verkleinerung?	Verkleinerung	Vergrößerung

Mittelsenkrechte und Umkreis

Alle Punkte (der Zeichenebene), die von zwei Punkten A und B gleich weit entfernt sind, liegen auf der **Mittelsenkrechten** (dem **Mittellot**) $m_{[AB]}$ ihrer Verbindungsstrecke [AB].

Die drei Mittelsenkrechten $m_{[AB]}$, $m_{[BC]}$ und $m_{[CA]}$ eines Dreiecks ABC schneiden einander stets in einem Punkt M, dem Mittelpunkt des **Umkreises** dieses Dreiecks. Die Eckpunkte A, B und C sind von M gleich weit entfernt.

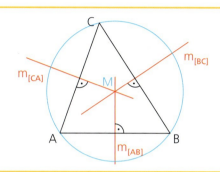

Höhen

Eine Gerade, die durch einen Eckpunkt eines Dreiecks geht und die gegenüberliegende Seite oder deren Verlängerung rechtwinklig schneidet, heißt **Höhe** dieses Dreiecks. Jedes Dreieck besitzt somit drei Höhen h_a, h_b und h_c; sie schneiden einander in einem Punkt H.

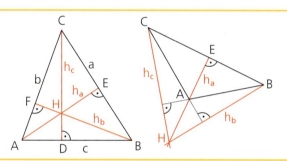

Winkelhalbierende

Eine Gerade, die einen Dreiecksinnenwinkel halbiert, heißt **Winkelhalbierende** dieses Dreiecks. Jedes Dreieck besitzt somit drei Winkelhalbierende w_α, w_β und w_γ; sie schneiden einander in einem Punkt W, der von den drei Seiten den gleichen Abstand d besitzt.

Hinweis: Das Wort Höhe und das Wort Winkelhalbierende kann eine Gerade oder einen Strahl, aber auch eine Strecke bzw. deren Länge bedeuten.

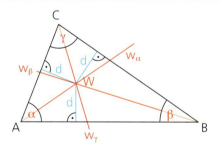

Kreistangente

Eine Gerade heißt **Tangente** eines Kreises, wenn sie mit diesem genau einen Punkt gemeinsam hat. Dieser Punkt heißt **Berührpunkt**.
Eine Gerade heißt **Sekante** eines Kreises, wenn sie diesen Kreis in zwei Punkten schneidet. Die Verbindungsstrecke zweier Kreispunkte heißt **Sehne**. Eine Gerade heißt **Passante** eines Kreises, wenn sie mit diesem Kreis keinen Punkt gemeinsam hat.

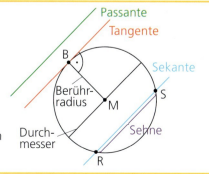

Grundwissen – Risse; Schrägbild; Volumen und Oberflächeninhalt

Grundriss
Aufriss
Seitenriss

Um eine räumliche Vorstellung von einem Körper zu erhalten, stellt man ihn häufig aus mehreren verschiedenen Richtungen betrachtet dar:

Der **Grundriss** zeigt, wie der Körper (senkrecht) von oben betrachtet aussieht.
Der **Aufriss** zeigt, wie der Körper von vorne betrachtet aussieht.
Ein **Seitenriss** zeigt, wie der Körper von rechts (oder von links) betrachtet aussieht.

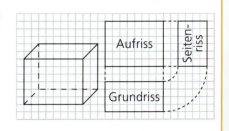

Schrägbild

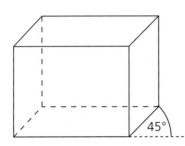

In einem **Schrägbild** wird ein Körper so gezeichnet, dass man ihn sich räumlich gut vorstellen kann.

Die „nach hinten" verlaufenden Quaderkanten werden schräg und verkürzt, aber zueinander parallel gezeichnet. Häufig trägt man sie unter einem Winkel von 45° und in halber Länge an.

Unsichtbare Kanten werden gestrichelt eingezeichnet.

Volumen und Oberflächeninhalt Quader (Würfel)

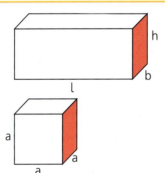

Quader (Länge l, Breite b, Höhe h)
Volumen: $V_{Quader} = l \cdot b \cdot h$
Oberflächeninhalt:
$A_{Quader} = 2 \cdot (l \cdot b + l \cdot h + b \cdot h)$

Würfel (Kantenlänge a)
Volumen: $V_{Würfel} = a \cdot a \cdot a = a^3$
Oberflächeninhalt:
$A_{Würfel} = 6 \cdot a^2$

Volumen und Oberflächeninhalt Gerades Prisma

Ein Körper, dessen Grund- und Deckfläche zwei zueinander parallele und kongruente n-Ecke (Dreiecke, Vierecke, Fünfecke usw.) und dessen Seitenflächen sämtlich Rechtecke sind, heißt **gerades Prisma**.
Volumen: $V_{Prisma} = G \cdot h$
(G: Grund- bzw. Deckflächeninhalt; h: Höhe)

Oberflächeninhalt:
$A_{Prisma} = 2G + M$ (M: Mantelflächeninhalt)
$\phantom{A_{Prisma}} = 2G + U \cdot h$ (U: Umfangslänge der Grund- bzw. Deckfläche)

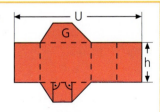

Grundwissen – Volumen und Oberflächeninhalt

Volumen und Oberflächeninhalt Gerader Kreiszylinder

Grundflächeninhalt:
G = r²π
Volumen:
V = G · h = r²πh
Mantelflächeninhalt:
M = U · h = 2rπh
Oberflächeninhalt:
**A = 2G + M
= 2r²π + 2rπh**

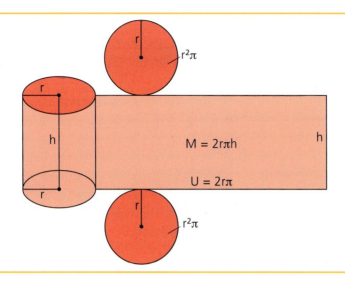

Volumen und Oberflächeninhalt Pyramide

Eine **Pyramide** ist ein Körper, der von einem n-Eck (n ∈ ℕ \ {1; 2}) als **Grundfläche** und n Dreiecken als **Seitenflächen** berandet wird. Diese n Dreiecke bilden zusammen den **Mantel** der Pyramide.

Sind die Seitenkanten alle gleich lang, so nennt man den Körper eine **gerade Pyramide**.

Volumen:
V = $\frac{1}{3}$ Gh (G: Grundflächeninhalt; h: Höhe)
Oberflächeninhalt:
A = G + M (M: Mantelflächeninhalt)

Volumen und Oberflächeninhalt Gerader Kreiskegel

Volumen: **V = $\frac{1}{3}$ Gh = $\frac{1}{3}$r²πh**
(G: Grundflächeninhalt; h: Höhe)
Mantelflächeninhalt: **M = rπs**
(s: Mantellinienlänge)
Oberflächeninhalt: **A = G + M = r²π + rπs**

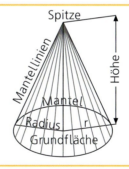

Volumen und Oberflächeninhalt Kugel

Alle Punkte (des dreidimensionalen Raums), die von einem Punkt M die gleiche Entfernung r besitzen, liegen auf einer **Kugel** mit **Mittelpunkt M** und Radiuslänge r.

Volumen:
V = $\frac{4}{3}$ r³π

Oberflächeninhalt:
A = 4r²π

Grundwissen – Trigonometrie

Tangens eines Winkels	Tangens eines Winkels = $\dfrac{\text{Länge der Gegenkathete des Winkels}}{\text{Länge der Ankathete des Winkels}}$
Sinus eines Winkels	Sinus eines Winkels = $\dfrac{\text{Länge der Gegenkathete des Winkels}}{\text{Länge der Hypotenuse}}$
Kosinus eines Winkels	Kosinus eines Winkels = $\dfrac{\text{Länge der Ankathete des Winkels}}{\text{Länge der Hypotenuse}}$

$\tan \alpha = \dfrac{a}{b}$ $\tan \beta = \dfrac{b}{a}$

$\sin \alpha = \dfrac{a}{c}$ $\sin \beta = \dfrac{b}{c}$

$\cos \alpha = \dfrac{b}{c}$ $\cos \beta = \dfrac{a}{c}$

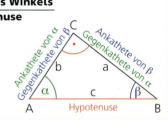

Sinus und Kosinus am Einheitskreis

Die Funktionswerte $\sin \varphi$ und $\cos \varphi$ werden am Einheitskreis für beliebig große Winkel definiert.

I. Quadrant: $0° < \varphi < 90°$

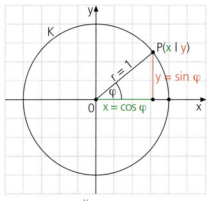

$y = \sin \varphi = \dfrac{y}{r} = y$

$x = \cos \varphi = \dfrac{x}{r} = x$

II. Quadrant: $90° < \varphi < 180°$

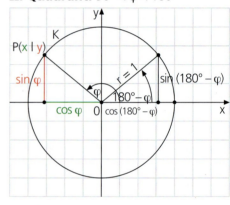

$y = \sin \varphi = \sin(180° - \varphi)$

$x = \cos \varphi = -\cos(180° - \varphi)$

III. Quadrant: $180° < \varphi < 270°$

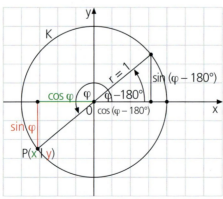

$y = \sin \varphi = -\sin(\varphi - 180°)$

$x = \cos \varphi = -\cos(\varphi - 180°)$

IV. Quadrant: $270° < \varphi < 360°$

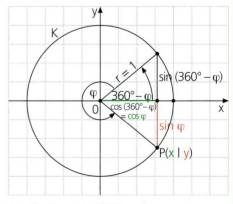

$y = \sin \varphi = -\sin(360° - \varphi)$

$x = \cos \varphi = \cos(360° - \varphi)$

Drehungen über 360°

$\sin(\varphi + k \cdot 360°) = \sin \varphi;\ k \in \mathbb{N}$

$\cos(\varphi + k \cdot 360°) = \cos \varphi;\ k \in \mathbb{N}$

Negative Winkel

$\sin(-\varphi) = -\sin \varphi$

$\cos(-\varphi) = \cos \varphi$

Grundwissen – Trigonometrie; griechisches Alphabet

Beispiele:

φ	0°	30°	45°	60°	90°
sin φ	$0 = \frac{1}{2}\sqrt{0}$	$\frac{1}{2} = \frac{1}{2}\sqrt{1}$	$\frac{1}{2}\sqrt{2} = \frac{1}{2}\sqrt{2}$	$\frac{1}{2}\sqrt{3} = \frac{1}{2}\sqrt{3}$	$1 = \frac{1}{2}\sqrt{4}$
cos φ	1	$\frac{1}{2}\sqrt{3}$	$\frac{1}{2}\sqrt{2}$	$\frac{1}{2}$	0
tan φ	0	$\frac{1}{3}\sqrt{3}$	1	$\sqrt{3}$	–

φ	135°	180°	225°	270°	315°	360°
sin φ	$\frac{1}{2}\sqrt{2}$	0	$-\frac{1}{2}\sqrt{2}$	–1	$-\frac{1}{2}\sqrt{2}$	0
cos φ	$-\frac{1}{2}\sqrt{2}$	–1	$-\frac{1}{2}\sqrt{2}$	0	$\frac{1}{2}\sqrt{2}$	1
tan φ	–1	0	1	–	–1	0

Besondere Winkel

	I	II	III	IV
sin α	+	+	–	–
cos α	+	–	–	+
tan α	+	–	+	–

Vorzeichen in den vier Quadranten

Zwischen den Werten des Sinus, des Kosinus und des Tangens bestehen Zusammenhänge:
- $(\sin \alpha)^2 + (\cos \alpha)^2 = 1$
- $\tan \alpha = \frac{\sin \alpha}{\cos \alpha}$; $\cos \alpha \neq 0$

Beziehungen zwischen Sinus, Kosinus und Tangens

A	α	Alpha	N	ν	Ny
B	β	Beta	Ξ	ξ	Xi
Γ	γ	Gamma	O	ο	Omikron
Δ	δ	Delta	Π	π	Pi
E	ε	Epsilon	P	ρ	Rho
Z	ζ	Zeta	Σ	σ	Sigma
H	η	Eta	T	τ	Tau
Θ	θ	Theta	Y	υ	Ypsilon
I	ι	Jota	Φ	φ	Phi
K	κ	Kappa	X	χ	Chi
Λ	λ	Lambda	Ψ	ψ	Psi
M	μ	My	Ω	ω	Omega

Griechisches Alphabet

Stichwortverzeichnis

A

Abnahmefaktor	62
Amplitude	48
Archimedes	12
Asymptote	66, 144

B

Bayes, Thomas	91
bedingte Wahrscheinlichkeit	100
Bel	83
Bell, Alexander Graham	83
Blattmaßwerk	22
Bogenmaß	10
Buffon'sches Nadelexperiment	15

C

Cardano, Girolamo	116
Cardano-Formel	117
Cauchy, Augustin Louis	133
Châtelet, Émilie du	111

D

Dezibel	83
divergent	144

E

Ellipse	127
Exponentialfunktion	66, 135
Exponentialgleichung	80
exponentielle Abnahme	62
exponentielle Zunahme	62

F

Fischblase	23
Fourier, Jean-Baptiste Joseph Baron de	37
Funktionsgraph	
– Spiegeln	148
– Stauchen	148
– Strecken	148
– Verschieben	148

G

ganzrationale Funktion	118, 122, 134
– Achsensymmetrie zur y-Achse	122
– Nullstellen	118
– Punktsymmetrie zum Ursprung	122
– Verhalten für $x \to \pm\infty$	122
gebrochenrationale Funktion	134
Gleichungen	
– dritten Grads	114, 117
– vierten Grads	114
Grenzwert	144
Grenzwertregeln	144
Großkreis	52

H

halblogarithmisch	78
Halbwertszeit	75

K

Kleinkreis	52
Koeffizient	118
konvergent	144
Kosinus	38
Kosinusfunktion	44, 48, 135
Kosinuskurve	44, 135
Kosinussatz	43
Kreisgleichung	127
Kreissegment	16
Kreissektor	16
Kreiszahl	12
Kugel	
– Oberfläche	26
– Oberflächeninhalt	26
– Volumen	24
Kugeldreieck	52, 53
Kugeldreikant	53
Kugelzweieck	52

L

Lambert, Johann Heinrich	12
Lindemann, Ferdinand von	9, 12
logarithmische Skala	76
Logarithmus	70

M

Maßwerk	22
mehrstufige Zufallsexperimente	92
Mind-Map	20
Monte-Carlo-Verfahren	14

N

Napier, John	59
Nullfolge	143

P

Parabel	112
Parameter	148
Passmaßwerk	22
Periode	44
periodische Funktion	44
Polarkoordinaten	73
Polynom	118
Polynomdivision	114
Polynomfunktion	118, 134
Potenzfunktion	112

R

rationale Funktion	134
rekursiv	143
Richter-Skala	79

S

Sinus	38
Sinusfunktion	44, 48, 135
Sinuskurve	44, 135
Sinussatz	42
Sphärische Trigonometrie	52
Spirale	72
– archimedische	73
– logarithmische	73
Spitzbogen	23
Substitution	114

T

Tartaglia, Niccolò	116
transzendent	12
trigonometrische Funktion	135

V

Visualisierung	21

W

Wachstum	
– exponentielles	60
– lineares	60
Wachstumsfaktor	62

Z

Zahlenfolge	143
– arithmetische	143
– geometrische	143
Ziegenproblem	104
Zufallsexperiment	92
Zufallsgeräte	96

Mathematische Zeichen und Abkürzungen

$\mathbb{N}$	Menge der natürlichen Zahlen
$\mathbb{N}_0$	Menge der natürlichen Zahlen und Null
$\mathbb{Z}$	Menge der ganzen Zahlen
$\mathbb{Q}$	Menge der rationalen Zahlen
$\mathbb{R}$	Menge der reellen Zahlen
G	Grundmenge
L	Lösungsmenge
{ }, ∅	leere Menge
$|a|$	(Absolut-) Betrag der Zahl a
$\sqrt{a}$	Quadratwurzel aus a
$\sqrt[n]{a}$	n-te Wurzel aus a
n!	„n Fakultät"; $n \in \mathbb{N}_0$
{a; b; c}	Menge aus den Elementen a, b und c
=	gleich
≠	ungleich, nicht gleich
≈	ungefähr gleich
>	größer als
≥	größer oder gleich
<	kleiner als
≤	kleiner oder gleich
∈	Element von
∉	nicht Element von
≙	entspricht
a^n	Potenz „a hoch n"
%	Prozent
P, A, ...	Punkte
O	Ursprung des Koordinatensystems
P (x | y)	Punkt P mit den Koordinaten x und y
g, h, ...	Geraden
PQ	Gerade durch P und Q
[PQ	Halbgerade durch Q mit dem Anfangspunkt P
[PQ]	Strecke mit den Endpunkten P und Q
$\overline{PQ}$	Länge der Strecke [PQ]
r	Radius bzw. Radiuslänge eines Kreises
k (M; r)	Kreislinie mit dem Mittelpunkt M und der Radiuslänge r
∢ BAC	Winkel mit dem Scheitel A und den Schenkeln [AB und [AC bzw. Größe dieses Winkels
α, β, ...	Bezeichnungen für Winkel bzw. für die Größe von Winkeln
sin α	Sinus des Winkels (der Größe) α
cos α	Kosinus von α
tan α	Tangens von α
U	Umfangslänge
U_{BCD}	Umfangslänge des Dreiecks BCD
A	Flächeninhalt
A_{BCD}	Flächeninhalt des Dreiecks BCD
LE	Längeneinheit
FE	Flächeneinheit
⊥	senkrecht auf
∥	parallel zu
≅	kongruent
~	ähnlich
V	Volumen
Ω	Ergebnismenge
P(E)	Wahrscheinlichkeit des Ereignisses E